Christian Schlieder

Autodesk® Inventor® 2018

Einsteiger-Tutorial

Viele praktische Übungen am
Konstruktionsobjekt HUBSCHRAUBER

Christian Schlieder

Autodesk® Inventor® 2018

Einsteiger-Tutorial

Viele praktische Übungen am Konstruktionsobjekt HUBSCHRAUBER

Weiterführende Literatur

Autodesk® Inventor® 2018
**Grundlagen in
Theorie und Praxis**

Autodesk® Inventor® 2018
**Dynamische Simulation
und Belastungsanalyse**

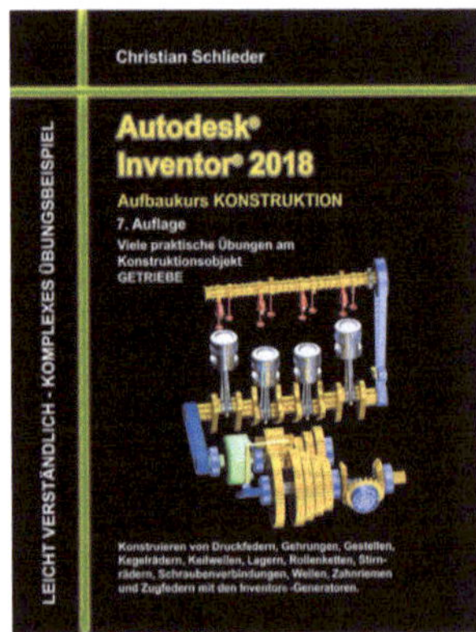

Autodesk® Inventor® 2018
**Aufbaukurs
Konstruktion**

Autodesk® Inventor® 2018
**Einsteiger-Tutorial
Hybridjacht**

Autodesk® Inventor® 2018
**Einsteiger-Tutorial
Holzrückmaschine**

Autodesk® AutoCAD® 2018
**Grundlagen in
Theorie und Praxis**

http://www.cad-trainings.de/html/Literatur.html

ISBN

978-3-7448-9520-0

IMPRESSUM

Dipl.- Ing. Christian Schlieder
www.cad-trainings.de
Fax: +49 (0) 3212 - 1122290

HERSTELLUNG UND VERLAG

BoD - Books on Demand, Norderstedt
www.BoD.de

INHALTSVERZEICHNIS

1 Grundlegendes zum Buch

1.1 Zielgruppe und Aufbau des Buches

Dieses Übungsbuch für **Autodesk® Inventor® 2018** richtet sich an alle interessierten Personen, die den Umgang mit dieser Software von Grund auf erlernen möchten.

Viele wichtige Befehle des Programms werden erläutert und in kleinen Schritten praktisch gefestigt. Als Übungsbeispiel dient ein Hubschrauber, dessen Bauteile schrittweise erzeugt und später in einer Hauptbaugruppe miteinander verbunden werden.

1.2 Erzeugen des Projektordners

Bevor Sie mit der Umsetzung des Projekts beginnen, sollten die folgenden Arbeiten erledigt werden:

> **Erzeugen eines neuen Projektordners**

Erstellen Sie auf Ihrem PC an geeigneter Stelle einen neuen Ordner:

> ➢ **Inventor-2018-Hubschrauber**

Dieser Ordner soll als Speicherort des gesamten Projekts dienen.

2 Installation von Autodesk® Inventor® 2018

2.1 Systemanforderungen

Die folgenden von Autodesk® empfohlenen Systemanforderungen gelten für Bauteile und Baugruppen mit weniger als 1000 Bauteilen:

Betriebssystem	64-Bit-Version von Microsoft® Windows® 10 64-Bit-Version von Microsoft Windows 8.1 mit Update KB2919355 64-Bit-Version von Microsoft Windows 7 SP1
CPU-Typ	Mindestens: 64-Bit Intel oder AMD, 2 GHz oder schneller Empfohlen: Intel® Xeon® E3 oder Core i7 3,0 GHz oder höher
Arbeitsspeicher	Mindestens: 8 GB RAM Empfohlen: 20 GB Ram oder mehr
Festplatte	Installationsprogramm sowie vollständige Installation: 40 GB
Grafikkarte	Mindestens: Microsoft Direct3D 10®-fähige Grafikkarte oder höher Empfohlen: Microsoft Direct3D 11®-fähige Grafikkarte oder höher Empfohlene Skalierung: 100 %, 125 %, 150 % oder 200 %
Sonstiges	DVD-ROM, Internetverbindung für Autodesk® 360-Funktionalität, Internet-Downloads und Zugriff auf Subscription Aware, Microsoft Internet Explorer® 11 oder gleichwertig, Vollständige lokale Installation von Microsoft® Excel 2010, 2013 oder 2016 für iFeatures, iParts, iAssemblies, Thread-bezogene Befehle, Erstellung von Abständen/Gewindebohrungen, globale Stücklisten, Bauteillisten, Revisionstabellen, tabellenbasierte Konstruktionen und Studio-Animationen von Positionsdarstellungen. Excel Starter®, Online Office 365® und OpenOffice® werden nicht unterstützt. Die 64-Bit-Version von Microsoft Office ist erforderlich für den Export in Access 2007-, dBase IV-, Text- und CSV-Formate. Microsoft .NET Framework 4.6 oder höher. Virtualisierung unterstützt auf Citrix® XenApp ™ 7,6; Citrix XenDesktop ™ 7,6 (erfordert Inventor Netzwerklizenzierung).

2.2   Anforderungen an das Betriebssystem

Die Installation von Autodesk® Inventor® 2018 erfordert ein Windows® Betriebssystem. Nutzer eines Apple® Betriebssystems, können das Programm mithilfe von Boot Camp® oder Parallels Desktop® unter Beachtung der folgenden Systemvoraussetzungen installieren:

Betriebssystem	Mindestens: Mac OS™ X 10.10.x
	Empfohlen: Mac OS™ X 10. 12.x
CPU-Typ	Mindestens: Intel® Core 2 Duo (3 GHz oder höher)
Arbeitsspeicher	Mindestens: 8 GB RAM
	Empfohlen: 16 GB Ram oder mehr
Partitionsgröße	Mindestens: 200 GB freier Festplattenspeicher
Partitionsgröße	Empfohlen: 500 GB freier Festplattenspeicher oder mehr
Betriebssystem	64-Bit-Version von Microsoft Windows 10
	64-Bit-Version von Microsoft Windows 8.1 mit Update KB2919355
	64-Bit-Version von Microsoft Windows 7 SP1

2.3   Download des Programms

Sollten Sie die Software nicht bereits besitzen, haben Sie die folgenden Möglichkeiten, Autodesk®-Produkte unter den folgenden Links herunterzuladen:

Autodesk® **Store**	Wenn Sie die Programmversion kaufen möchten: ➢ http://www.autodesk.com/store/storeselect.htm
Autodesk®- **Konto**	Als Subscription-Kunde bei Ihrem Autodesk® Konto: ➢ https://accounts.autodesk.com/
Education **Community**	Als Mitglied der Education Community: ➢ http://www.autodesk.com/education/free-software/all
Kostenlose **Testversionen**	Als kostenlose Testversion mit 30 Tagen Laufzeit: ➢ http://www.autodesk.com/free-trials

Unter dem folgenden Link finden Sie weitere Informationen zu kostenlosen Programmversionen von Autodesk® für Studenten und Lehrkräfte:

➢ *http://help.autodesk.com/view/INVNTOR/2018/DEU/?guid=GUID-32F591DA-32BF-42F2-8FAC-DF215412D1C3*

2.4 Installationsvoraussetzungen

Zugriffsrechte

Sie müssen über lokale Benutzer-Administratorrechte verfügen.

> ***Systemsteuerung > Benutzerkonten > Benutzerkonten verwalten***

System-Updates/ Antivirenprogramm

Vor der Installation von Autodesk® Inventor® 2018 sollten eventuell noch ausstehende Updates von Windows® durchgeführt werden. Starten Sie den Rechner danach neu. Antivirenprogramme müssen während der Installation eventuell vorübergehend deaktiviert werden.

Language Packs

Prüfen Sie vor der Installation von Autodesk® Inventor® 2018, ob die heruntergeladene Programmversion in der richtigen Sprache vorhanden ist. Eventuell muss vorab ein Sprachpaket heruntergeladen und installiert werden.

Seriennummer/ Produktschlüssel

Vor der Installation sollten Seriennummer und Produktschlüssel in Erfahrung gebracht werden. Diese werden bereits während der Installation benötigt (Ausnahme: kostenlose 30-Tage-Testversion). Weitere Informationen zum Thema finden Sie unter dem Link:

> ***https://knowledge.autodesk.com/de/customer-service/download-install/activate/find-serial-number-product-key/sn-education-community/serial-number-educational-institutions***

Beenden anderer Programme

Beenden Sie alle anderen Programme vor der Installation von Autodesk® Inventor® 2018.

2.5 Installation von Autodesk® Inventor® 2018

Stellen Sie vor der Installation von Autodesk® Inventor® 2018 sicher, dass alle Teile des Programms vollständig vorhanden sind. Wurden diese vollständig heruntergeladen (Schritt entfällt, wenn die Software auf DVD vorhanden ist), kann mit der Installation begonnen werden. Sollte das Installationsprogramm noch nicht geöffnet sein, starten Sie dieses. Sie finden es für gewöhnlich im Pfad:

> **C:\Autodesk\Inventor_2018_...\Setup.exe**

Nachdem Sie die Lizenzvereinbarung gelesen und akzeptiert haben, muss im Dropdown-Menü mit den Produktsprachen einer der folgenden Schritte durchgeführt werden:

1) Wählen Sie eine Sprache aus.
2) Wählen Sie unter Lizenztyp die Option *Einzelplatz*.
3) Geben Sie Seriennummer und Produktschlüssel ein (falls erforderlich).
4) Bestimmen Sie den Installationspfad (dieser Pfad darf maximal 260 Zeichen lang sein).
5) Übernehmen Sie die vorgegebene Konfiguration oder passen Sie die Installation an (weitere Informationen zur Konfiguration finden Sie in der Produktdokumentation).
6) Klicken Sie auf *Installieren*.
7) Nach der Installation: Klicken Sie auf *Fertigstellen*.

2.6 Aktivierung von Autodesk® Inventor® 2018

Online aktivieren und registrieren

Sobald Autodesk® Inventor® 2018 das erste Mal gestartet wurden, startet auch automatisch der Aktivierungsvorgang. Sollte der PC über eine bestehende Internetverbindung verfügen, führen Sie die folgenden Schritte aus:

1) Achten Sie darauf, dass Ihre Firewall den Datenaustausch zwischen Autodesk® Inventor® 2018 und dem Server von Autodesk® nicht unterbricht.
2) Starten Sie Autodesk® Inventor® 2018.
3) Stimmen Sie den Datenschutzrichtlinien zu.
4) Klicken Sie auf *Aktivieren*.
5) Geben Sie den Produktschlüssel ein, wenn Sie dazu aufgefordert werden sollten. Melden Sie sich an und registrieren Sie das Produkt.

Autodesk® überprüft jetzt die Berechtigungsinformationen, wie z. B. Ihre Seriennummer. Wenn Sie die Aktivierungsaufforderung sehen und keine Verbindung mit dem Internet herstellen können, ist die Aktivierung manuell vorzunehmen.

Manuelles Aktivieren und Registrieren (offline)

Sollte der PC über keine bestehende Internetverbindung verfügen, führen Sie die folgenden Schritte aus:

1) Starten Sie Autodesk® Inventor® 2018.
2) Stimmen Sie den Datenschutzrichtlinien zu.
3) Klicken Sie auf **Aktivieren**.
4) Wählen Sie Aktivierungscode **Mit einer Offlinemethode anfordern**.
5) Klicken Sie auf **Weiter**.
6) Notieren Sie die Aktivierungsinformationen, die auf dem Bildschirm angezeigt werden, einschließlich der URL.
7) Starten Sie ein Gerät mit einer bestehenden Internetverbindung.
8) Öffnen Sie die URL aus Punkt (6). Melden Sie sich an und registrieren Sie das Produkt.
9) Notieren Sie den Aktivierungscode.
10) Starten Sie Autodesk® Inventor® 2018.
11) Klicken Sie auf **Aktivieren**.
12) Wählen Sie die Option **Ich habe einen Aktivierungscode von Autodesk**.
13) Kopieren Sie den Aktivierungscode, und fügen Sie ihn in das erste Feld ein, um automatisch die anderen Felder auszufüllen.
14) Klicken Sie auf **Weiter**.

Weitere Informationen zu Installation und Aktivierung erhalten Sie unter dem folgenden Link:

➢ **https://knowledge.autodesk.com/customer-service/download-install**

3 Programmaufbau und Programmoberfläche

3.1 Programmaufbau

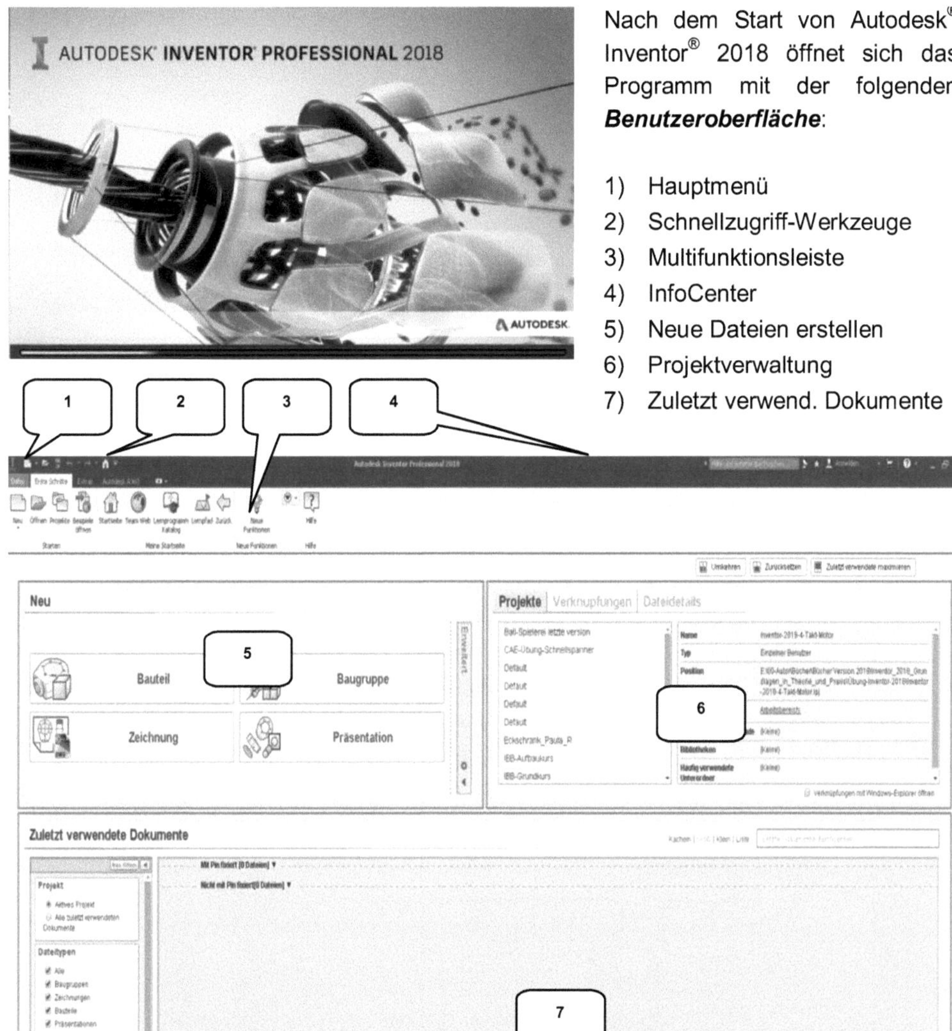

Nach dem Start von Autodesk® Inventor® 2018 öffnet sich das Programm mit der folgenden **Benutzeroberfläche**:

1) Hauptmenü
2) Schnellzugriff-Werkzeuge
3) Multifunktionsleiste
4) InfoCenter
5) Neue Dateien erstellen
6) Projektverwaltung
7) Zuletzt verwend. Dokumente

3.2 Hauptmenü

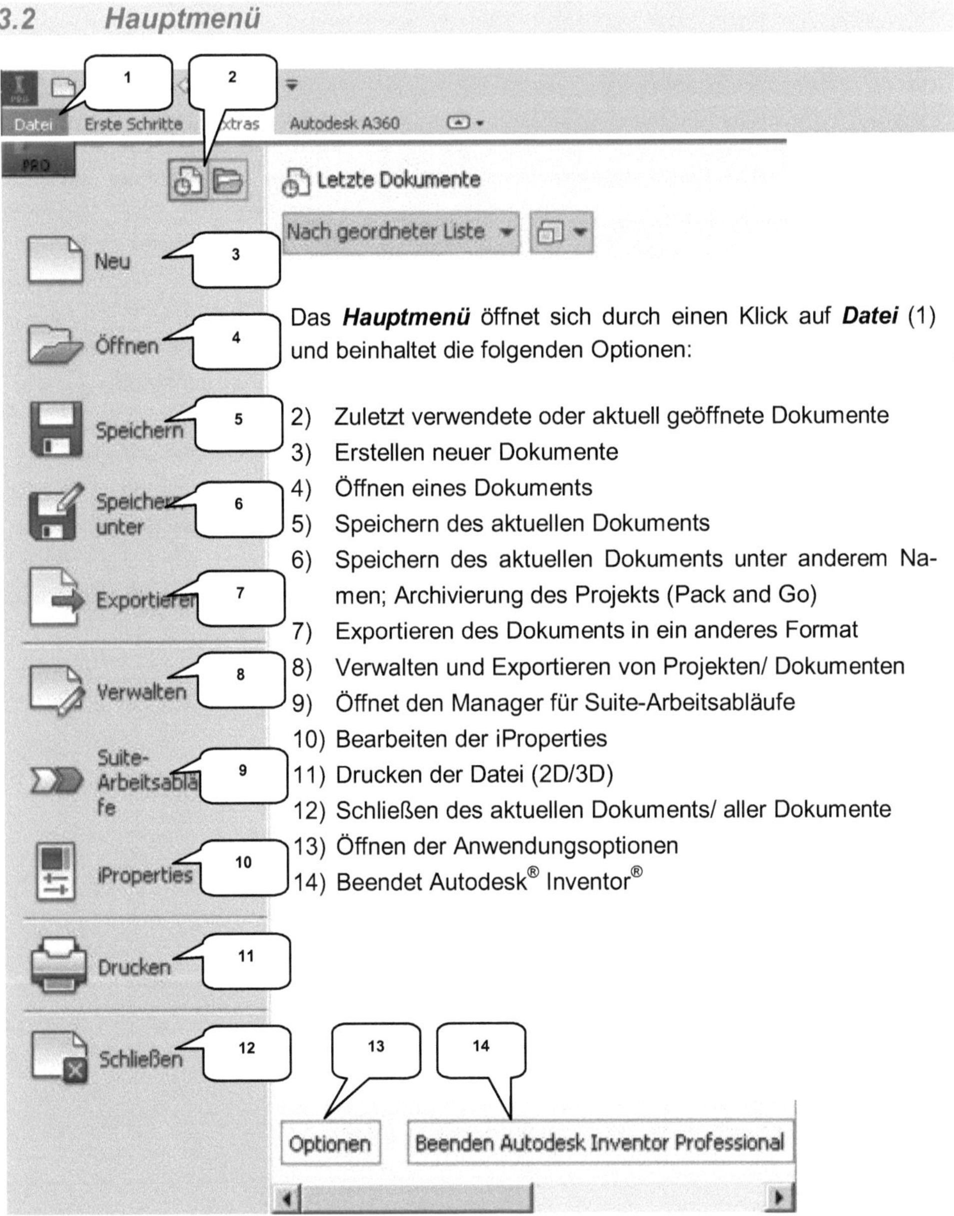

Das **Hauptmenü** öffnet sich durch einen Klick auf **Datei** (1) und beinhaltet die folgenden Optionen:

2) Zuletzt verwendete oder aktuell geöffnete Dokumente
3) Erstellen neuer Dokumente
4) Öffnen eines Dokuments
5) Speichern des aktuellen Dokuments
6) Speichern des aktuellen Dokuments unter anderem Namen; Archivierung des Projekts (Pack and Go)
7) Exportieren des Dokuments in ein anderes Format
8) Verwalten und Exportieren von Projekten/ Dokumenten
9) Öffnet den Manager für Suite-Arbeitsabläufe
10) Bearbeiten der iProperties
11) Drucken der Datei (2D/3D)
12) Schließen des aktuellen Dokuments/ aller Dokumente
13) Öffnen der Anwendungsoptionen
14) Beendet Autodesk® Inventor®

HINWEIS: Die jeweiligen Befehle können mit einem Klick der linken Maustaste auf die nebenstehenden Dreiecke noch erweitert werden.

3.3 Schnellzugriff-Werkzeuge

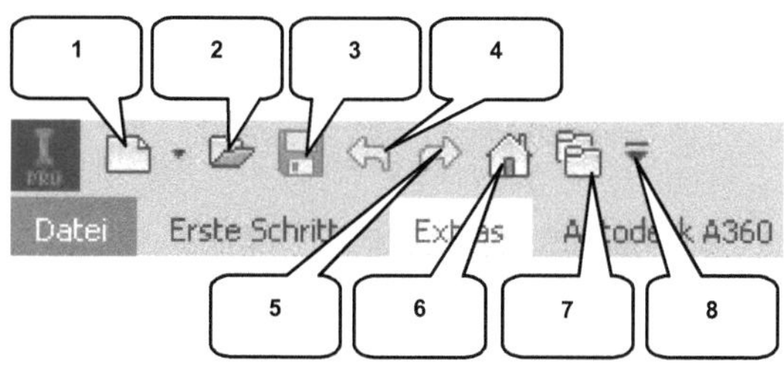

Die **Schnellzugriff-Werkzeuge** sind einige häufig verwendete Befehle, die einzeln ein- oder ausgeblendet werden können. Die folgenden Befehle befinden sich darin:

1) Erstellen eines neuen Dokuments	5) Einen Arbeitsschritt vorwärts
2) Öffnen eines vorhandenen Dokuments	6) Aktiviert die Startseite
3) Speichern des Dokuments	7) Öffnet die Projektverwaltung
4) Einen Arbeitsschritt zurück	8) Schnellzugriff-Werkzeuge anpassen

3.4 Multifunktionsleiste

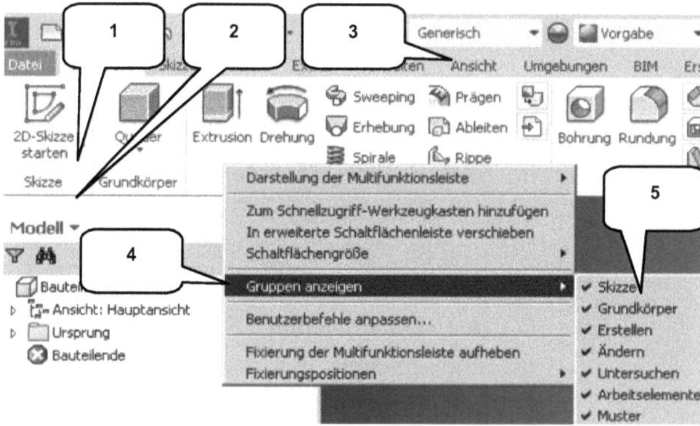

Die **Multifunktionsleiste** (1) befindet sich im oberen Bereich des Programms und enthält verschiedene Befehlsgruppen (2), deren Inhalt entsprechend der Auswahl einer der verfügbaren Registerkarten (3) variiert. Jede Registerkarte enthält diverse Befehlsgruppen, welche beliebig ein- oder ausgeblendet werden können.

Um Befehlsgruppen ein- oder auszublenden, muss mit der **rechten Maustaste** auf einen beliebigen Punkt im Bereich der Multifunktionsleiste (1) geklickt und die Option **Gruppen anzeigen** (4) gewählt werden. In der erweiterten Auswahl (5), können die einzelnen Befehlsgruppen danach aktiviert/deaktiviert werden.

HINWEIS: Sollten in diesem Buch Befehle verwendet werden, die Sie in Ihrer Multifunktionsleiste im entsprechenden Arbeitsbereich nicht finden können, kontrollieren Sie bitte, ob die entsprechende Befehlsgruppe aktiviert ist.

3.5 Browser

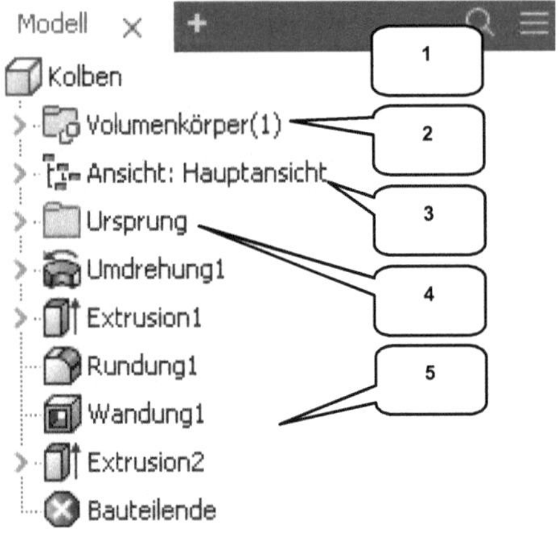

Der **Browser** (1) spiegelt den grundlegenden Aufbau eines Objekts wieder der je Arbeitsbereich inhaltlich variiert.

> ### *Bauteil-Browser*

Im **Bauteil-Browser** befinden sich z. B. der Ordner **Volumenkörper** (2) (listet die einzelnen Volumenkörper eines Bauteils auf), der Ordner **Ansicht** (3) (beinhaltet die Ansichten eines Bauteils) sowie der Ordner **Ursprung** (4) (listet die Hauptachsen und -ebenen des Bauteils auf). Weiterhin werden alle bereits am Bauteil vorgenommenen **Arbeitsschritte** (5) chronologisch aufgelistet und können hier bearbeitet werden.

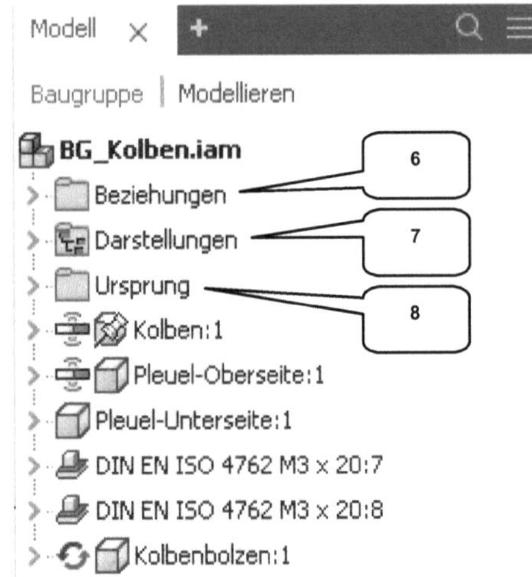

> ### *Baugruppen-Browser*

Im **Baugruppen-Browser** befinden sich der Ordner **Beziehungen** (6) (mit allen in der Baugruppe besetzten Verbindungen/ Abhängigkeiten), der Ordner **Darstellungen** (7) (mit den Ansichten, Positionen und Detailgenauigkeiten der Baugruppe) und der Ordner **Ursprung** (8). Natürlich werden auch alle in der Baugruppe vorhandenen Komponenten (Bauteile/ Normteile) aufgelistet.

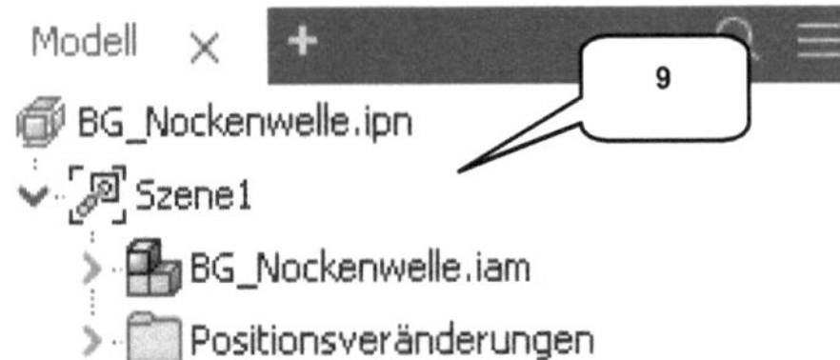

> ### *Präsentations-Browser*

Der **Präsentations-Browser** enthält den Ordner **Szene** (9). Darin werden die Präsentationsdrehbücher der animierten Baugruppen und die zugehörigen Pfade abgelegt.

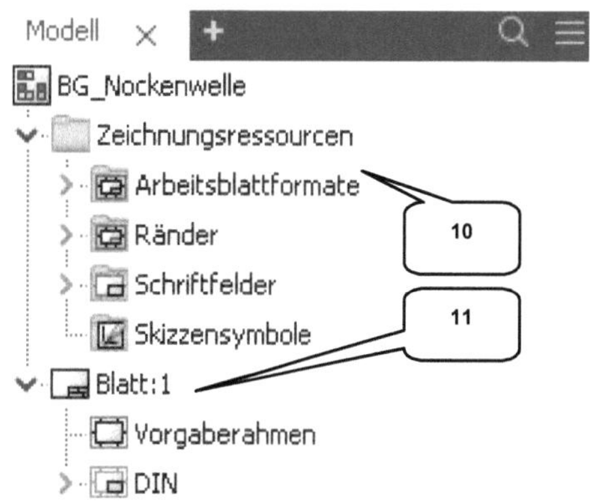

> ### *Zeichnungs-Browser*

Im *Zeichnungs-Browser* gibt es den Ordner *Zeichnungsressourcen* (10) (mit allen vordefinierten Arbeitsblattformaten, Rändern, Schriftfeldern und Symbolen) und je Zeichnung einen Ordner *Blatt* (11). Jedes Zeichnungsblatt beinhaltet die dem Blatt zugeordneten Arbeitsblattformate, Ränder, Schriftfelder und Symbole sowie dargestellten Ansichten mit den darin abgebildeten Komponenten.

3.6   Arbeitsbereich
3.6.1   Startbildschirm

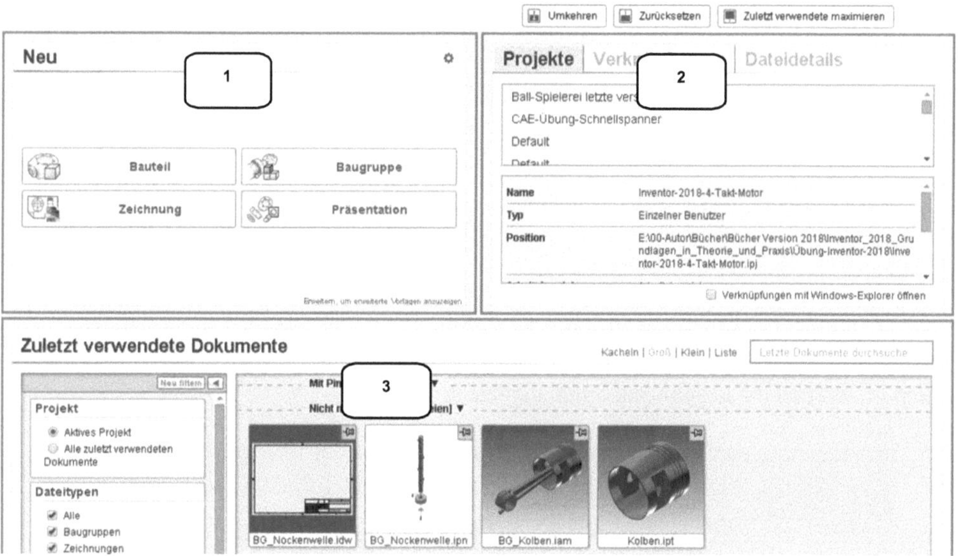

Nach dem Start des Programms wird dem Benutzer ein *Startbildschirm* mit den folgenden Inhalten angeboten:

1) Erstellen eines neuen Dokuments
2) Projektverwaltung
3) Öffnen eines bereits vorhandenen Dokuments

4 Die ersten Schritte

4.1 Programmhilfe und neue Funktionen

Im Register **Erste Schritte** (Befehlsgruppe **Hilfe**) befindet sich der Befehl 🔲 Hilfe (1). Ein Klick darauf öffnet im Arbeitsbereich die Online-Hilfe, sofern ein Internetzugang vorhanden ist (ggf. müssen die Einstellungen der Firewall des PCs bearbeitet werden).

Hier können Sie entweder in der **Inhaltsübersicht** (2) aus einem der angebotenen Themengebiete auswählen, oder bestimmte Befehle oder Begriffe **suchen** (3). Im **Ausgabebereich** (4) werden die Ergebnisse dann angezeigt.

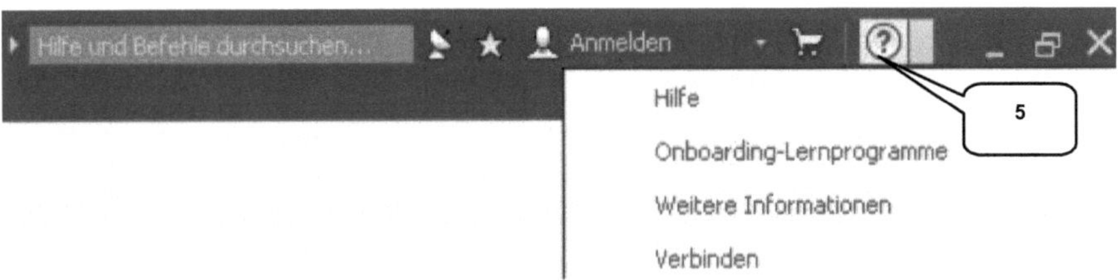

HINWEIS: Alternativ kann die Programmhilfe auch durch den Befehl 🔲 Hilfe (5) in der oberen Programmleiste gestartet werden.

4.2   Videos und Lernprogramme

Startet man den Befehl ⛏ **Lernpfad** (1), so öffnet sich eine interaktive Lernumgebung (2) in der schrittweise der Umgang mit der Software erlernt und mit diversen Übungen gefestigt werden kann.

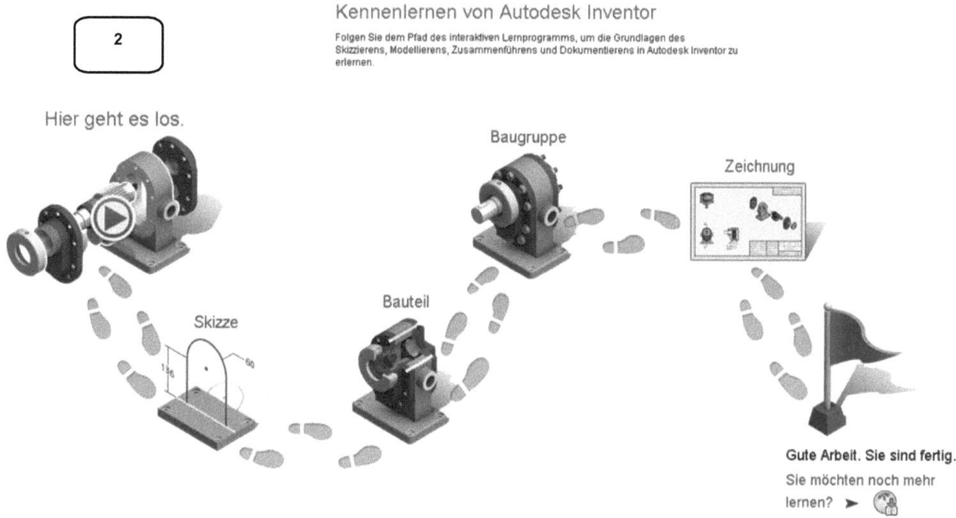

Mit dem Befehl 🌐 **Lernprogramm Katalog** (3) öffnet sich im Arbeitsbereich eine Übersicht weiterer Lernprogramme (4).

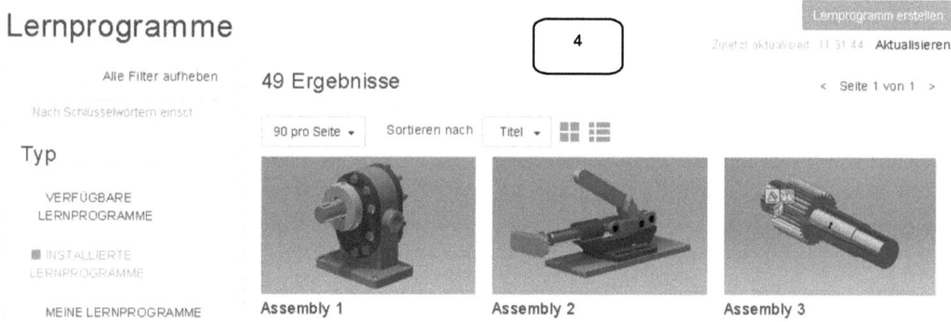

4.3 Zusatzmodule (empfohlene Einstellungen)

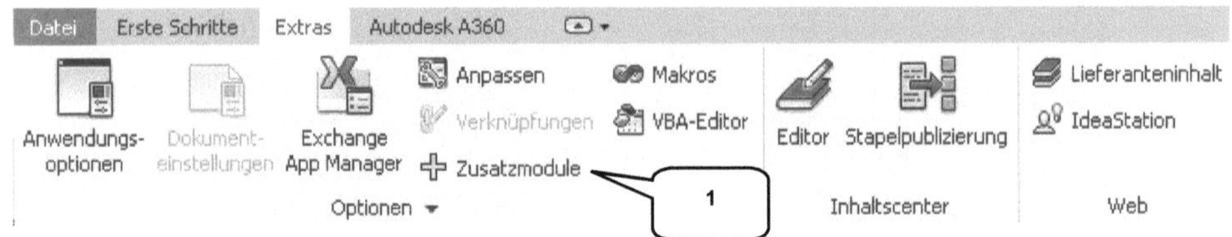

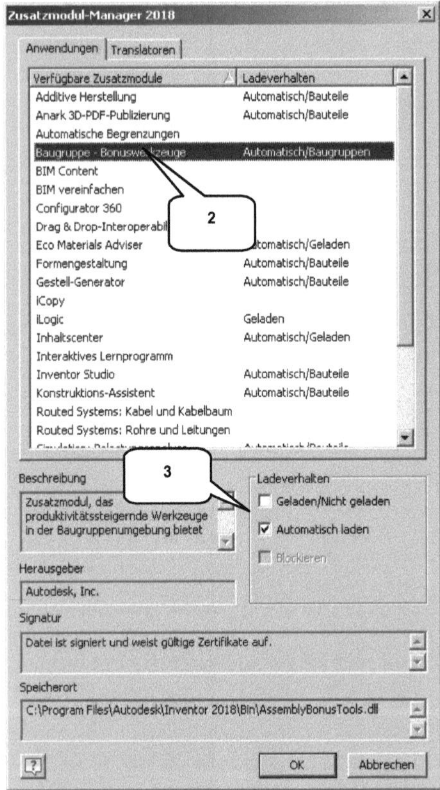

In der Befehlsgruppe **Optionen** (Register **Extras**) befindet sich der Befehl ⊹ **Zusatzmodule** (1) welcher den **Zusatzmodul-Manager** öffnet. Damit können die automatisch beim Programmstart zusätzlich zu den Standardeinstellungen zu aktivierenden Programm-Module festgelegt werden.

Um ein Modul automatisch laden zu lassen, muss dieses in der **Liste** (2) aktiviert werden, um anschließend die beiden Haken im Bereich **Ladeverhalten** (3) zu setzen. Andernfalls sind die Haken zu entfernen.

Die Aktivierung der folgenden Module wird empfohlen:

- ➢ Additive Herstellung
- ➢ Automatische Begrenzungen
- ➢ Baugruppe - Bonuswerkzeuge
- ➢ BIM-Austausch
- ➢ BIM-Vereinfachen
- ➢ Gestell-Generator
- ➢ iCopy
- ➢ iLogic
- ➢ Inhaltscenter
- ➢ Inventor Studio
- ➢ Konstruktions-Assistent
- ➢ Simulation: Belastungsanalyse
- ➢ Simulation: Dynamische Simulation
- ➢ Simulation: Gestellanalyse

HINWEIS: Je nach Programversion (Inventor® 2018 oder Inventor® Professional 2018) können einige der Module unter Umständen nicht verwendet werden. Bitte beachten Sie, dass eine generelle Aktivierung aller Module die Leistungsfähigkeit Ihres PCs negativ beeinträchtigen kann.

4.4 Anwendungsoptionen (empfohlene Einstellungen)

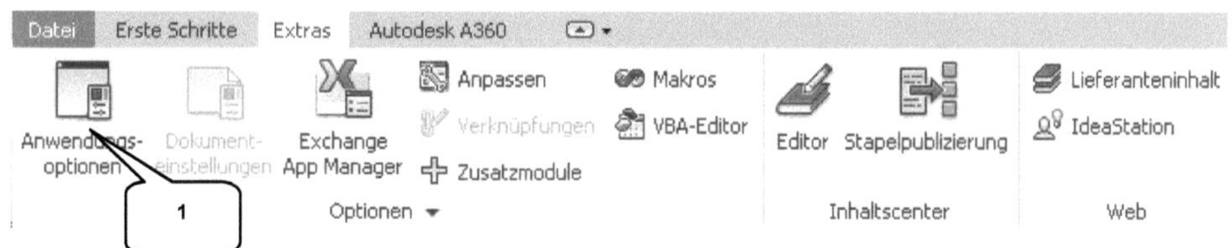

Mit dem Befehl ⊞ **Anwendungsoptionen** (1) werden die Grundeinstellungen des Programms festgelegt. Er sollte jetzt geöffnet und die folgenden Einstellungen kontrolliert werden:

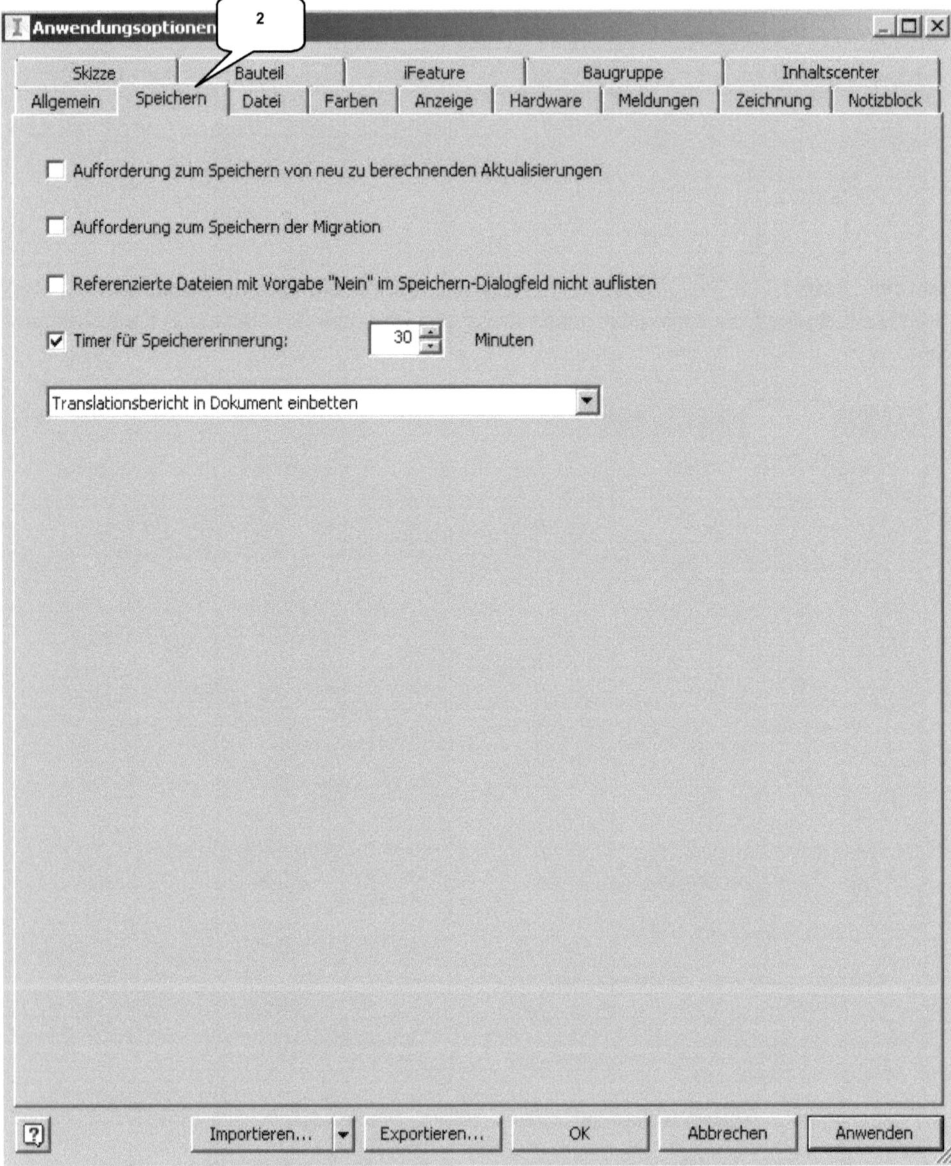
2
Anwendungsoptionen
Skizze
Bauteil
iFeature
Baugruppe
Inhaltscenter
Allgemein
Speichern
Datei
Farben
Anzeige
Hardware
Meldungen
Zeichnung
Notizblock
Aufforderung zum Speichern von neu zu berechnenden Aktualisierungen
Aufforderung zum Speichern der Migration
Referenzierte Dateien mit Vorgabe "Nein" im Speichern-Dialogfeld nicht auflisten
Timer für Speichererinnerung:
30
Minuten
Translationsbericht in Dokument einbetten
Importieren...
Exportieren...
OK
Abbrechen
Anwenden

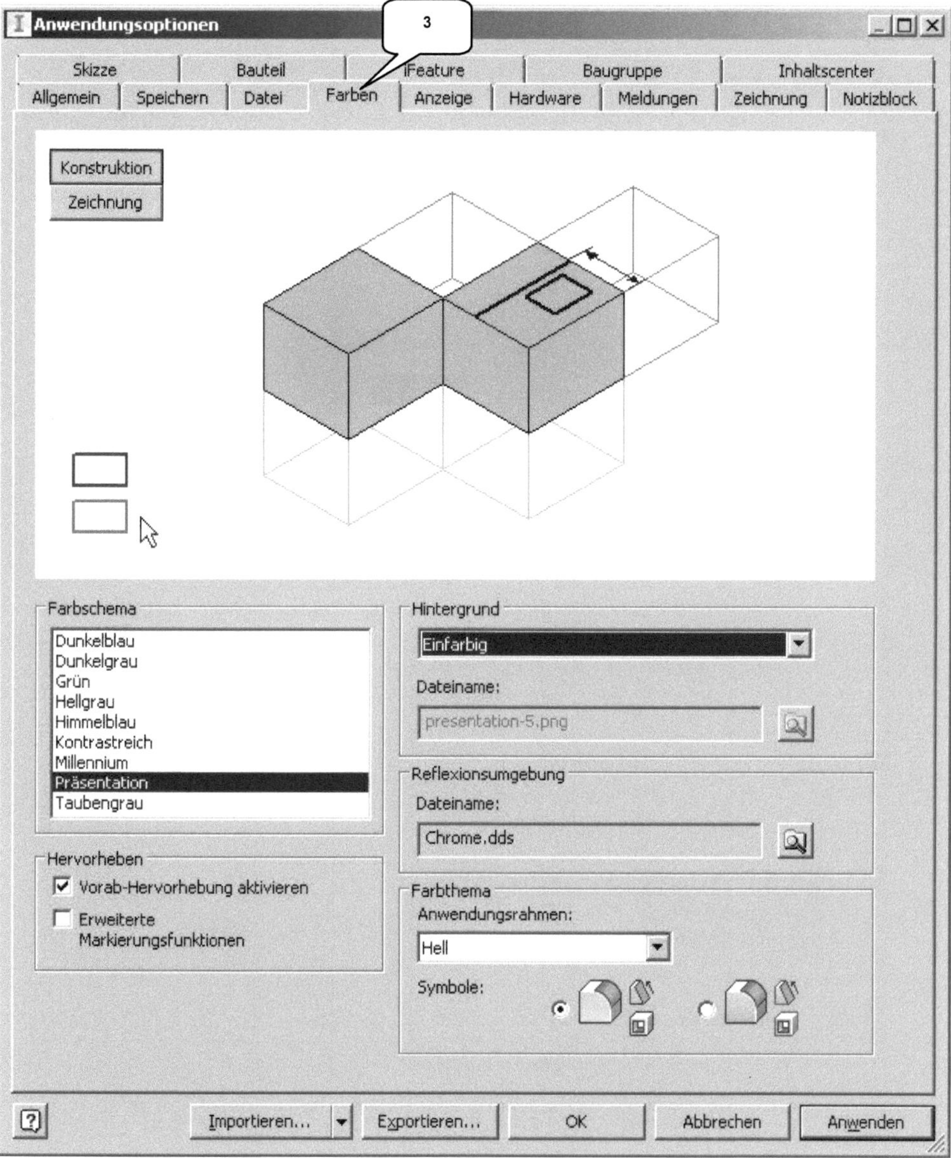
Anwendungsoptionen
3
Skizze
Bauteil
iFeature
Baugruppe
Inhaltscenter
Allgemein
Speichern
Datei
Farben
Anzeige
Hardware
Meldungen
Zeichnung
Notizblock
Konstruktion
Zeichnung
Farbschema
Dunkelblau
Dunkelgrau
Grün
Hellgrau
Himmelblau
Kontrastreich
Millennium
Präsentation
Taubengrau
Hervorheben
Vorab-Hervorhebung aktivieren
Erweiterte
Markierungsfunktionen
Hintergrund
Einfarbig
Dateiname:
presentation-5.png
Reflexionsumgebung
Dateiname:
Chrome.dds
Farbthema
Anwendungsrahmen:
Hell
Symbole:
Importieren...
Exportieren...
OK
Abbrechen
Anwenden

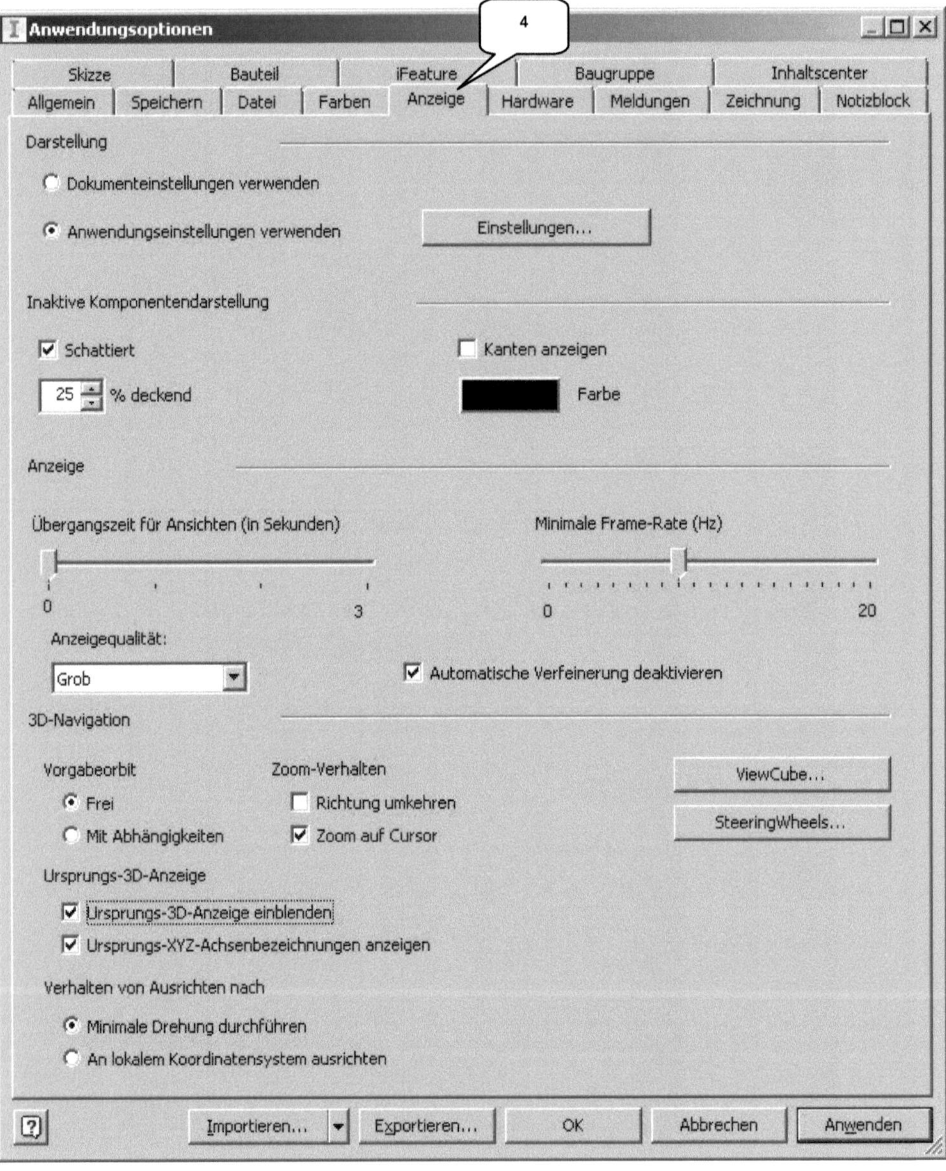
4

Anwendungsoptionen

Skizze   Bauteil   iFeature   Baugruppe   Inhaltscenter
Allgemein   Speichern   Datei   Farben   Anzeige   Hardware   Meldungen   Zeichnung   Notizblock

Darstellung

Dokumenteinstellungen verwenden

Anwendungseinstellungen verwenden   Einstellungen...

Inaktive Komponentendarstellung

Schattiert   Kanten anzeigen

25 % deckend   Farbe

Anzeige

Übergangszeit für Ansichten (in Sekunden)   Minimale Frame-Rate (Hz)

0   3   0   20

Anzeigequalität:

Grob   Automatische Verfeinerung deaktivieren

3D-Navigation

Vorgabeorbit   Zoom-Verhalten   ViewCube...

Frei   Richtung umkehren
Mit Abhängigkeiten   Zoom auf Cursor   SteeringWheels...

Ursprungs-3D-Anzeige

Ursprungs-3D-Anzeige einblenden

Ursprungs-XYZ-Achsenbezeichnungen anzeigen

Verhalten von Ausrichten nach

Minimale Drehung durchführen

An lokalem Koordinatensystem ausrichten

Importieren...   Exportieren...   OK   Abbrechen   Anwenden

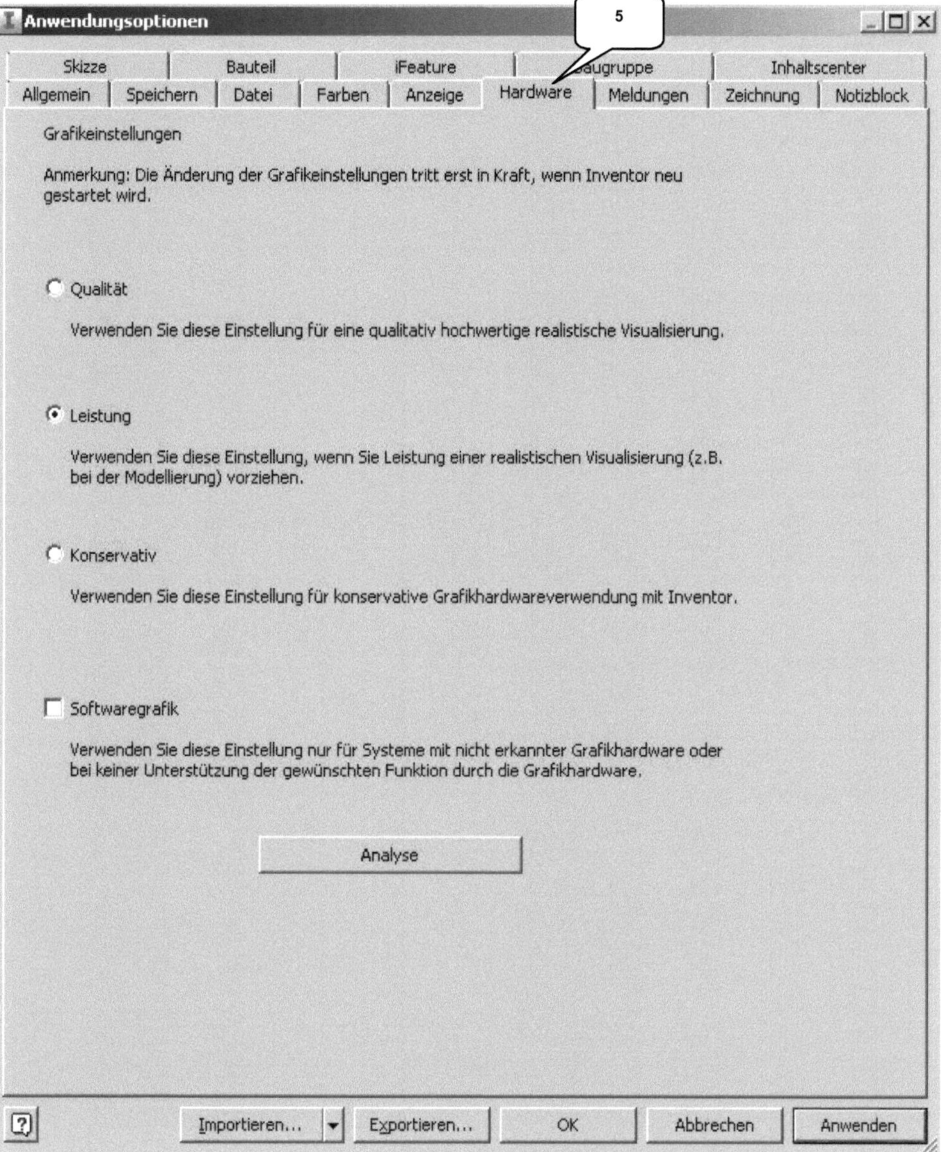
Anwendungsoptionen
5
Skizze
Bauteil
iFeature
Baugruppe
Inhaltscenter
Allgemein
Speichern
Datei
Farben
Anzeige
Hardware
Meldungen
Zeichnung
Notizblock
Grafikeinstellungen
Anmerkung: Die Änderung der Grafikeinstellungen tritt erst in Kraft, wenn Inventor neu gestartet wird.
Qualität
Verwenden Sie diese Einstellung für eine qualitativ hochwertige realistische Visualisierung.
Leistung
Verwenden Sie diese Einstellung, wenn Sie Leistung einer realistischen Visualisierung (z.B. bei der Modellierung) vorziehen.
Konservativ
Verwenden Sie diese Einstellung für konservative Grafikhardwareverwendung mit Inventor.
Softwaregrafik
Verwenden Sie diese Einstellung nur für Systeme mit nicht erkannter Grafikhardware oder bei keiner Unterstützung der gewünschten Funktion durch die Grafikhardware.
Analyse
Importieren...
Exportieren...
OK
Abbrechen
Anwenden

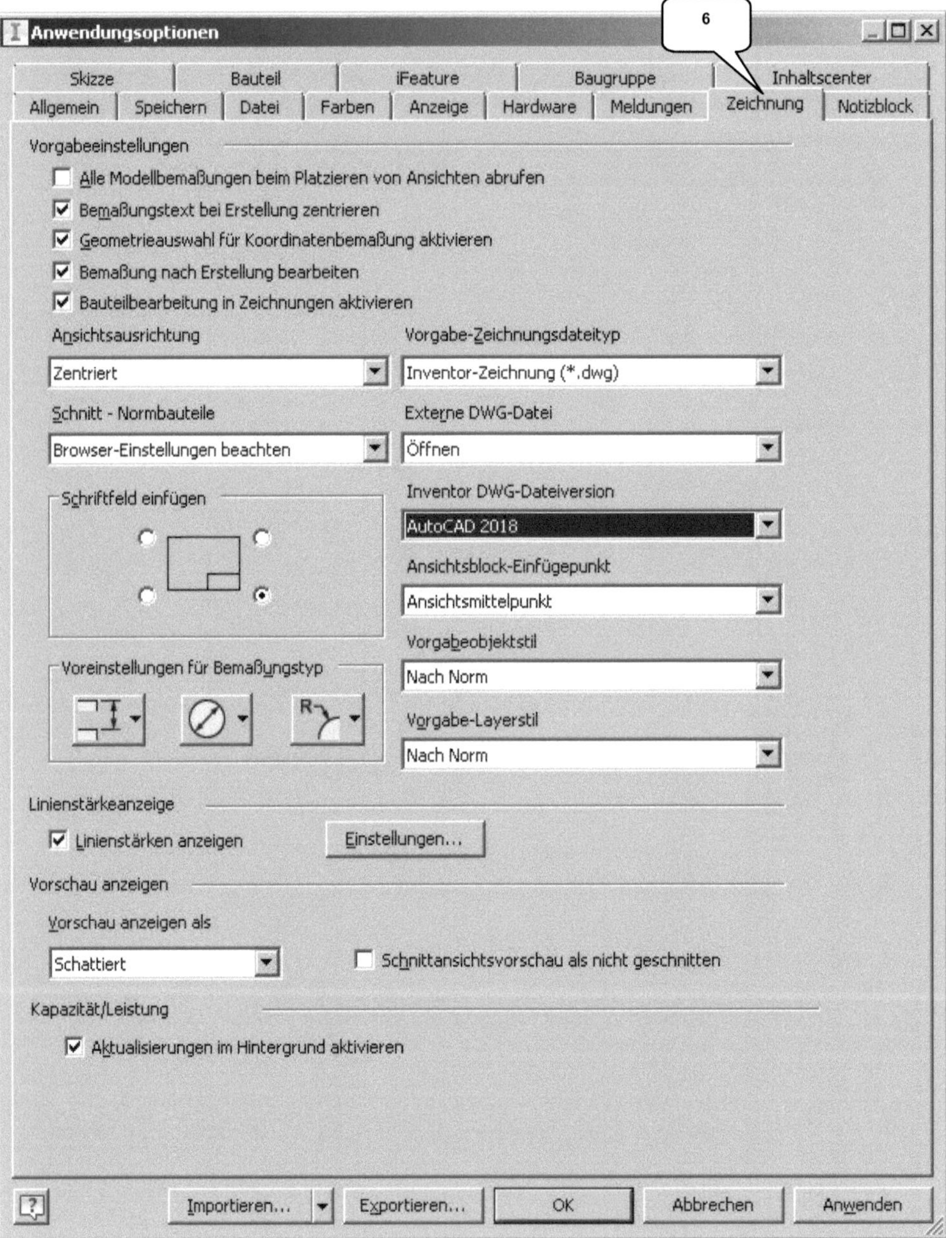
Anwendungsoptionen
6
Skizze | Bauteil | iFeature | Baugruppe | Inhaltscenter
Allgemein | Speichern | Datei | Farben | Anzeige | Hardware | Meldungen | Zeichnung | Notizblock
Vorgabeeinstellungen
Alle Modellbemaßungen beim Platzieren von Ansichten abrufen
Bemaßungstext bei Erstellung zentrieren
Geometrieauswahl für Koordinatenbemaßung aktivieren
Bemaßung nach Erstellung bearbeiten
Bauteilbearbeitung in Zeichnungen aktivieren
Ansichtsausrichtung
Zentriert
Vorgabe-Zeichnungsdateityp
Inventor-Zeichnung (*.dwg)
Schnitt - Normbauteile
Browser-Einstellungen beachten
Externe DWG-Datei
Öffnen
Schriftfeld einfügen
Inventor DWG-Dateiversion
AutoCAD 2018
Ansichtsblock-Einfügepunkt
Ansichtsmittelpunkt
Voreinstellungen für Bemaßungstyp
Vorgabeobjektstil
Nach Norm
Vorgabe-Layerstil
Nach Norm
Linienstärkeanzeige
Linienstärken anzeigen
Einstellungen...
Vorschau anzeigen
Vorschau anzeigen als
Schattiert
Schnittansichtsvorschau als nicht geschnitten
Kapazität/Leistung
Aktualisierungen im Hintergrund aktivieren
Importieren... | Exportieren... | OK | Abbrechen | Anwenden

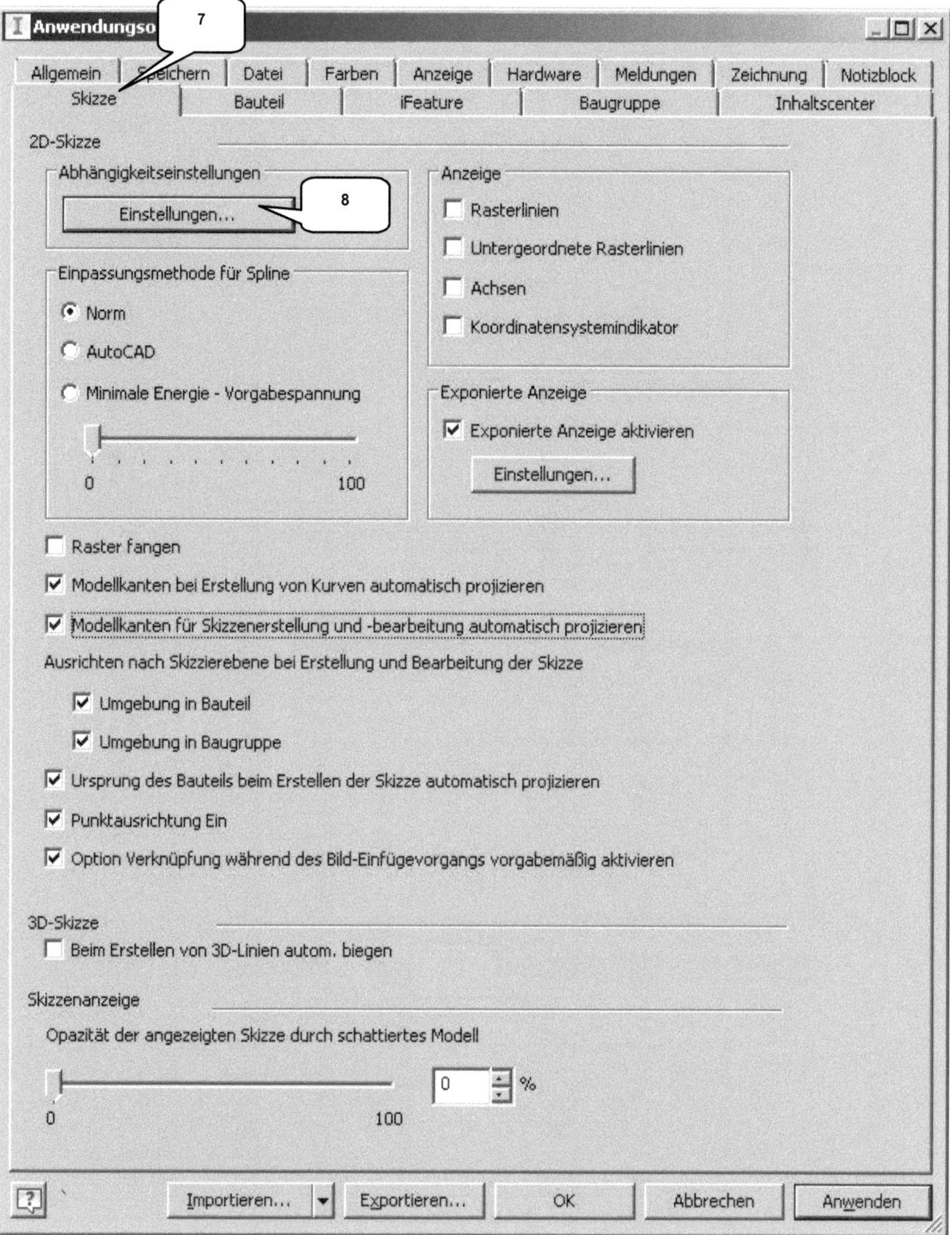

7
8
Anwendungso...
Allgemein | Speichern | Datei | Farben | Anzeige | Hardware | Meldungen | Zeichnung | Notizblock
Skizze | Bauteil | iFeature | Baugruppe | Inhaltscenter
2D-Skizze
Abhängigkeitseinstellungen
Einstellungen...
Einpassungsmethode für Spline
Norm
AutoCAD
Minimale Energie - Vorgabespannung
0
100
Anzeige
Rasterlinien
Untergeordnete Rasterlinien
Achsen
Koordinatensystemindikator
Exponierte Anzeige
Exponierte Anzeige aktivieren
Einstellungen...
Raster fangen
Modellkanten bei Erstellung von Kurven automatisch projizieren
Modellkanten für Skizzenerstellung und -bearbeitung automatisch projizieren
Ausrichten nach Skizzierebene bei Erstellung und Bearbeitung der Skizze
Umgebung in Bauteil
Umgebung in Baugruppe
Ursprung des Bauteils beim Erstellen der Skizze automatisch projizieren
Punktausrichtung Ein
Option Verknüpfung während des Bild-Einfügevorgangs vorgabemäßig aktivieren
3D-Skizze
Beim Erstellen von 3D-Linien autom. biegen
Skizzenanzeige
Opazität der angezeigten Skizze durch schattiertes Modell
0
100
0 %
Importieren... | Exportieren... | OK | Abbrechen | Anwenden

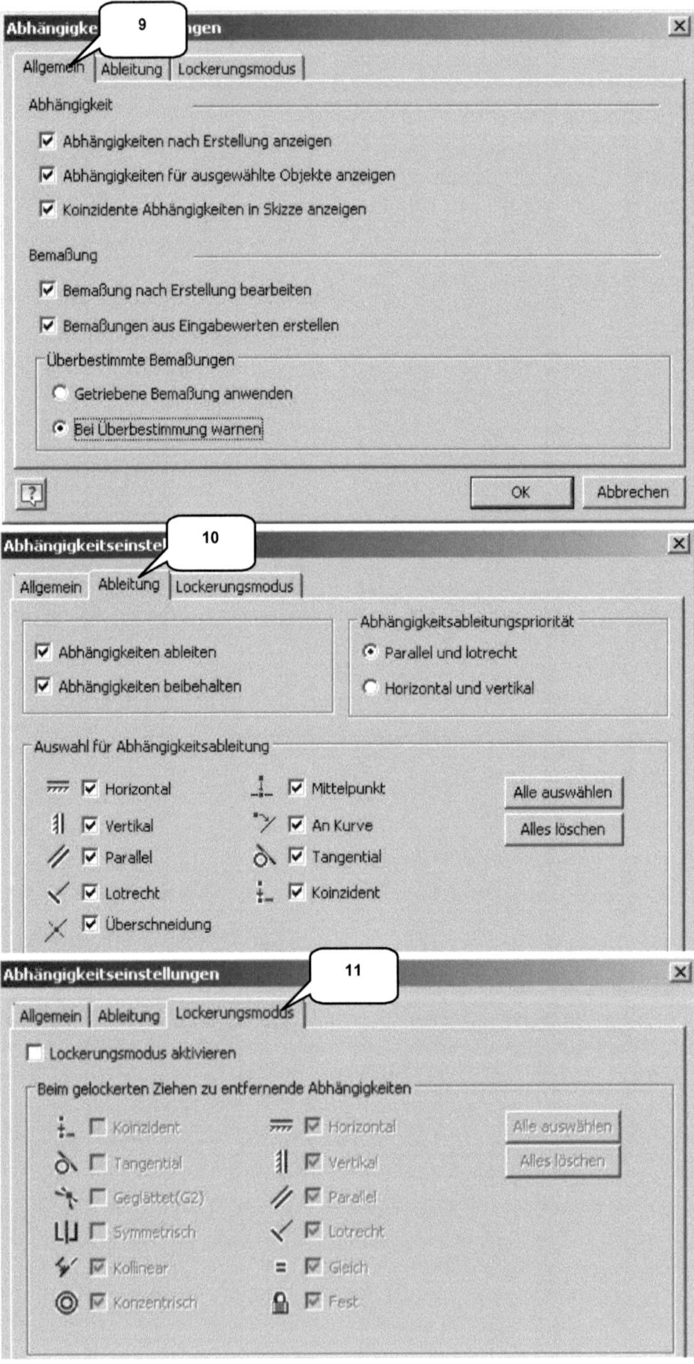
9
Abhängigke   gen
Allgemein | Ableitung | Lockerungsmodus
Abhängigkeit
☑ Abhängigkeiten nach Erstellung anzeigen
☑ Abhängigkeiten für ausgewählte Objekte anzeigen
☑ Koinzidente Abhängigkeiten in Skizze anzeigen
Bemaßung
☑ Bemaßung nach Erstellung bearbeiten
☑ Bemaßungen aus Eingabewerten erstellen
Überbestimmte Bemaßungen
○ Getriebene Bemaßung anwenden
● Bei Überbestimmung warnen
OK   Abbrechen

10
Abhängigkeitseinstel
Allgemein | Ableitung | Lockerungsmodus
☑ Abhängigkeiten ableiten
☑ Abhängigkeiten beibehalten
Abhängigkeitsableitungspriorität
● Parallel und lotrecht
○ Horizontal und vertikal
Auswahl für Abhängigkeitsableitung
☑ Horizontal   ☑ Mittelpunkt   Alle auswählen
☑ Vertikal   ☑ An Kurve   Alles löschen
☑ Parallel   ☑ Tangential
☑ Lotrecht   ☑ Koinzident
☑ Überschneidung

11
Abhängigkeitseinstellungen
Allgemein | Ableitung | Lockerungsmodus
☐ Lockerungsmodus aktivieren
Beim gelockerten Ziehen zu entfernende Abhängigkeiten
☐ Koinzident   ☑ Horizontal   Alle auswählen
☐ Tangential   ☑ Vertikal   Alles löschen
☐ Geglättet(G2)   ☑ Parallel
☐ Symmetrisch   ☑ Lotrecht
☑ Kollinear   ☑ Gleich
☑ Konzentrisch   ☑ Fest

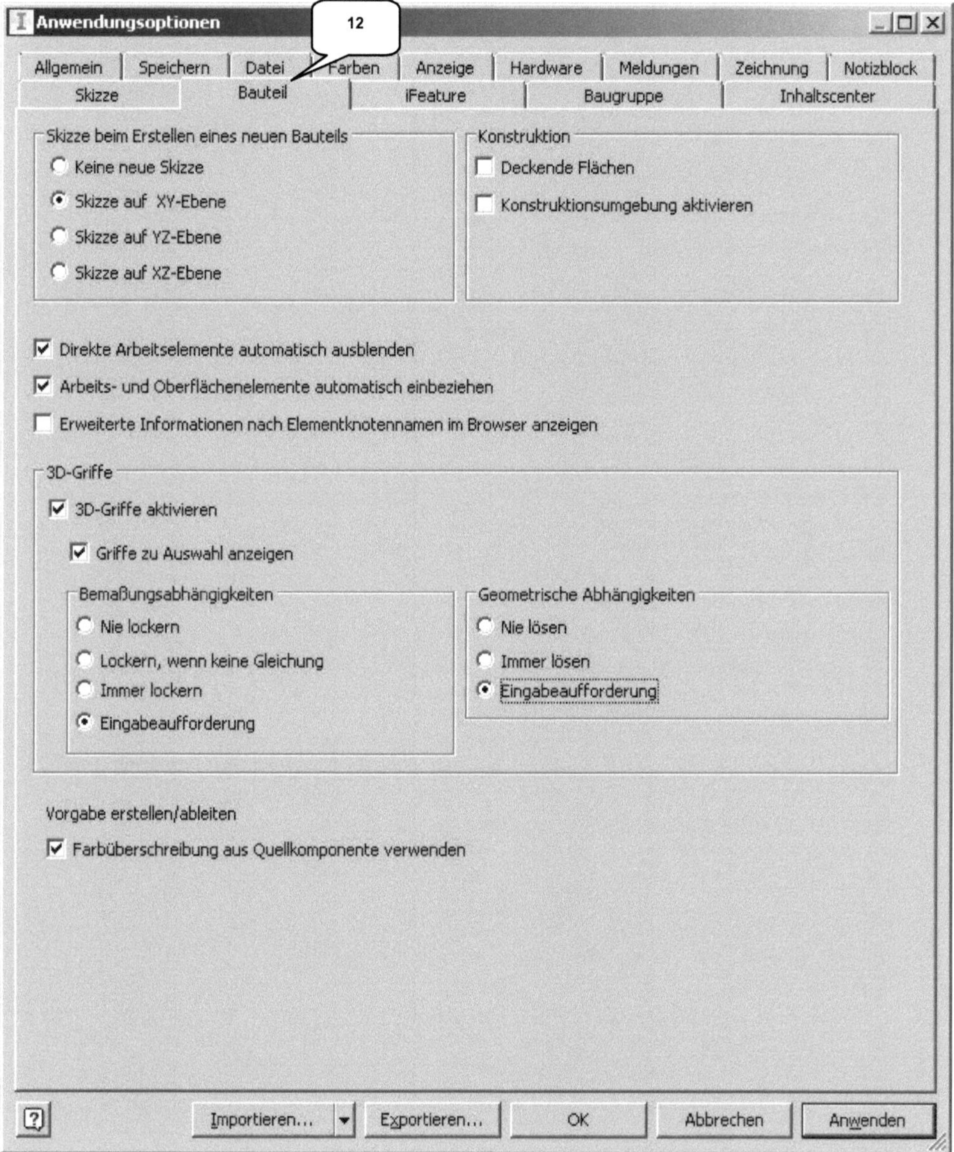
Anwendungsoptionen
12
Allgemein | Speichern | Datei | Farben | Anzeige | Hardware | Meldungen | Zeichnung | Notizblock
Skizze | Bauteil | iFeature | Baugruppe | Inhaltscenter

Skizze beim Erstellen eines neuen Bauteils
Keine neue Skizze
Skizze auf XY-Ebene
Skizze auf YZ-Ebene
Skizze auf XZ-Ebene

Konstruktion
Deckende Flächen
Konstruktionsumgebung aktivieren

Direkte Arbeitselemente automatisch ausblenden
Arbeits- und Oberflächenelemente automatisch einbeziehen
Erweiterte Informationen nach Elementknotennamen im Browser anzeigen

3D-Griffe
3D-Griffe aktivieren
Griffe zu Auswahl anzeigen

Bemaßungsabhängigkeiten
Nie lockern
Lockern, wenn keine Gleichung
Immer lockern
Eingabeaufforderung

Geometrische Abhängigkeiten
Nie lösen
Immer lösen
Eingabeaufforderung

Vorgabe erstellen/ableiten
Farbüberschreibung aus Quellkomponente verwenden

Importieren... | Exportieren... | OK | Abbrechen | Anwenden

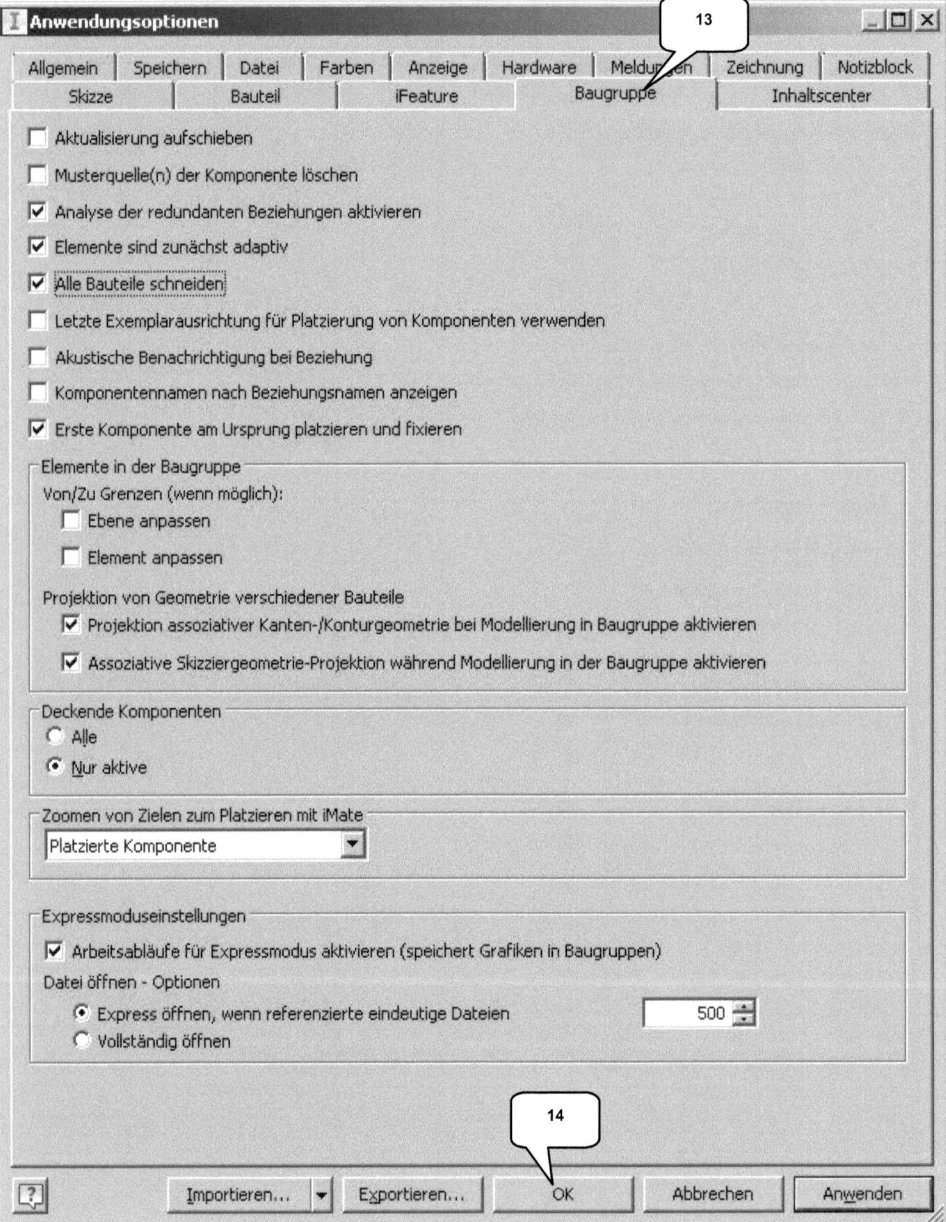

Anwendungsoptionen
13
Allgemein | Speichern | Datei | Farben | Anzeige | Hardware | Meldungen | Zeichnung | Notizblock
Skizze | Bauteil | iFeature | Baugruppe | Inhaltscenter
Aktualisierung aufschieben
Musterquelle(n) der Komponente löschen
Analyse der redundanten Beziehungen aktivieren
Elemente sind zunächst adaptiv
Alle Bauteile schneiden
Letzte Exemplarausrichtung für Platzierung von Komponenten verwenden
Akustische Benachrichtigung bei Beziehung
Komponentennamen nach Beziehungsnamen anzeigen
Erste Komponente am Ursprung platzieren und fixieren
Elemente in der Baugruppe
Von/Zu Grenzen (wenn möglich):
Ebene anpassen
Element anpassen
Projektion von Geometrie verschiedener Bauteile
Projektion assoziativer Kanten-/Konturgeometrie bei Modellierung in Baugruppe aktivieren
Assoziative Skizziergeometrie-Projektion während Modellierung in der Baugruppe aktivieren
Deckende Komponenten
Alle
Nur aktive
Zoomen von Zielen zum Platzieren mit iMate
Platzierte Komponente
Expressmoduseinstellungen
Arbeitsabläufe für Expressmodus aktivieren (speichert Grafiken in Baugruppen)
Datei öffnen - Optionen
Express öffnen, wenn referenzierte eindeutige Dateien   500
Vollständig öffnen
14
Importieren... | Exportieren... | OK | Abbrechen | Anwenden

5 Erstellen eines Einzelbenutzerprojekts

In Inventor® sollte möglichst in Projekten gearbeitet werden, um die Koordination zusammenhängender Dateien und Einstellungen zu vereinfachen. Hierfür bietet das Programm im Register **Erste Schritte** (Befehlsgruppe **Starten**) den Befehl **Projekte** (1).

Zu jedem Projekt wird eine eigene Projektdatei (*.ipj) erzeugt. Sie sichert alle Informationen und Querverweise eines Projekts. Das ist wichtig, wenn später komplexe Projekte archiviert oder von einem PC auf einen anderen übertragen werden sollen.

Erzeugen Sie im folgenden Arbeitsschritt ein neues Einzelbenutzer-Projekt mit der Bezeichnung **Inventor-2018-Hubschrauber**. Das Projekt sollte im gleichnamigen Projektordner gespeichert werden.

- **Projekte** (1)
- **Neu** **Neu** (2)
- Option: **Einzelbenutzer-Projekt**
- **Weiter** **Weiter**
- Name: **Inventor-2018-Hubschrauber** (3)

- Projektordner: Ordner **Inventor-2018-Hubschrauber** (4)
- **Fertig stellen** **Fertig stellen** (5)
- **Fertig** **Fertig** (6)

Das neue Projekt wird automatisch aktiviert, was durch einen kleinen Haken in der Zeile des aktiven Projekts signalisiert wird. Bei der späteren Arbeit mit dem Programm sollte das jeweils aktive Projekt nach Programmstart stets kontrolliert werden.

So kann vermieden werden, dass Dateien unbeabsichtigt an einem falschen Speicherort gesichert und damit einem anderen Projekt zugeordnet werden.

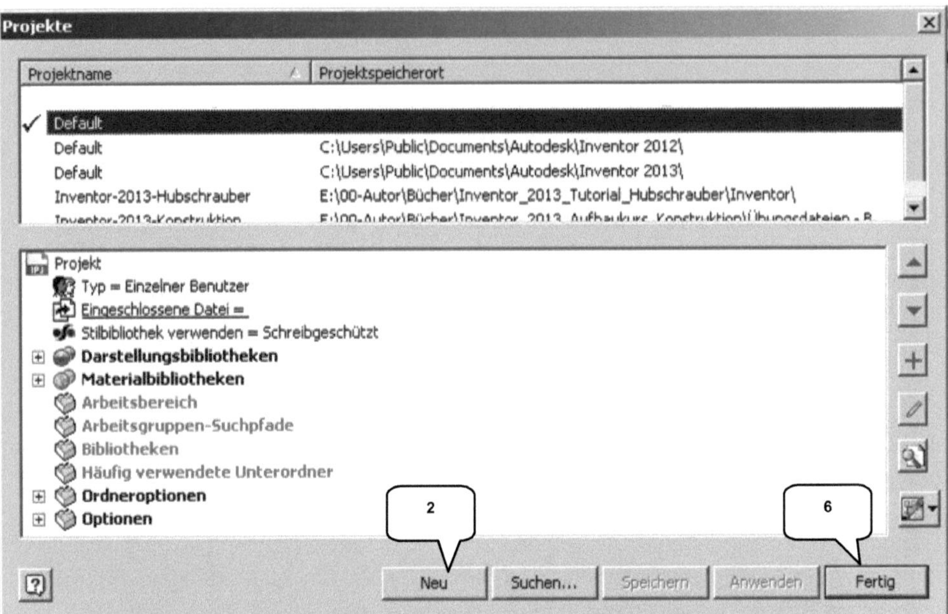

Projekte
Projektname
Projektspeicherort
Default
Default   C:\Users\Public\Documents\Autodesk\Inventor 2012\
Default   C:\Users\Public\Documents\Autodesk\Inventor 2013\
Inventor-2013-Hubschrauber   E:\00-Autor\Bücher\Inventor_2013_Tutorial_Hubschrauber\Inventor\
Inventor-2013-Konstruktion   E:\00-Autor\Bücher\Inventor_2013_Aufbaukurs_Konstruktion\Übungsdateien - B
Projekt
Typ = Einzelner Benutzer
Eingeschlossene Datei =
Stilbibliothek verwenden = Schreibgeschützt
Darstellungsbibliotheken
Materialbibliotheken
Arbeitsbereich
Arbeitsgruppen-Suchpfade
Bibliotheken
Häufig verwendete Unterordner
Ordneroptionen
Optionen
2
6
Neu   Suchen...   Speichern   Anwenden   Fertig

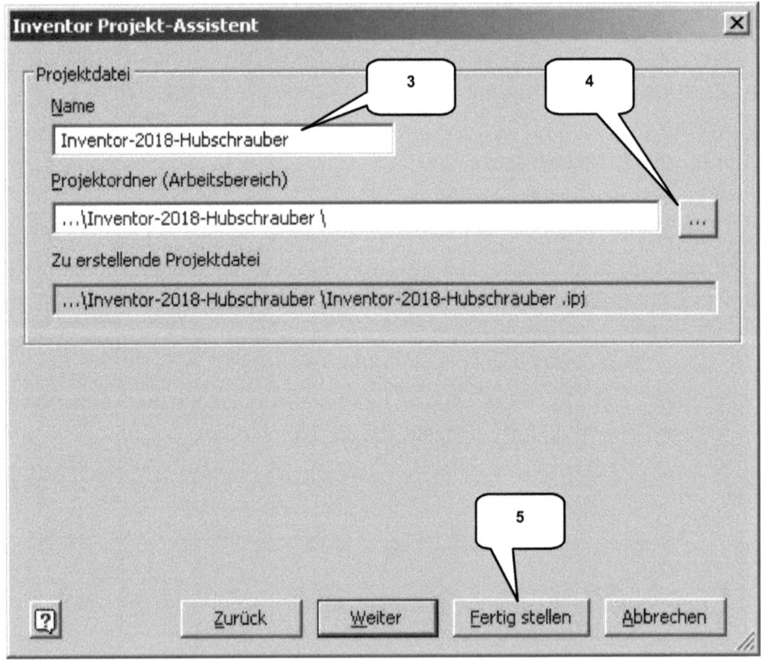

Inventor Projekt-Assistent
Projektdatei
Name
3
Inventor-2018-Hubschrauber
Projektordner (Arbeitsbereich)
4
...\Inventor-2018-Hubschrauber \
Zu erstellende Projektdatei
...\Inventor-2018-Hubschrauber \Inventor-2018-Hubschrauber .ipj
5
Zurück   Weiter   Fertig stellen   Abbrechen

6 Aufbau und Funktion des Spielzeughubschraubers

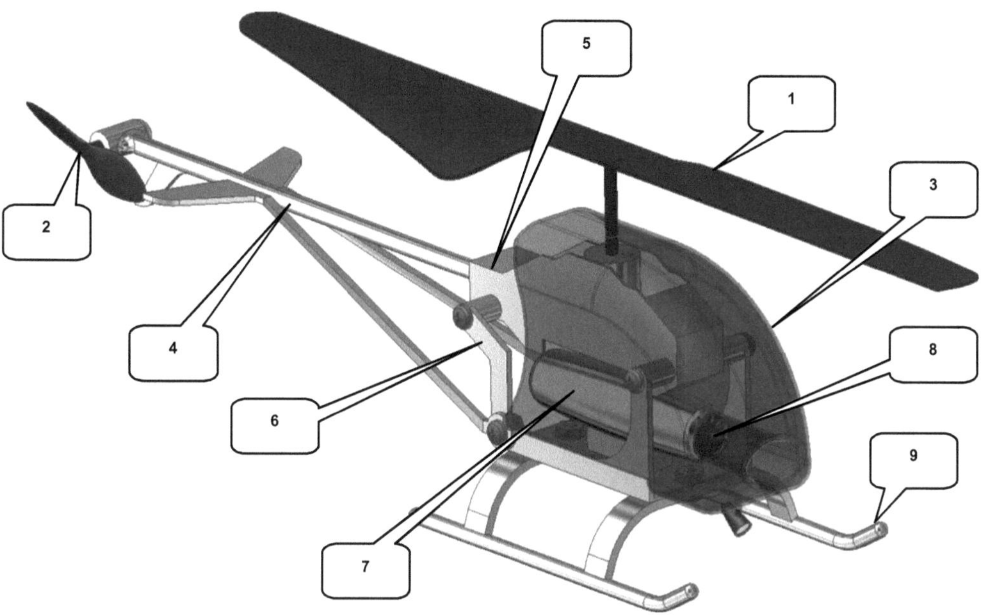

1. Hauptrotor	4. Heckausleger	7. Turbinengehäuse
2. Heckrotor	5. Rumpf-Oberteil	8. Turbine
3. Kabine	6. Rumpf-Unterteil	9. Landegestell

Im folgenden Übungsbeispiel soll ein vereinfachter Spielzeughubschrauber konstruiert werden. Hubschrauber starten und landen in vertikaler Richtung. Durch Form und Drehbewegung des Hauptrotors (1) wird eine Auftriebskraft erzeugt, die den Hubschrauber beim Starten nach oben hebt. Um eine unerwünschte Drehung des gesamten Hubschraubers um seine vertikale Achse zu vermeiden, wird am Ende des Heckauslegers (4) ein zusätzlicher Heckrotor (2) montiert. Dieser wirkt einer Drehbewegung entgegen und gewährleistet eine stabile Führung. Eine Turbine (8) ermöglicht eine Bewegung in horizontaler Richtung. Sie befindet sich im Turbinengehäuse (7), welches auf dem Rumpf-Unterteil (6) montiert wird, an welchem auch das Landegestell (8) befestigt ist. Unterteil und Oberteil (5) des Rumpfes bilden die Basis des Konstruktionsobjektes, an welches auch eine Kabine (3) montiert wird. Diese ist mit einem Suchscheinwerfer und mit dem Luftstromkanal zur Turbine versehen. Die einzelnen Bauteile werden durch diverse Schraubenverbindungen aus dem Inhaltscenter miteinander verbunden. Alle Bauteile (außer der Kabine) sind zu konstruieren. Die Kabine selbst ist als vorgefertigtes Bauteil bereits vorhanden.

7 Bauteil: Rumpf-Unterteil

7.1 Erstellen einer neuen Datei und Projizieren der Hauptachsen

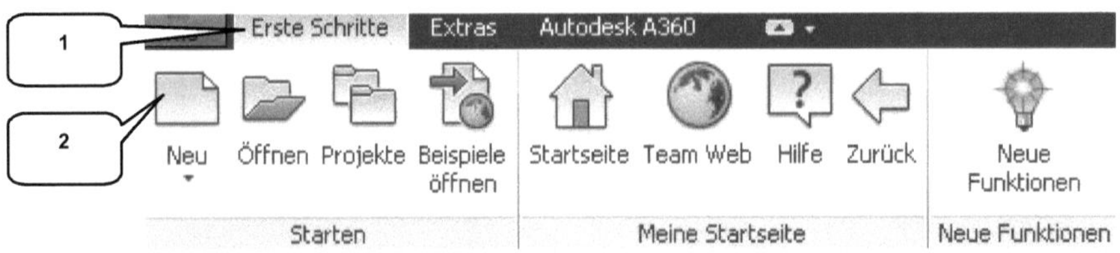

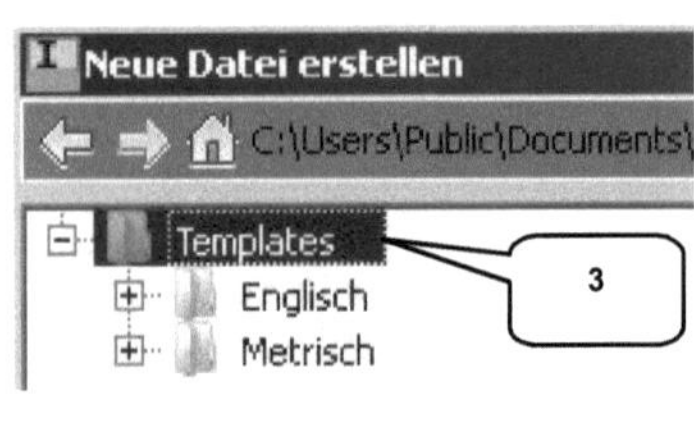

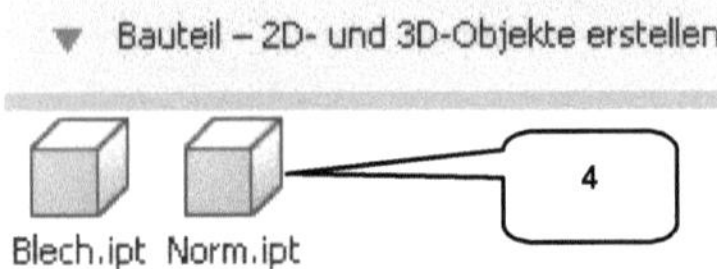

Nachdem die Anwendungsoptionen und Zusatzmodule konfiguriert und das neue Projekt erzeugt wurden, kann mit der Erstellung des ersten Bauteils begonnen werden. Im Register **Erste Schritte** (1) ist der Befehl **Neu** (2) zu starten. Im Fenster **Neue Datei erstellen** befinden sich einige vordefinierte Standard-Vorlagen. Diese können grundlegend wie folgt unterschieden werden:

- **Bauteile** (Norm.ipt, Blech.ipt)
- **Baugruppen** (Norm.iam, Schweißkonstruktion.iam)
- **Zeichnungen** (Norm.idw, Norm.dwg)
- **Präsentationen** (Norm.ipn)

Die Bauteile in diesem Buch werden grundlegend aus der Vorlage **Norm.ipt** (4) erstellt, welche jetzt zu öffnen und durch **Erstellen** (5) zu bestätigen ist.

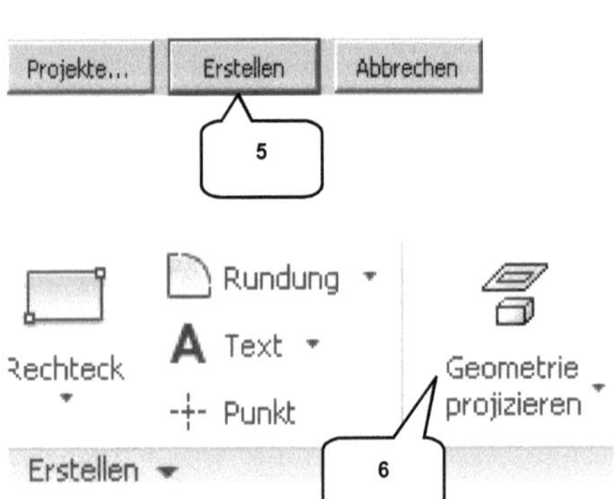

HINWEIS: Wurden die Anwendungsoptionen übernommen wie in den ersten Kapiteln beschrieben, sollte das Programm automatisch eine neue 2D-Skizze auf der XY-Ebene erzeugen und den Skizzenbereich öffnen.

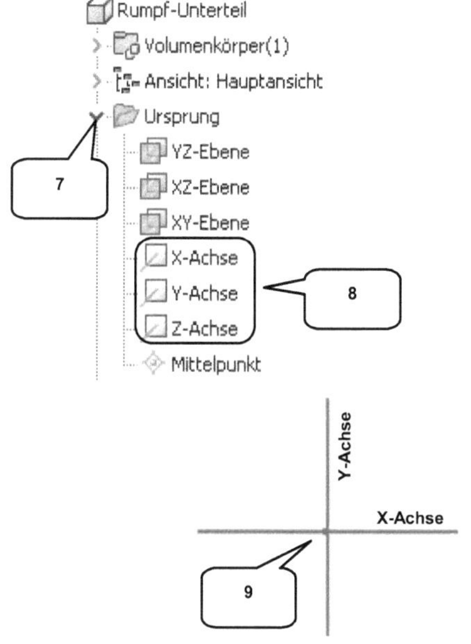

Jede Datei verfügt über ein Koordinatensystem mit drei Hauptachsen (X, Y, Z) und drei Hauptebenen (XY, XZ, YZ). Diese Ursprungselemente spielen eine wichtige Rolle und sollten bereits ab der ersten Skizze in die Konstruktion integriert werden. Da sie nicht standardmäßig in den Skizzen enthalten sind, müssen sie importiert werden. Hierfür wird der Befehl *Geometrie projizieren* (6) verwendet. Dieser Befehl überträgt eine Abbildung der Achsen/ Ebenen in die 2D-Skizze und ermöglicht dadurch deren Verwendung.

- ➤ *Geometrie projizieren* (6)
- ➤ Ordner *Ursprung* im Browser aufklappen (7)
- ➤ Nacheinander die drei Achsen (X, Y, Z) anklicken (8)
- ➤ *Taste: ESC*

Die Achsen werden jetzt im Zeichenbereich dargestellt (9). Dieser erste Arbeitsschritt sollte in jeder neuen Skizze durchgeführt werden, da das rechtzeitige Einbeziehen der Hauptachsen bereits im Skizzenbereich spätere Arbeitsschritte im Modell- und Baugruppenbereich erheblich erleichtern kann. Die *Taste: ESC* (Escape) beendet den Befehl *Geometrie projizieren* und sollte grundsätzlich nach jeder erfolgreichen Anwendung eines Befehles im 2D-Skizzenbereich verwendet werden.

7.2 Zeichnen einer zusammenhängenden Linienkontur

Neue Zeichenelemente werden mit den Befehlen der Befehlsgruppe *Zeichnen* erzeugt. Für die folgende Linienkontur ist der Befehl *Linie* (1) zu verwenden.

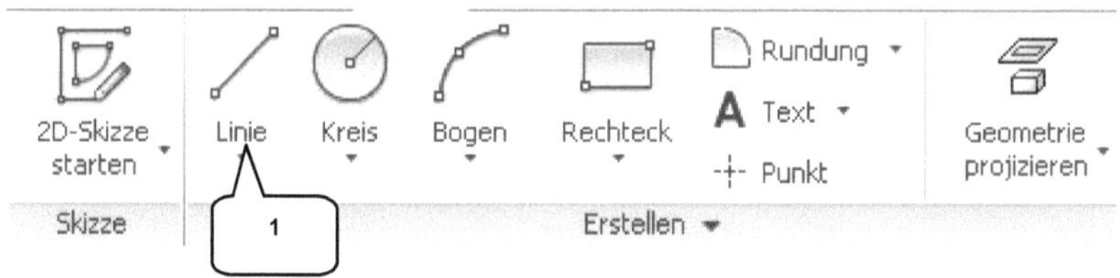

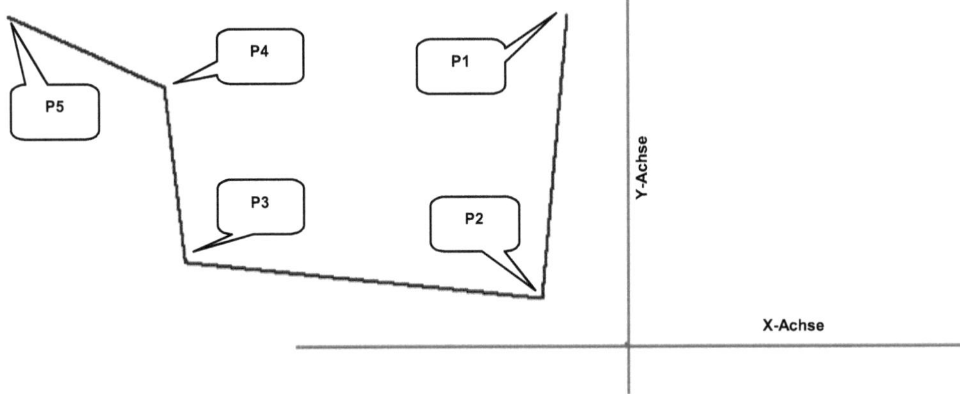

Zeichnen Sie die oben abgebildete Kontur durch das Setzen der einzelnen Punkte (P1) bis (P6) mit der linken Maustaste. Zeichnen Sie die Linien so schräg wie oben dargestellt.

➢ **Linie** (1)	➢ Punkt (P3) frei ablegen
➢ Punkt (P1) frei ablegen (linke Maustaste)	➢ Punkt (P4) frei ablegen
	➢ Punkt (P5) frei ablegen
➢ Punkt (P2) frei ablegen	➢ **Taste: ESC**

7.3 Setzen der Abhängigkeiten

Die einzelnen Liniensegmente sollen jetzt mit Abhängigkeiten versehen werden, wobei zuerst die vertikalen und horizontalen Linien auszurichten sind. In der Befehlsgruppe **Abhängig machen** befinden sich die Abhängigkeiten **Horizontal** (1) und **Vertikal** (2), welche jetzt auf die Linien anzuwenden sind. Die **Taste: ESC** wird den jeweiligen Vorgang sauber beenden. Beachten Sie, dass die Linie (L4) mit keiner der beiden Abhängigkeiten zu versehen ist.

➢ **Abhängigkeit Horizontal** (1)	➢ **Abhängigkeit Vertikal** (2)
➢ Linie (L2) wählen	➢ Linien (L1, L3) wählen
➢ **Taste: ESC**	➢ **Taste: ESC**

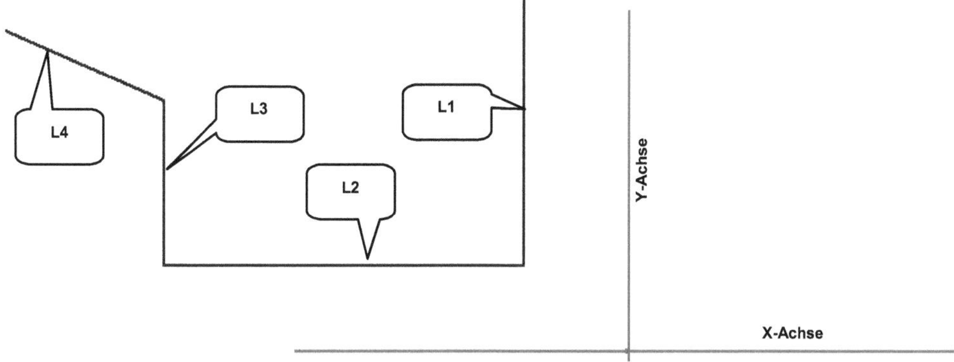

7.4 Bemaßen der Linienkontur

Nach dem Setzen der Abhängigkeiten erfolgt das Bemaßen. Um ein einzelnes Zeichenobjekt (Linie, Bogen, Kreis) zu bemaßen, ist dieses nach Start des Befehls *Bemaßung* (1) auszuwählen und das Maß anschließend abzulegen. Die Eingabe der der Maßzahl ändert die Objektgröße, den Abstand oder die geometrische Ausrichtung. Um zwei Zeichenelemente in deren Lage zueinander zu bemaßen, müssen beide Objekte nacheinander angewählt und das Maß anschließend abgelegt und bearbeitet werden. Im folgenden Schritt sind die Längen der einzelnen Linienabschnitte (L1) bis (L5) zu definieren.

- ➢ *Bemaßung* (1)
- ➢ Linie (L1) anklicken (linke Maustaste)
- ➢ Maß an Position (2) ablegen (linke Maustaste)
- ➢ Länge: [20 mm]
- ➢ *Taste: ENTER*

- ➢ Linie (L2) anklicken
- ➢ Maß an Position (3) ablegen
- ➢ Länge: [38 mm]
- ➢ *Taste: ENTER*

- ➢ Linie (L3) anklicken
- ➢ Maß an Position (4) ablegen
- ➢ Länge: [14 mm]
- ➢ *Taste: ENTER*
- ➢ *Taste: ESC*

Eine horizontale oder vertikale Bemaßung einer Linie kann also durch Ablegen des Maßes oberhalb/unterhalb oder rechts/links neben dem Objekt erzeugt werden. Muss eine Bemaßung an einem Objekt ausgerichtet werden (z. B. Linie L5), ist dies separat festzulegen. Vor dem Ablegen des Maßes ist hier die Option *Ausgerichtet* im Kontextmenü der rechten Maustaste zu aktivieren.

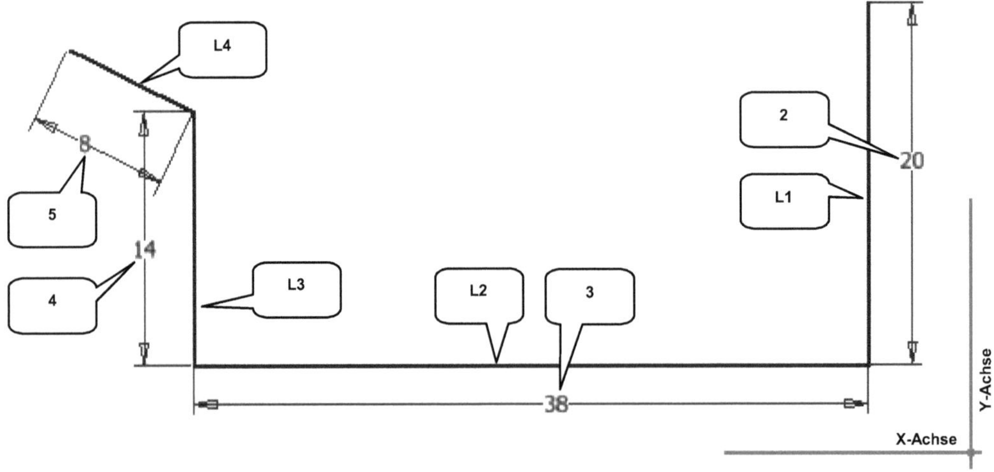

> ***Bemaßung*** (1)
> Linie (L4) anklicken
> Rechte Maustaste drücken
> Option: Ausgerichtet

> Maß an Position (5) ablegen
> Länge: [8 mm]
> ***Taste: ENTER***
> ***Taste: ESC***

HINWEIS: Um ein Maß an einer Linie auszurichten, muss nach der Auswahl der Linie und vor dem Ablegen des Maßes die Option ***Ausgerichtet*** im Kontextmenü der rechten Maustaste aktiviert werden.

Die Linien (L3) und (L4) sind jetzt in einem Winkel von 120° zueinander anzuordnen. Anschließend soll die gesamte Linienkontur mit dem Punkt (P2) auf den Koordinatenursprung (P0) gelegt werden, wofür die Abhängigkeit ***Koinzident*** (7) zu verwenden ist.

> ***Bemaßung*** (1)
> Linie (L3) anklicken
> Linie (L4) anklicken
> Maß an Position (6) ablegen

> Winkel: [120°]
> ***Taste: ENTER***
> ***Taste: ESC***

> - **Abhängigkeit Koinzident** (7)
> - Punkt (P2) wählen

> - Koordinatenursprung (P0) wählen
> - **Taste: ESC**

Die gesamte Skizzenkontur ist jetzt (bezogen auf das Koordinatensystem) in Position und Lage vollständig definiert, was im unteren rechten Bereich des Bildschirms durch die Meldung **Skizze voll bestimmt** (8) signalisiert wird.

7.5 Erzeugen einer versetzten Kopie der Linienkontur

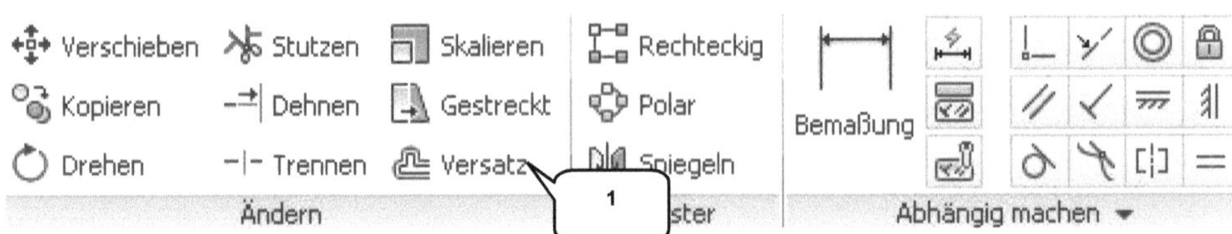

Nachdem die vorhandene Linienkontur vollständig bemaßt und auf den Koordinatenursprungspunkt bezogen befestigt wurde, soll eine versetzte Kopie von der vorhandenen Linienkontur erzeugt werden.

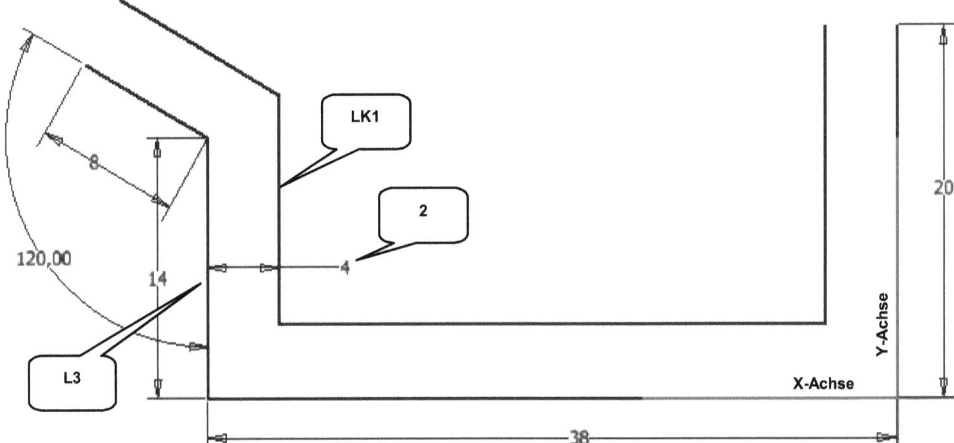

➢ **Versatz** (1)	➢ **Bemaßung** (1)
➢ Linie (L3) wählen	➢ Linie (L3) wählen
➢ Maus nach rechts bewegen	➢ Versetzte Kopie an Pos. (LK1) wählen
➢ Versetzte Kopie der Linienkontur in etwa im Bereich von (LK1) ablegen	➢ Maß an Position (2) ablegen
➢ **Taste: ESC**	➢ Abstand: [4 mm]
	➢ **Taste: ENTER**
	➢ **Taste: ESC**

HINWEIS: Möglicherweise stellen Sie bei der Arbeit mit dem Programm fest, dass die eine oder andere Befehlsgruppe nicht vorhanden ist: In diesem Fall ist mit der **rechten Maustaste** auf eine beliebige Stelle der Multifunktionsleiste (Befehlsleiste) zu klicken, und im Kontextmenü die Option **Gruppen anzeigen** auszuwählen, um darin die fehlende Gruppe zu aktivieren. Diese Möglichkeit existiert in jedem Arbeitsbereich (z. B. Skizzen-, Modell-, Baugruppen-, Zeichnungs- oder Präsentationsbereich).

7.6 Schließen der Kontur mittels Bogens durch drei Punkte

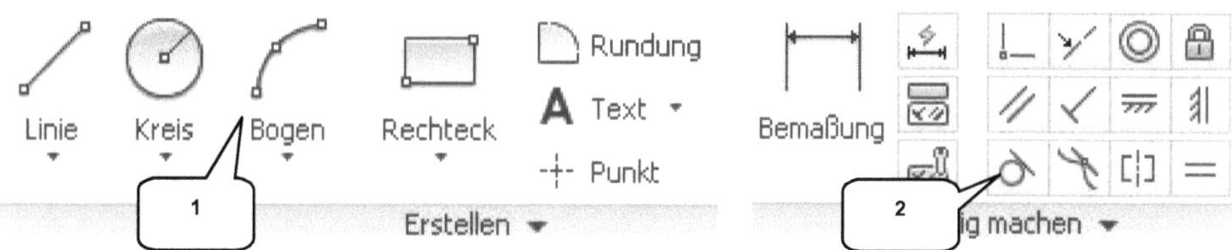

Beide Linienkonturen (Original und Kopie) sind durch den Befehl **Bogen durch 3 Punkte** (1) miteinander zu verbinden. Hierbei ist darauf zu achten, dass Start- und Endpunkt des jeweiligen Bogens genau an die Linienenden der Linienkonturen anknüpfen (P1, P2, P4, P5). Dies wird beim Setzen der Bogenpunkte durch einen grünen Punkt am Mauspfeil signalisiert.

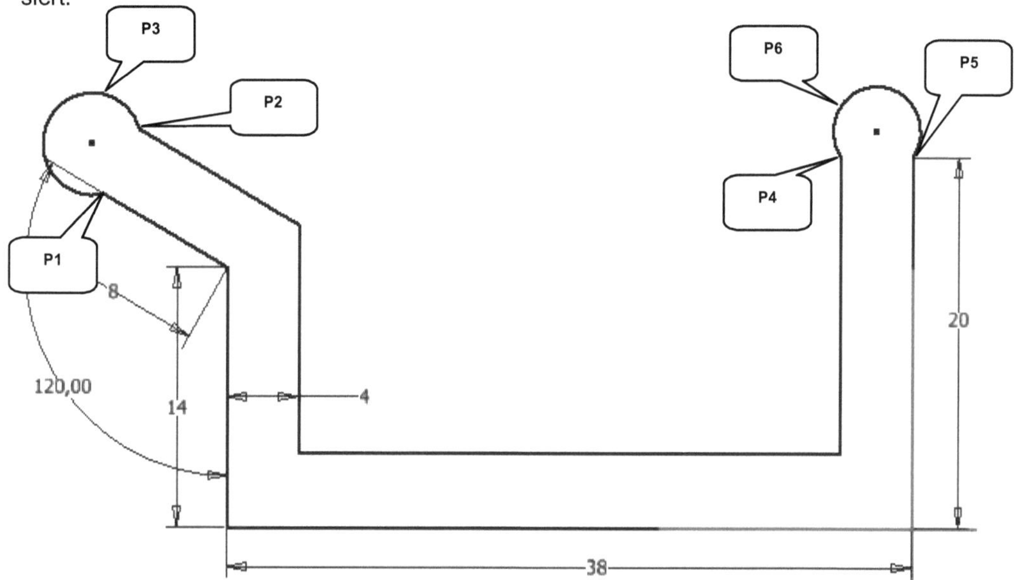

➢ **Bogen durch 3 Punkte** (1)	➢ 1. Punkt Bogen 2: Punkt (P4) wählen
➢ 1. Punkt Bogen 1: Punkt (P1) wählen	➢ 2. Punkt Bogen 2: Punkt (P5) wählen
➢ 2. Punkt Bogen 1: Punkt (P2) wählen	➢ 3. Punkt Bogen 2: Punkt frei an Pos. (P6) ablegen
➢ 3. Punkt Bogen 1: Punkt frei an Pos. (P3) ablegen	➢ **Taste: ESC**

Beide Bögen liegen jeweils mit ihren Start- und Endpunkten auf den Endpunkten der angrenzenden Linienkonturen. Mit tangentialen Abhängigkeiten sollen die Bögen an die vorhandenen Linienkonturen angepasst werden.

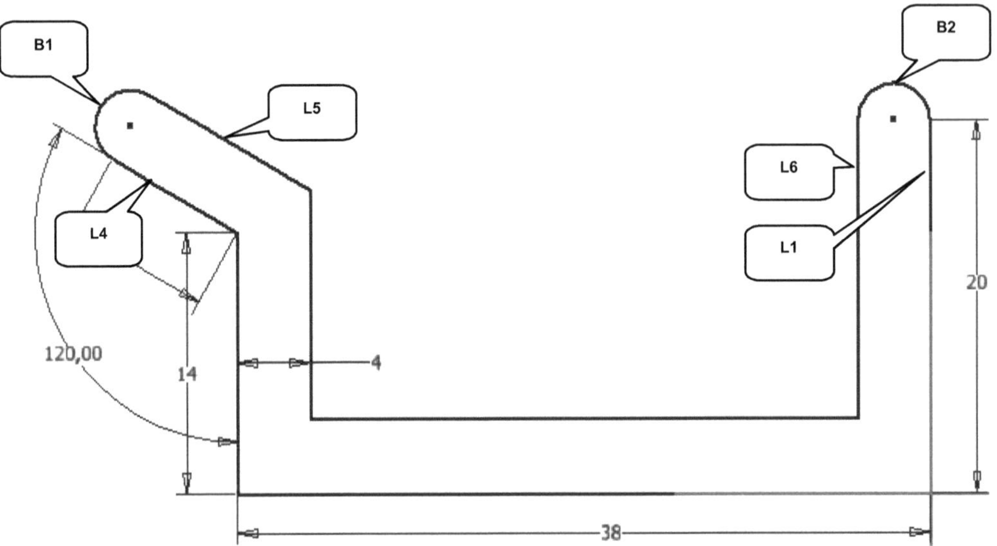

➤ **Abhängigkeit Tangential** (2)	➤ Linie (L6) wählen
➤ Linie (L4) wählen	➤ Bogen (B2) wählen
➤ Bogen (B1) wählen	➤ Linie (L1) wählen
➤ Linie (L5) wählen	➤ Bogen (B2) wählen
➤ Bogen (B1) wählen	➤ **Taste: ESC**

7.7 Ecken abrunden

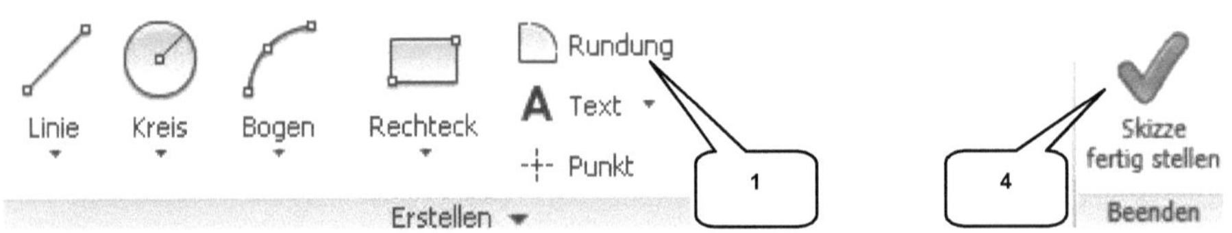

Zwei Ecken sollen jetzt mit dem Befehl **Rundung** (1) bearbeitet werden.

➤ **Rundung** (1)	➤ Radius: [10 mm] (3)
➤ Radius: [3 mm] (2)	➤ Linie (L6) wählen
➤ Linie (L2) wählen	➤ Linie (L7) wählen
➤ Linie (L3) wählen	➤ **Taste: ESC**

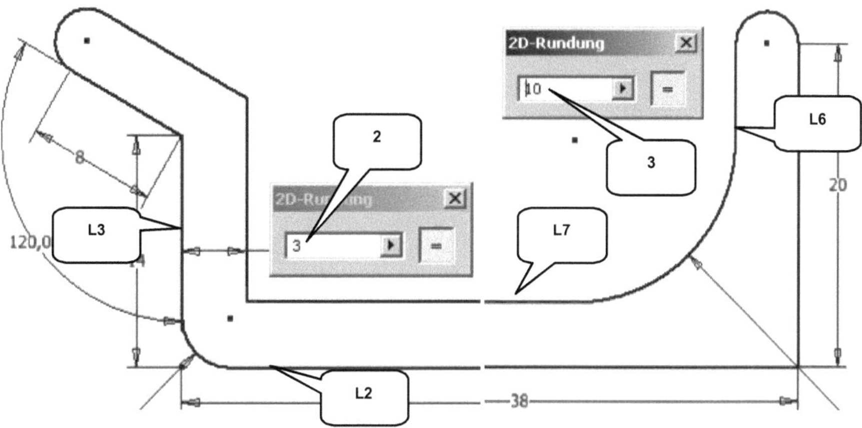

Die Skizze kann jetzt mit **Skizze fertig stellen** (4) beendet werden. Das Programm wechselt automatisch in den 3D-Modellbereich.

7.8 Speichern der Datei

Vor dem nächsten Arbeitsschritt sollte die Datei gesichert werden. In der oberen Menüleiste befindet sich der Befehl **Speichern**. Er öffnet ein Eingabefenster, worin der Dateiname eingetragen werden kann. Es ist darauf zu achten, dass die Datei ebenfalls in den Projektordner gespeichert wird, welcher am Anfang des Buches erzeugt wurde.

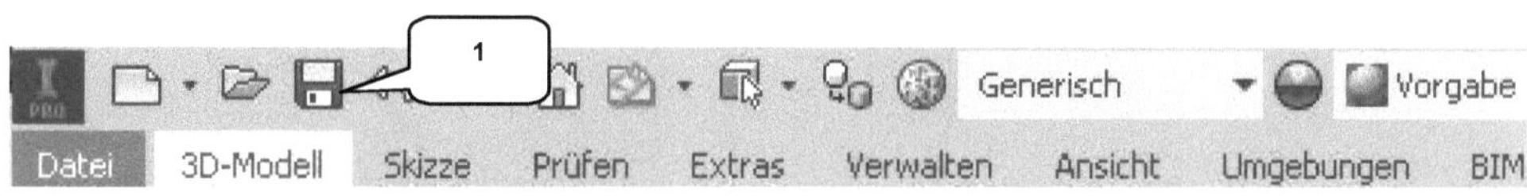

> **Speichern** (1)
> Dateiname: [Rumpf-Unterteil] (2)
> Dateityp: (*.ipt) (3)
> **Speichern**

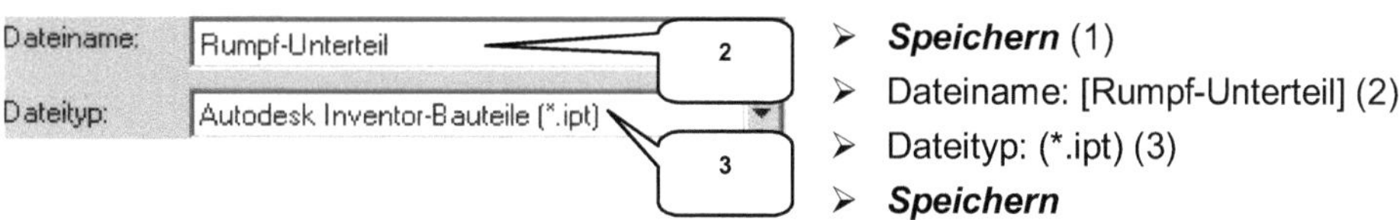

HINWEIS: Auch im Modellbereich ist es möglich, dass eine der Befehlsgruppen, die zur Bearbeitung des Übungsobjektes benötigt wird, deaktiviert ist. Dann ist mit der rechten Maustaste auf einen beliebigen Punkt der Befehlsleiste zu klicken und unter der Option **Gruppen anzeigen** die fehlende Befehlsgruppe nachträglich zu aktivieren. Nicht benötigte Gruppen sollten allerdings ausgeblendet bleiben, um eine allzu sehr minimierte Darstellung der einzelnen Befehlsgruppen zu vermeiden.

7.9 Extrudieren der Basiskontur

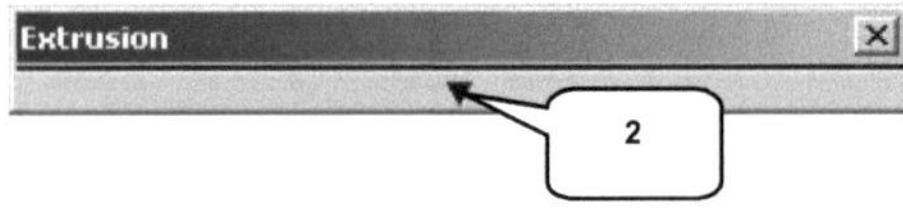

Der Befehl *Extrusion* (1) wird die im Skizzenbereich gezeichnete Kontur in einen Volumenkörper konvertieren. Für die folgenden Eingaben muss das gleichnamige Befehlsfenster erweitert werden (2).

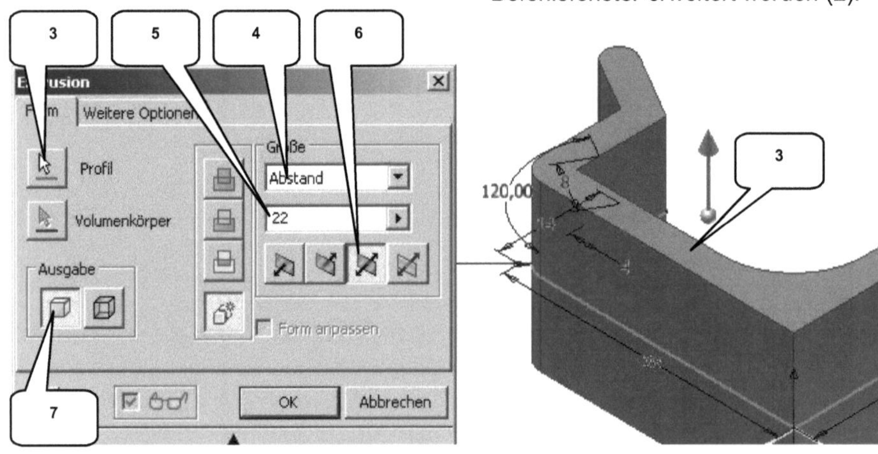

- ➢ *Extrusion* (1)
- ➢ Profil: Fläche der Skizzenkontur (3)
- ➢ Größe: Abstand (4)
- ➢ Wert: [22 mm] (5)

- ➢ Richtung: Symmetrisch (6)
- ➢ Ausgabe: Volumenkörper (7)
- ➢ *OK*

HINWEIS: Sollte es Probleme bei der Auswahl der zu extrudierenden Fläche geben, muss noch einmal per Doppelklick in die letzte Skizze gewechselt werden (im Browser auf **Skizze1** doppelklicken! <u>Nicht</u> den Befehl *2D-Skizze starten*, da dieser keine vorhandene Skizze bearbeiten, sondern eine neue Skizze erzeugen würde). Dort ist zu prüfen, ob die Linienkontur vollständig geschlossen ist. Hierfür muss mit der rechten Maustaste auf eine der Linien geklickt und die Option *Kontur schließen* gewählt werden. Dann können die Linien nacheinander angeklickt und eventuell noch vorhandene Lücken geschlossen werden.

7.10 Zeichnen einer Subtraktionsgeometrie

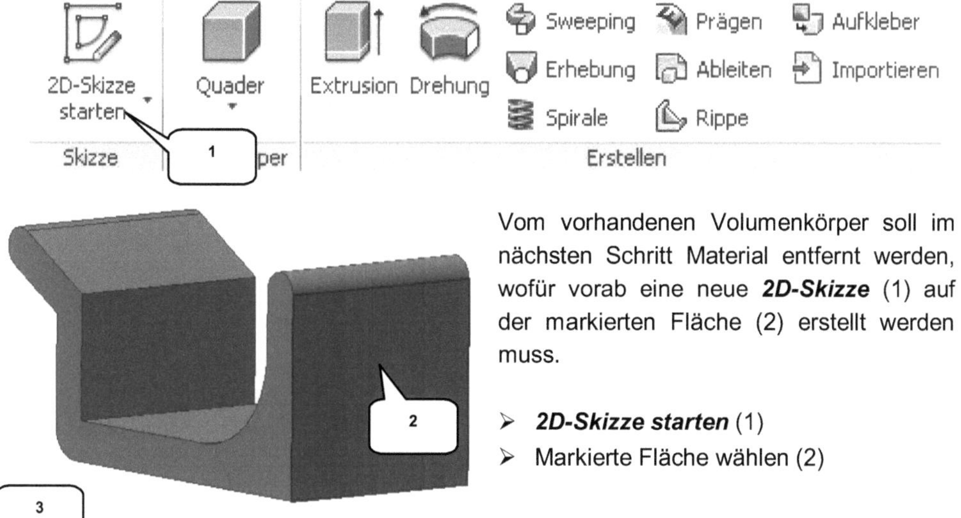

Vom vorhandenen Volumenkörper soll im nächsten Schritt Material entfernt werden, wofür vorab eine neue *2D-Skizze* (1) auf der markierten Fläche (2) erstellt werden muss.

> *2D-Skizze starten* (1)
> Markierte Fläche wählen (2)

Wenn die Anwendungsoptionen korrekt eingestellt wurden, sollte sich die gesamte Ansicht jetzt an der neuen Fläche ausrichten. Am *ViewCube* (3) müsste dann die Ansicht *RECHTS* (um 90° gegen den Uhrzeigersinn gedreht) angezeigt werden. Wenn nicht, ist die Ansicht manuell mit den gebogenen Pfeilen am ViewCube zu drehen.

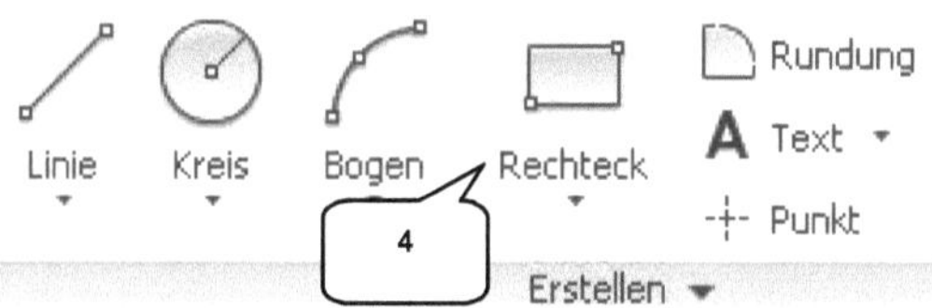

Nach erfolgter Ausrichtung sind dann die 3 Hauptachsen zu projizieren und links neben dem vorhandenen Volumenkörper sowie oberhalb der X-Achse ist ein *Rechteck durch zwei Punkte* (4) zu zeichnen, was anschließend zu bemaßen und zu positionieren ist.

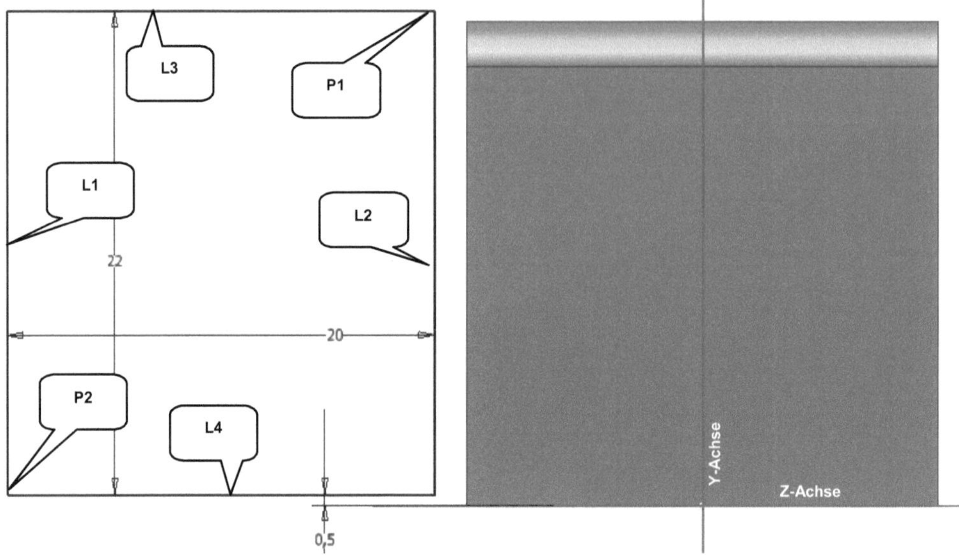

Das Rechteck soll 22 mm hoch sein, 20 mm breit sein, 0,5 mm oberhalb der Z-Achse ange-
ordnet werden und später symmetrisch zur Y-Achse positioniert werden. Höhe und Breite
des Rechtecks sowie Abstand zur Z-Achse sind zu bemaßen, indem der Abstand der ent-
sprechenden Linien zueinander festgelegt wird.

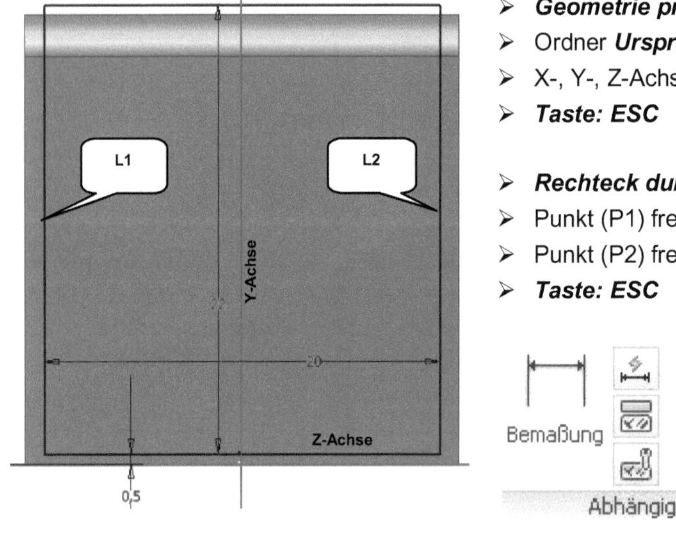

> *Geometrie projizieren*
> Ordner *Ursprung* (Browser) aufklappen
> X-, Y-, Z-Achse nacheinander wählen
> *Taste: ESC*

> *Rechteck durch 2 Punkte* (4)
> Punkt (P1) frei ablegen
> Punkt (P2) frei ablegen
> *Taste: ESC*

<table>
<tr><td>

- ➤ *Bemaßung*
- ➤ (L1) wählen, dann (L2) wählen
- ➤ Abstand: [20 mm]
- ➤ *Taste: ENTER*
- ➤ (L3) wählen, dann (L4) wählen
- ➤ Abstand: [22 mm]
- ➤ *Taste: ENTER*
- ➤ (L4) wählen, dann projizierte Z-Achse wählen
- ➤ Abstand: [0,5 mm]
- ➤ *Taste: ENTER*
- ➤ *Taste: ESC*

</td><td>

- ➤ *Abhängigkeit Symmetrisch* (5)
- ➤ Linie (L1) wählen
- ➤ Linie (L2) wählen
- ➤ Projizierte Y-Achse wählen
- ➤ *Taste: ESC*

- ➤ *Skizze fertig stellen*

</td></tr>
</table>

7.11 Extrudieren der Subtraktionsgeometrie

Das gezeichnete Rechteck ist jetzt vom vorhandenen Volumenkörper zu subtrahieren. Da bereits ein Volumenkörper im Bauteil vorhanden ist, stehen neue boolesche Optionen zur Auswahl (Vereinigung, Differenz und Schnittmenge). Zu verwenden ist die Option **Differenz**.

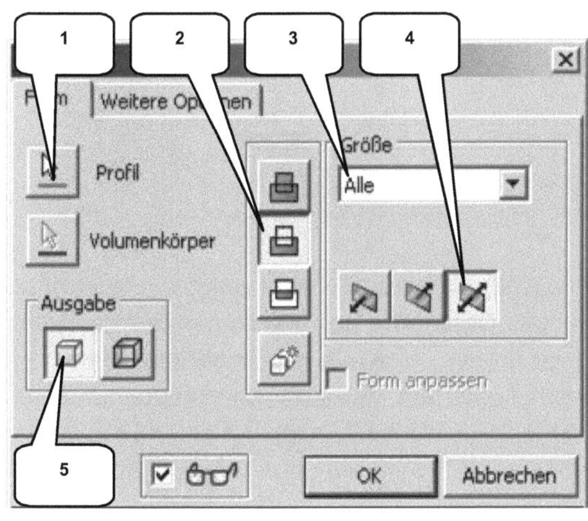

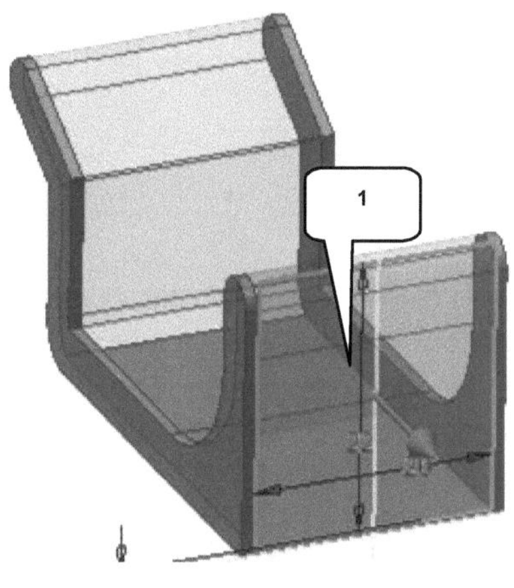

<table>
<tr><td>

- ➤ *Extrusion*
- ➤ Profil: Rechteck (1)
- ➤ Verfahren: Differenz (2)
- ➤ Größe: Alle (3)

</td><td>

- ➤ Richtung: Symmetrisch (4)
- ➤ Ausgabe: Volumenkörper (5)
- ➤ *OK*

</td></tr>
</table>

7.12 Material hinzufügen

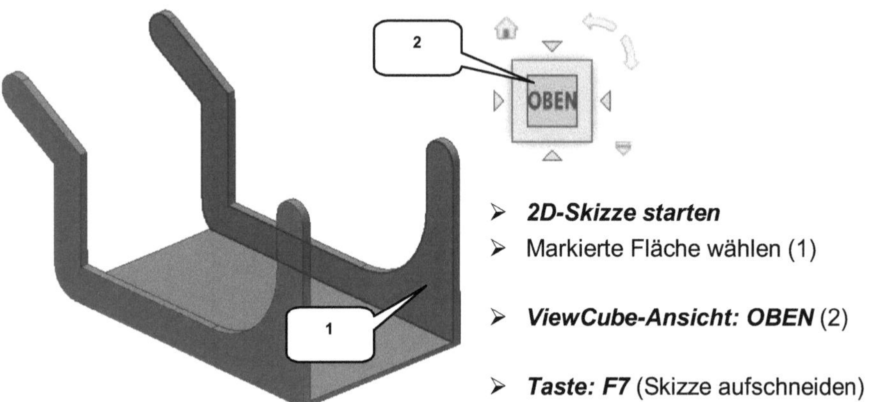

> ➤ *2D-Skizze starten*
> ➤ Markierte Fläche wählen (1)
>
> ➤ *ViewCube-Ansicht: OBEN* (2)
>
> ➤ *Taste: F7* (Skizze aufschneiden)

HINWEIS: Die *Taste: F7* ermöglicht ein Freischneiden des Sichtbereiches bis hin zur Skizze. Diese Option ist nur im Skizzenbereich vorhanden.

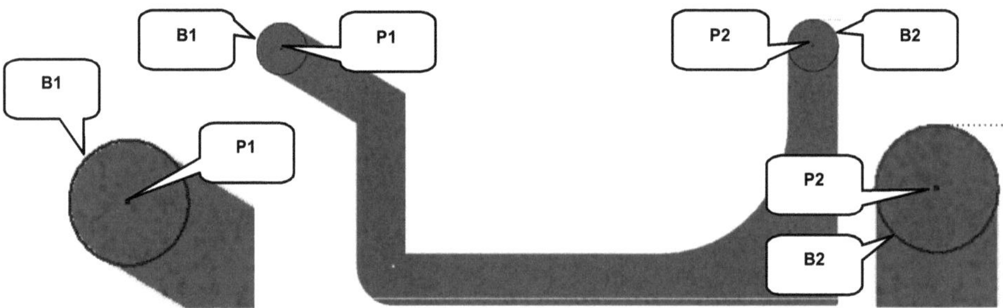

Sollten die Kanten derjenigen Fläche auf welcher die neue Skizze erzeugt wurde nicht automatisch projiziert worden sein, ist dies mittels *Geometrie projizieren* manuell nachzuholen. An den abgerundeten Enden muss jetzt jeweils ein *Kreis durch Mittelpunkt* (3) gezeichnet werden. Die Mittelpunkte der Kreise liegen auf den jeweiligen projizierten Mittelpunkten der Bogenkanten. Die Durchmesser sind identisch mit jenen der projizierten Bögen. Beide Kreise sind anschließend in einer Höhe von 5,5 mm und unter Verwendung des Verfahrens *Vereinigung* zu extrudieren.

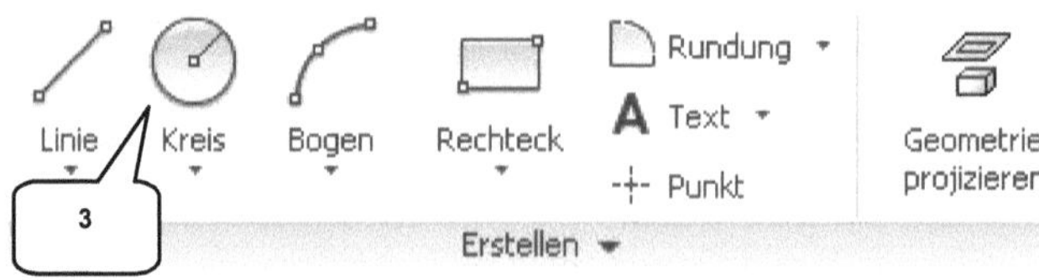

➢ **Kreis durch Mittelpunkt** (3)

➢ 1. Punkt (Kreis 1): Punkt (P1) wählen

➢ 2. Punkt (Kreis 1): Bogen (B1) wählen

➢ 1. Punkt (Kreis 2): Punkt (P2) wählen

➢ 2. Punkt (Kreis 2): Bogen (B2) wählen

➢ **Taste: ESC**

➢ **Skizze fertig stellen**

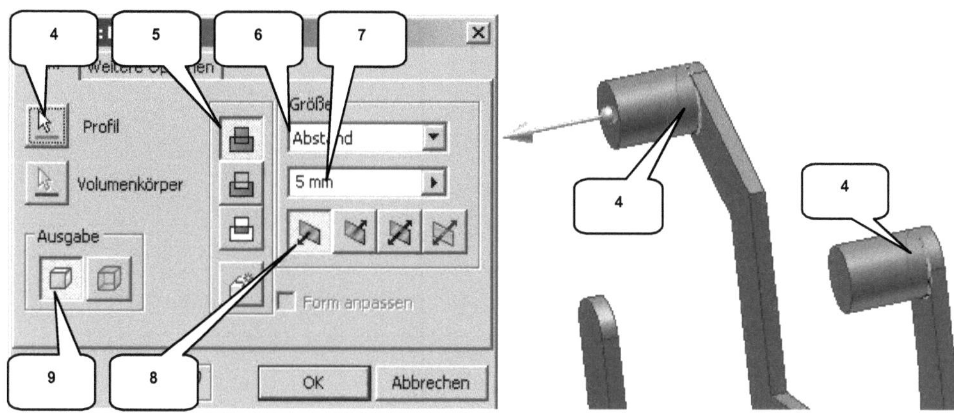

➢ **Extrusion**

➢ Profil: Beide Kreise wählen (4)

➢ Verfahren: Vereinigung (5)

➢ Größe: Abstand (6)

➢ Höhe: [5 mm] (7)

➢ Richtung: Richtung 1 (8)

➢ Ausgabe: Volumenkörper (9)

➢ **OK**

7.13 Spiegeln der beiden Zylinder

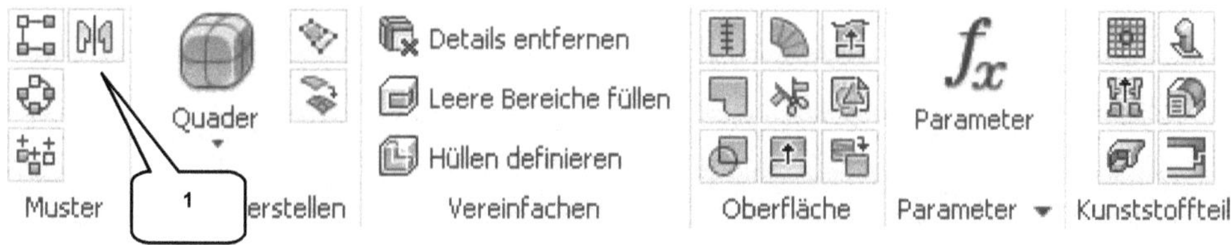

Um die Extrusion der beiden Zylinder auf die gegenüberliegende Seite des Volumenkörpers zu übertragen, kann der Befehl **Spiegeln** (1) verwendet werden. Jetzt zahlt sich das Einbeziehen des Koordinatensystems in die 2D-Skizze bereits aus, da die XY-Ebene als Spiegelebene verwendet werden kann.

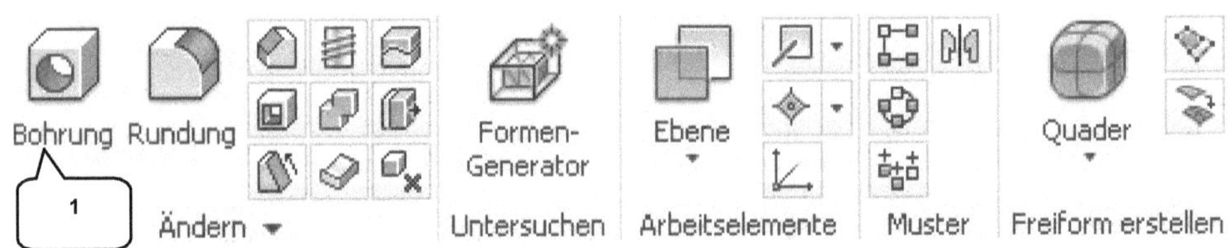

> **Spiegeln** (1)
> Option: Einzelne Elemente spiegeln (2)
> Elemente: Letzte Extrusion im Browser wählen (3)
> Spiegelebene: XY-Ebene (Ordner **Ursprung**) wählen (4)
> **OK**

7.14 Konzentrisches Bohren der Zylinder

Alle 4 Zylindersegmente sollen abschließend um eine **Bohrung** (1) ergänzt werden. Aufgrund der vorhandenen zylindrischen Referenzen kann der Bohrungstyp **Konzentrisch** verwendet werden. Der Bohrungsdurchmesser soll 2,1 mm betragen. Bohrungen dieses Typs können immer nur einzeln erzeugt werden, weshalb 2 separate Arbeitsschritte notwendig.

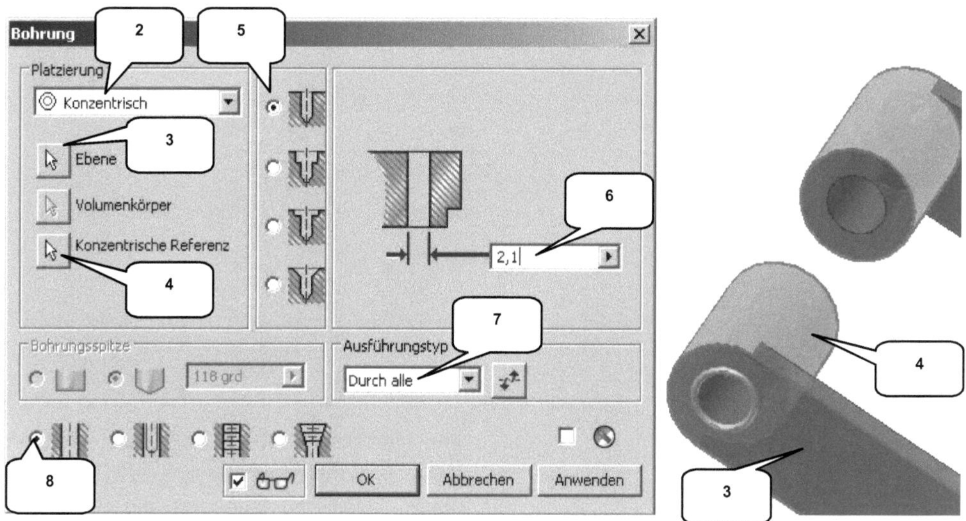

> ***Bohrung*** (1)

> Platzierungstyp: Konzentrisch (2)

> Ebene: Markierte Fläche wählen (3)

> Konzentrische Referenz: Markierte Zylinderfläche wählen (4)

> Option: Bohren (5)

> Bohrungsdurchmesser: [2,1 mm] (6)

> Ausführungstyp: Durch alle (7)

> Option: Einfache Bohrung (8)

> ***OK***

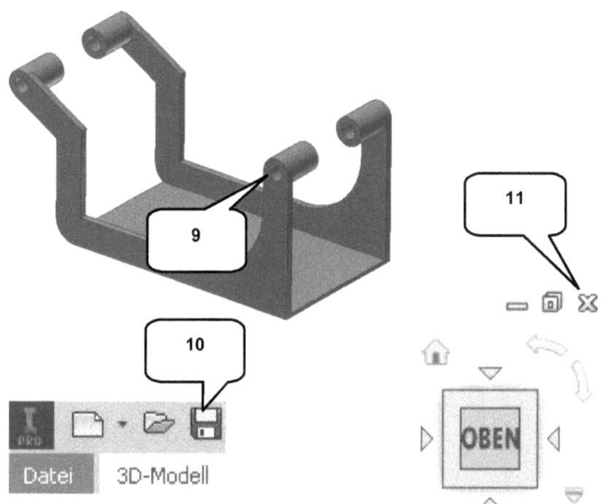

Der Befehl ***Bohrung*** (1) ist auf der gegenüberliegenden Seite (9) bei den beiden übrig gebliebenen Zylindern mit identischen Werten und dem Platzierungstyp **Konzentrisch** zu wiederholen.

Das Bauteil kann jetzt gespeichert (10) und geschlossen (11) werden.

> ***Speichern*** (10)

> ***Datei schließen*** (11)

8 Bauteil: Rumpf-Oberteil

8.1 Erstellen der neuen Datei und Zeichnen der Basiskontur

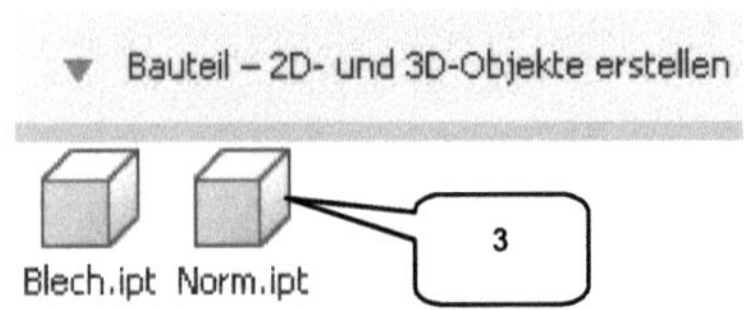

Im nächsten Schritt soll das **Rumpf-Oberteil** konstruiert werden. Hierfür ist ein neues Bauteil zu erzeugen, die Hauptachsen sind zu projizieren und die unten dargestellte Kontur ist zu zeichnen.

- ➢ **Register: Erste Schritte** (1)
- ➢ **Neu** (2)
- ➢ Vorlage: Norm.ipt (3)
- ➢ **ERSTELLEN**

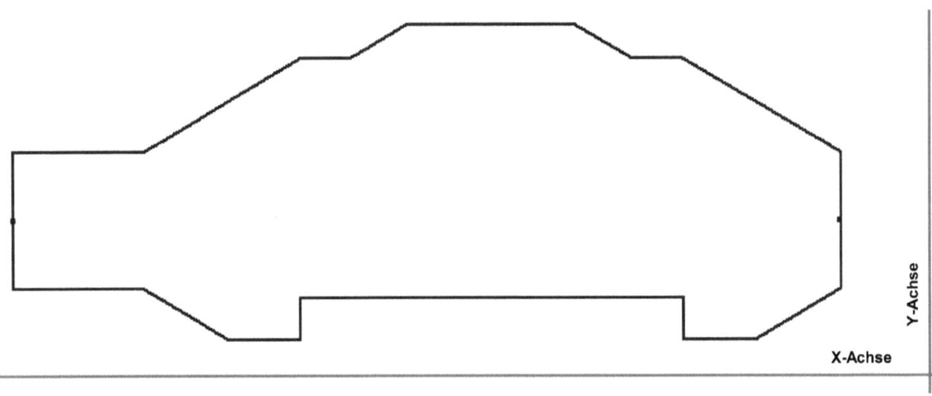

➢ **Geometrie projizieren**	➢ **Linie**
➢ Ordner **Ursprung** aufklappen	➢ Oben dargestellte geschlossene Kontur aus insgesamt 18 Linien zeichnen
➢ 3 Hauptachsen wählen	
➢ **Taste: ESC**	➢ **Taste: ESC**

Die vertikalen und horizontalen Linien sind mit den entsprechenden **Abhängigkeiten** zu versehen. Sollten diese bereits während des Zeichnens erzeugt worden sein, weist das Programm Sie darauf hin.

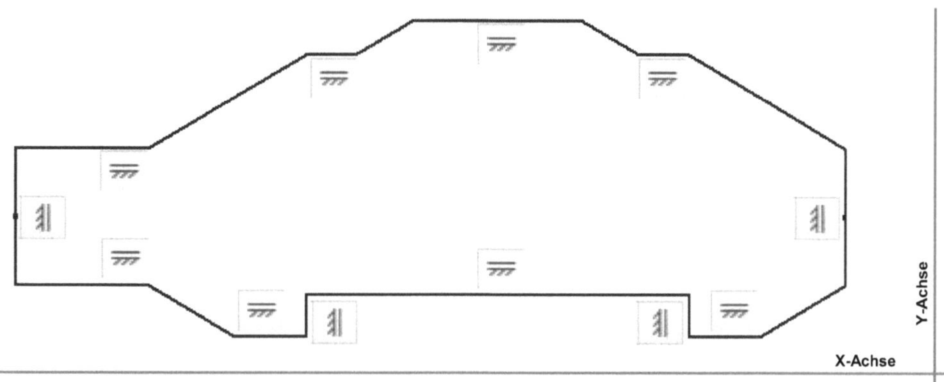

➢ **Abhängigkeit Horizontal**	➢ **Abhängigkeit Vertikal**
➢ Linien ausrichten wie dargestellt	➢ Linien ausrichten wie dargestellt
➢ **Taste: ESC**	➢ **Taste: ESC**

Im Anschluss daran sind die folgenden **Bemaßungen** (Längen und Winkel) zu vergeben.

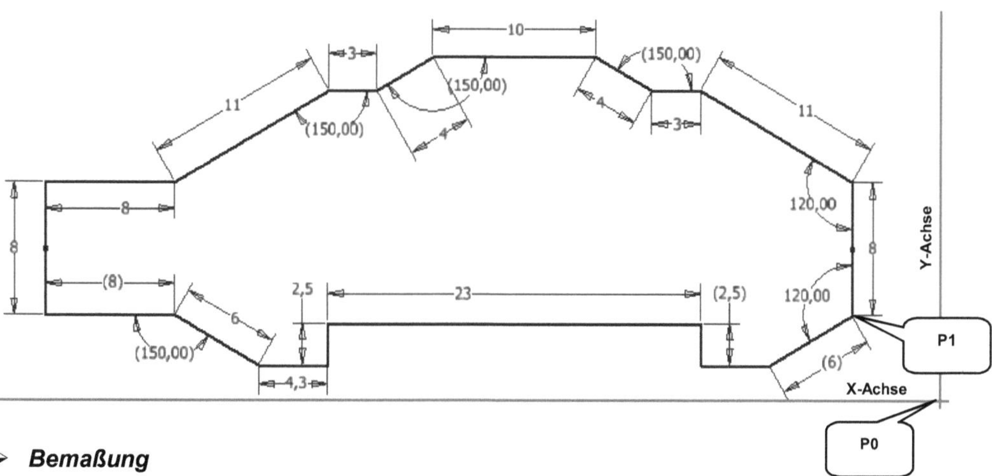

➢ **Bemaßung**

➢ Längen und Winkel übernehmen wie dargestellt

➢ **Taste: ESC**

Die Linienkontur sollte jetzt vollständig bemaßt sein. Nur der Bezug zum Koordinaten-ursprung fehlt noch, was durch eine *koinzidente* Abhängigkeit zwischen Punkt (P1) der Linienkontur und dem Koordinatenursprungspunkt (P0) nachzuholen ist.

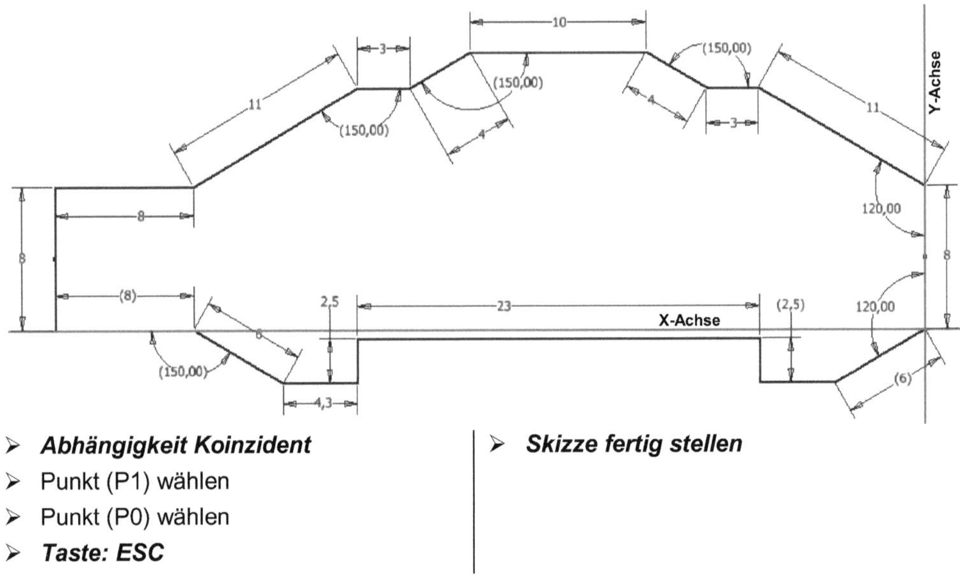

➢ *Abhängigkeit Koinzident*	➢ *Skizze fertig stellen*
➢ Punkt (P1) wählen	
➢ Punkt (P0) wählen	
➢ *Taste: ESC*	

8.2 Extrudieren der Basiskontur

Die geschlossene Linienkontur soll jetzt symmetrisch um 10 mm *extrudiert* werden.

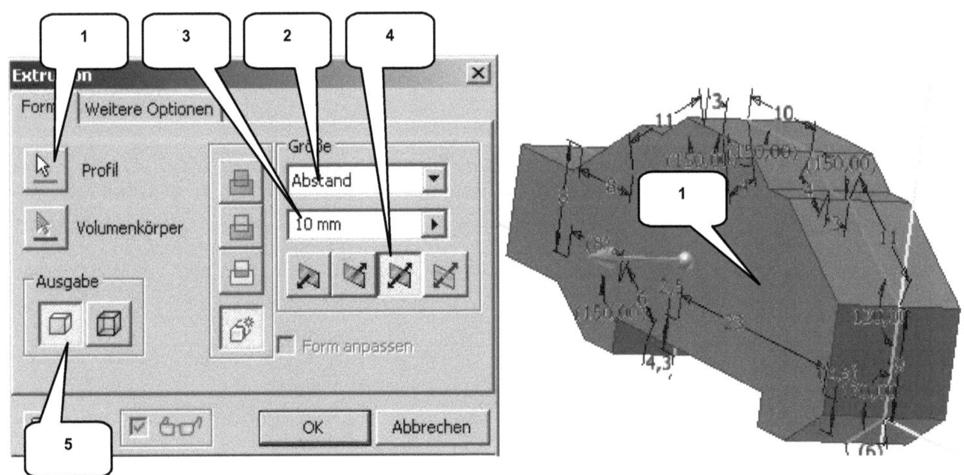

> ***Extrusion***
> ➢ Profil: Kontur wählen (1)
> ➢ Größe: Abstand (2)
> ➢ Wert: [10 mm] (3)

> ➢ Richtung: Symmetrisch (4)
> ➢ Ausgabe: Volumenkörper (5)
> ➢ ***OK***

HINWEIS: Da die projizierte X-Achse einen kleinen Teil im unteren Bereich der gezeichneten Linienkontur überlagert, muss bei der Auswahl des Profils darauf geachtet werden, dass der gesamte Bereich der Linienkontur ausgewählt wurde. Ist dies nicht der Fall, ist der untere, abgetrennte Bereich zusätzlich auszuwählen.

8.3 Zeichnen einer Subtraktionsgeometrie

Vom vorhandenen Volumenkörper soll im nächsten Arbeitsschritt Material entfernt werden. Hierfür muss auf der XZ-Ebene eine neue 2D-Skizze erzeugt, die Hauptachsen projiziert und die Ansicht im Anschluss ausgerichtet werden.

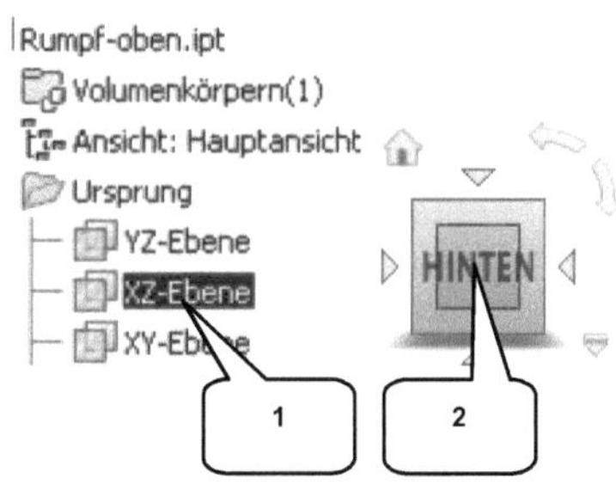

> ➢ ***2D-Skizze starten***
> ➢ XZ-Ebene wählen (1)
>
> ➢ ***ViewCube-Ansicht: HINTEN*** (2)
>
> ➢ ***Taste: F7*** (Skizze aufschneiden)
>
> ➢ ***Geometrie projizieren***
> ➢ X-, Y-, Z-Achse wählen
> ➢ ***Taste: ESC***

Oberhalb des vorhandenen Volumenkörpers und 8 mm rechts neben der projizierten Z-Achse soll ein ***Rechteck*** mit den Abmessungen 34 x 9 mm gezeichnet werden, was symmetrisch zur X-Achse anzuordnen ist.

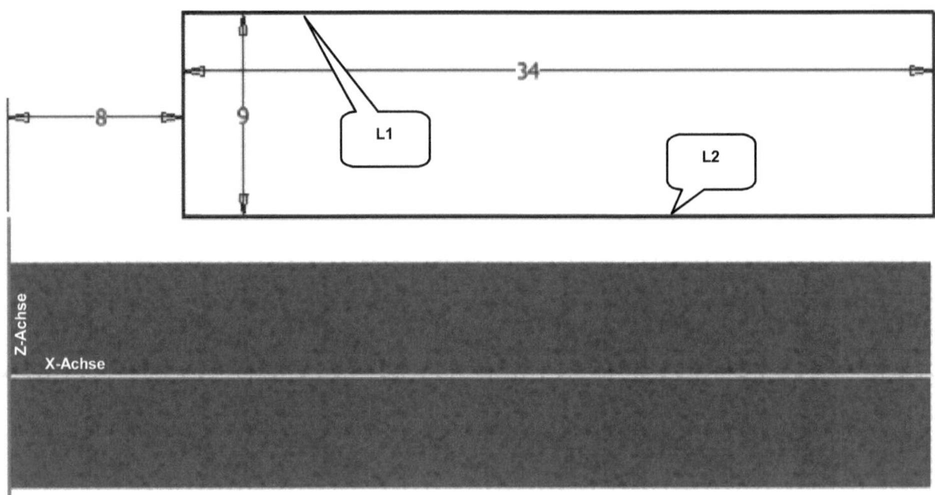

> ***Rechteck durch zwei Punkte***
> Oberes Rechteck zeichnen
> ***Taste: ESC***

> ***Bemaßung***
> Bemaßen wie dargestellt
> ***Taste: ESC***

> ***Abhängigkeit Symmetrisch***
> Linie (L1) wählen
> Linie (L2) wählen
> Projizierte X-Achse wählen
> ***Taste: ESC***

Die Skizze ist im Anschluss daran um einen ***Kreis*** (Durchmesser 9 mm, Mittelpunkt auf projizierter X-Achse, 21 mm rechts neben der projizierten Z-Achse) zu ergänzen. Der Skizzenbereich kann dann verlassen werden.

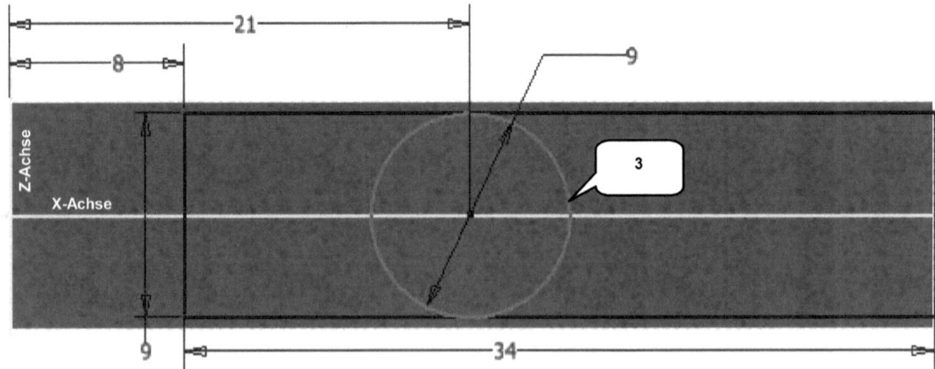

➢ *Kreis durch Mittelpunkt*	➢ *Bemaßung*
➢ Mittelpunkt auf beliebigen Punkt der projizierten X-Achse ablegen	➢ Mittelpunkt des Kreises wählen
	➢ Projizierte Z-Achse wählen
➢ Durchmesser: [9 mm]	➢ Wert: [21 mm]
➢ *Taste: ENTER*	➢ *Taste: ESC*
➢ *Taste: ESC*	
	➢ *Skizze fertig stellen*

8.4 Extrudieren der Subtraktionsgeometrie

Die gezeichnete Skizzengeometrie muss jetzt vom vorhandenen Volumenkörper subtrahiert werden (Befehl: *Extrusion*, Verfahren: Differenz). Hierbei ist darauf zu achten, dass nur jene Flächenabschnitte innerhalb des Rechtecks gewählt werden, welche bis an den Kreis heran ragen (1). Der Kreis selbst darf nicht subtrahiert werden.

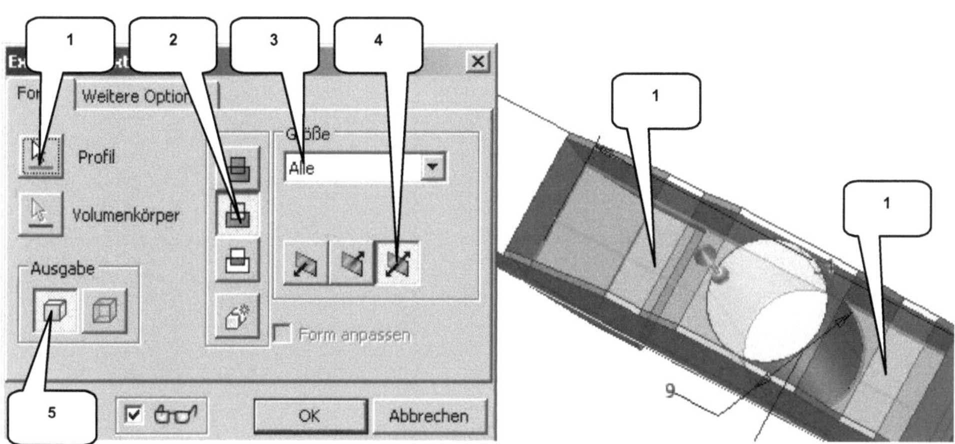

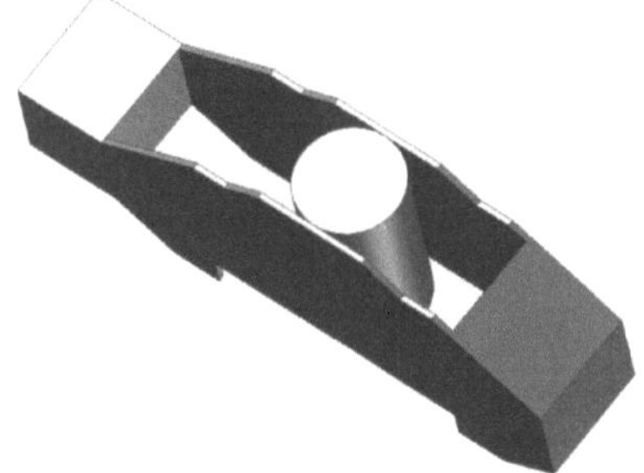

➢ *Extrusion*

➢ Profil: Beide markierte (Teil-) Flächen (<u>nicht</u> den Kreis) (1)

➢ Verfahren: Differenz (2)

➢ Größe: Alle (3)

➢ Richtung: Symmetrisch (4)

➢ Ausgabe: Volumenkörper (5)

➢ *OK*

8.5 Platzieren einer linearen Bohrung

Auf der nebenstehend markierten Fläche (2) soll eine **Bohrung** mit einem Durchmesser von 3 mm und einer Tiefe von 4 mm erstellt werden. Als Platzierungstyp ist die Option **Linear** (1) zu verwenden, wobei die beiden Kanten (3, 4) als Referenzen dienen.

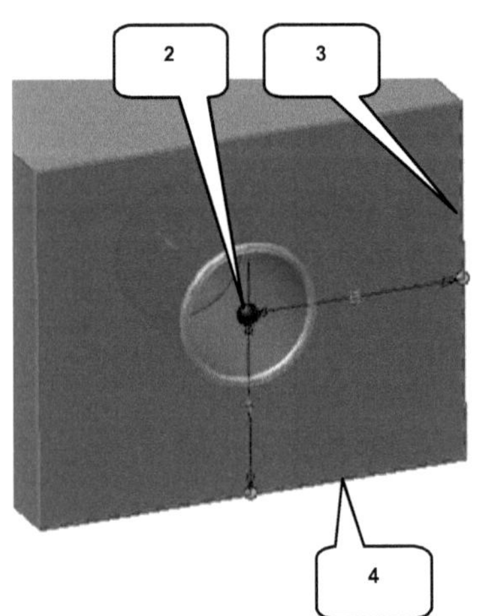

- ➤ **Bohrung**
- ➤ Platzierungstyp: Linear (1)
- ➤ Fläche: Markierte Fläche (2) wählen
- ➤ Referenz 1: Markierte Kante (3), Abstand: [5 mm]
- ➤ Referenz 2: Markierte Kante (4), Abstand: [4 mm]
- ➤ Ausführungstyp: Abstand (5)
- ➤ Bohrungsspitze: Flach (6)
- ➤ Option: Einfache Bohrung (7)
- ➤ Option: Bohrung (8)
- ➤ Bohrungstiefe: [4 mm] (9)
- ➤ Bohrungsdurchmesser: [3 mm] (10)
- ➤ **OK**

8.6 Platzieren einer konzentrischen Bohrung

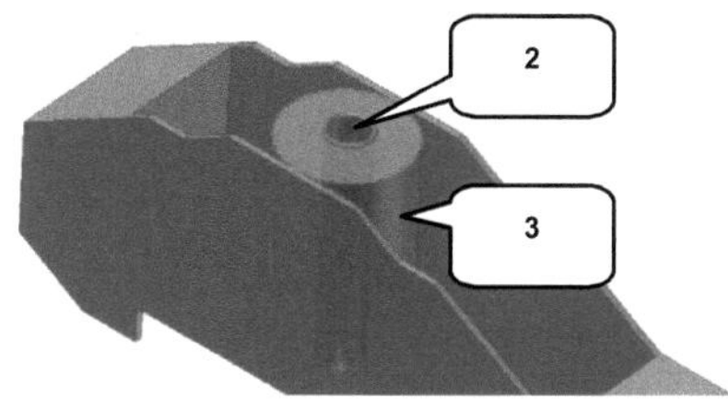

Im vorläufig letzten Arbeitsschritt an diesem Bauteil soll auf der markierten Fläche des Zylinders (2) eine konzentrische **Bohrung** mit einem Durchmesser von 2 mm und einer Tiefe von 5 mm platziert werden.

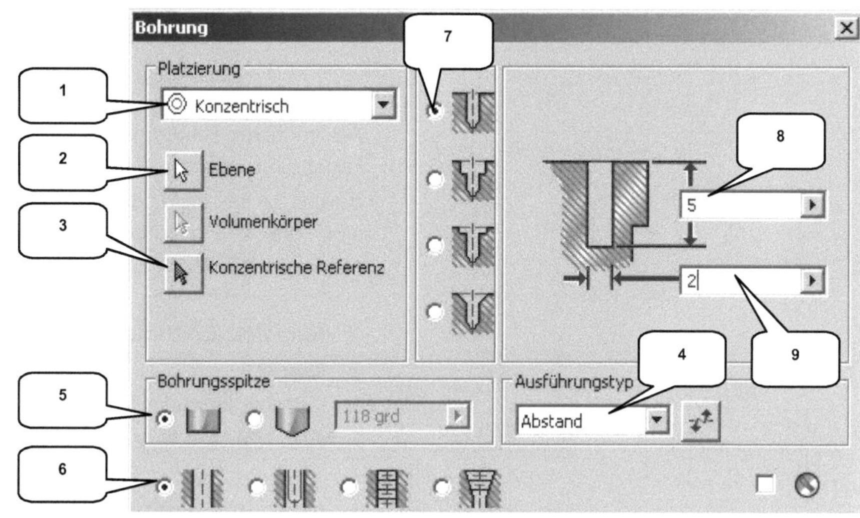

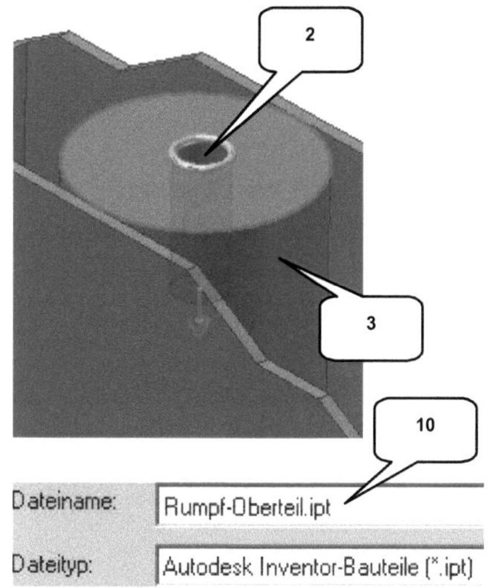

> ➢ **Bohrung**
> ➢ Platzierungstyp: Konzentrisch (1)
> ➢ Ebene: Markierte Fläche wählen (2)
> ➢ Konzentrische Referenz: Zylinderfläche (3)
> ➢ Ausführungstyp: Abstand (4)
> ➢ Bohrungsspitze: Flach (5)
> ➢ Option: Einfache Bohrung (6)
> ➢ Option: Bohrung (7)
> ➢ Bohrungstiefe: [5 mm] (8)
> ➢ Bohrungsdurchmesser: [2 mm] (9)
> ➢ **OK**
>
> ➢ **Speichern** als: **Rumpf-Oberteil** (10)
> ➢ **Datei schließen**

9 Bauteil: Landegestell

9.1 Erstellen der neuen Datei und Zeichnen der ersten Skizze

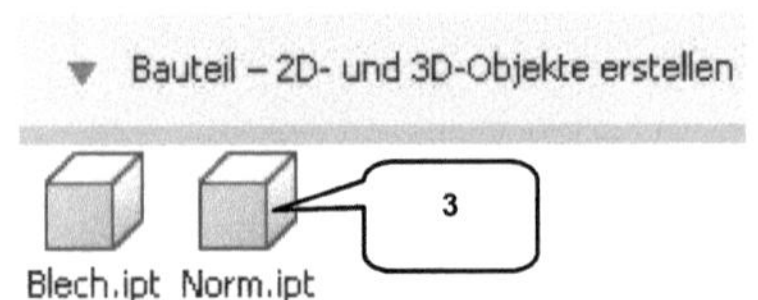

Als nächstes Bauteil soll das **Landegestell** konstruiert werden. Dafür ist ein neues Bauteil zu erzeugen und im Skizzenbereich sind die 3 Hauptachsen zu **projizieren** sowie ein **Rechteck** zu zeichnen.

- ➢ **Register: Erste Schritte** (1)
- ➢ **Neu** (2)
- ➢ Vorlage: Norm.ipt (3)
- ➢ **ERSTELLEN**

- ➢ **Geometrie projizieren**
- ➢ Ordner **Ursprung** aufklappen
- ➢ 3 Hauptachsen wählen
- ➢ **Taste: ESC**

- ➢ **Rechteck durch zwei Punkte**
- ➢ Rechteck zeichnen wie dargestellt
- ➢ **Taste: ESC**

- ➢ **Bemaßung**
- ➢ Größe des Rechtecks und Abstand zu den Achsen bemaßen wie dargestellt
- ➢ **Taste: ESC**

- ➢ **Skizze fertig stellen**

9.2 Zeichnen der zweiten Skizze

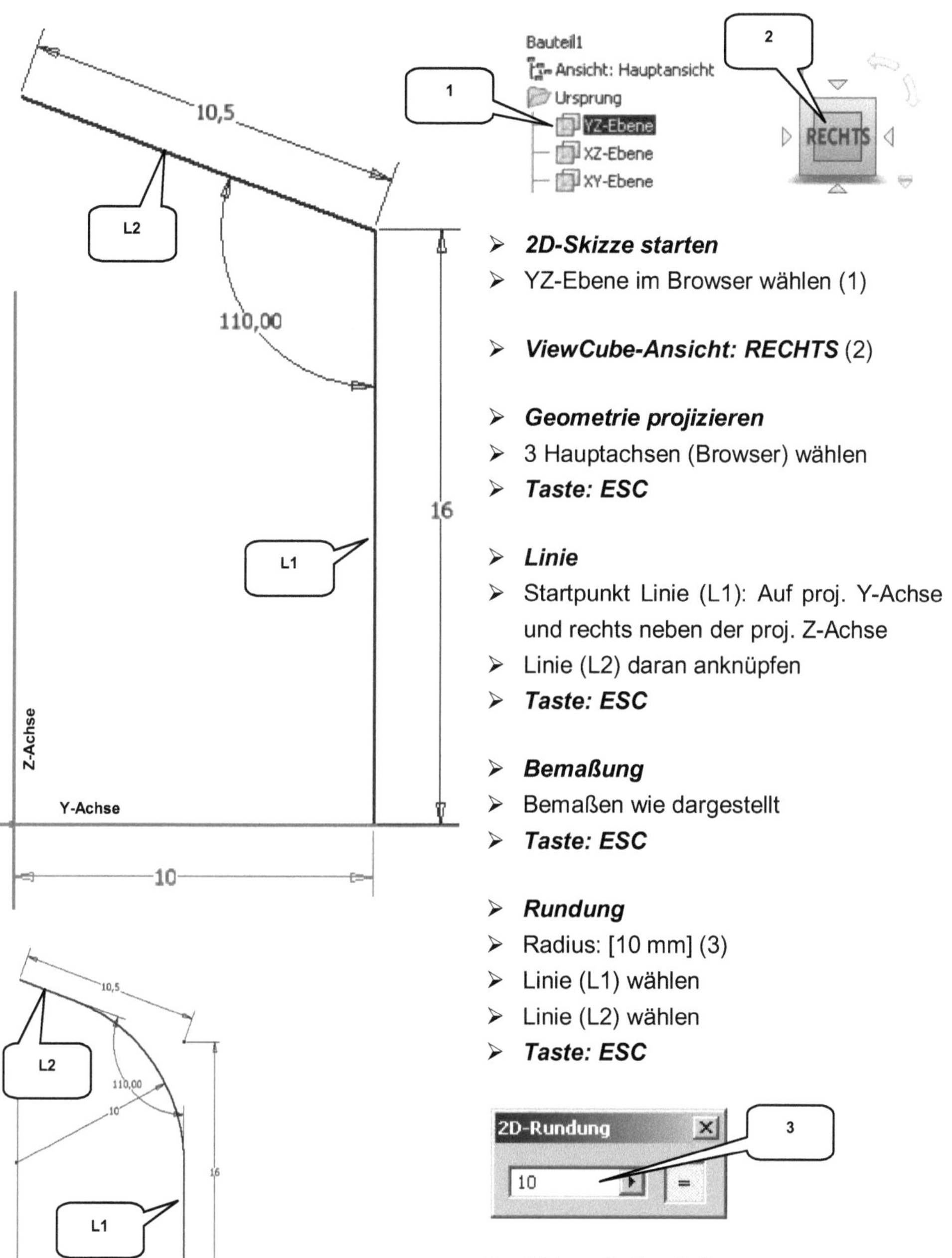

➤ **2D-Skizze starten**
➤ YZ-Ebene im Browser wählen (1)

➤ **ViewCube-Ansicht: RECHTS** (2)

➤ **Geometrie projizieren**
➤ 3 Hauptachsen (Browser) wählen
➤ **Taste: ESC**

➤ **Linie**
➤ Startpunkt Linie (L1): Auf proj. Y-Achse und rechts neben der proj. Z-Achse
➤ Linie (L2) daran anknüpfen
➤ **Taste: ESC**

➤ **Bemaßung**
➤ Bemaßen wie dargestellt
➤ **Taste: ESC**

➤ **Rundung**
➤ Radius: [10 mm] (3)
➤ Linie (L1) wählen
➤ Linie (L2) wählen
➤ **Taste: ESC**

➤ **Skizze fertig stellen**

9.3   Erstellen des Sweeping-Objektes

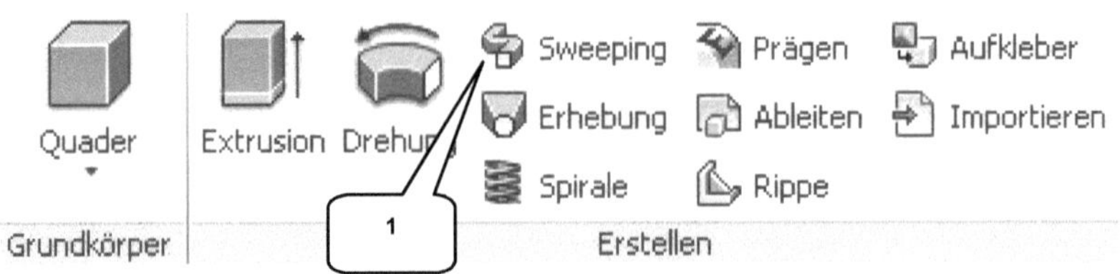

Das Rechteck aus Skizze 1 soll jetzt entlang des Pfades aus Skizze 2 geführt und damit in einen Volumenkörper konvertiert werden. Zu verwenden ist der Befehl **Sweeping** (1).

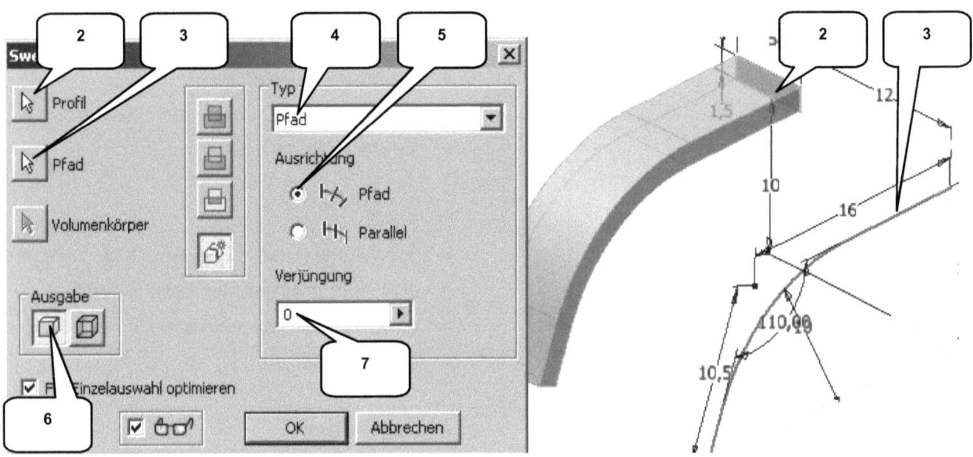

> **Sweeping** (1)
> Profil: Rechteck (Skizze 1) wählen (2)
> Pfad: Kontur (Skizze 2) wählen (3)
> Typ: Pfad (4)

> Ausrichtung: Pfad (5)
> Ausgabe: Volumenkörper (6)
> Verjüngung: [0°] (7)
> **OK**

HINWEIS: Der eventuell auftauchende Hinweis **Pfad schneidet Profil nicht** kann mit **Ja** beantwortet und damit ignoriert werden.

9.4 Spiegeln des Sweeping-Objektes

Das Sweeping-Objekt ist jetzt an der YZ-Ebene zu *spiegeln* (1).

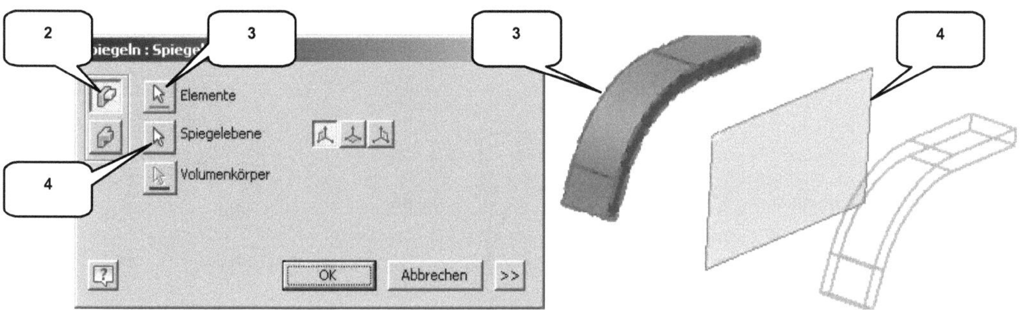

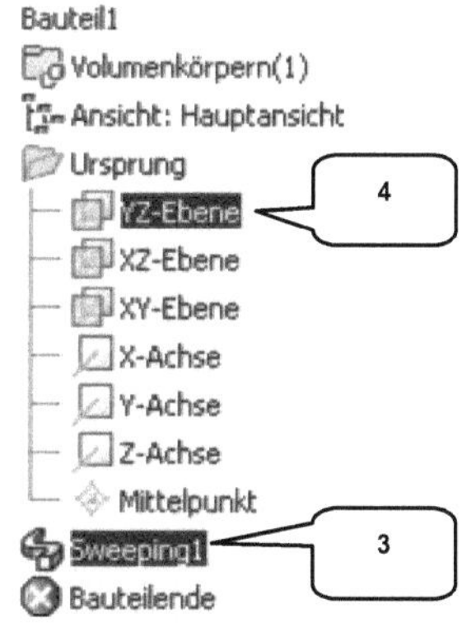

> *Spiegeln* (1)

> Option: Einzelne Elemente spiegeln (2)

> Elemente: Sweeping1 (Browser) wählen (3)

> Spiegelebene: YZ-Ebene (Browser) wählen (4)

> *OK*

Nach den beiden ersten Arbeitsschritten sollte das neue Bauteil gespeichert werden.

> *Speichern*

> Dateiname: *Landegestell* (5)

> Dateityp: (*.ipt)

> *Speichern*

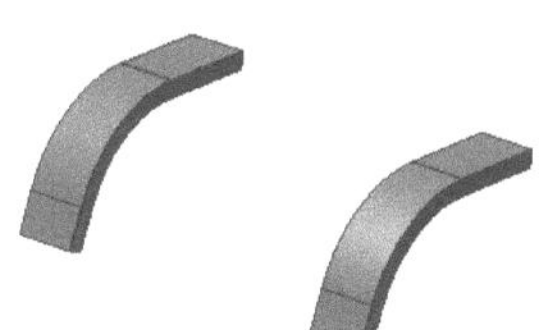

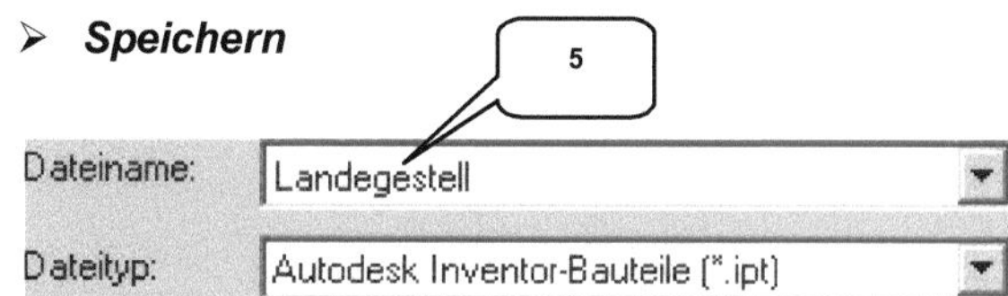

9.5 Zeichnen weiterer Skizzen

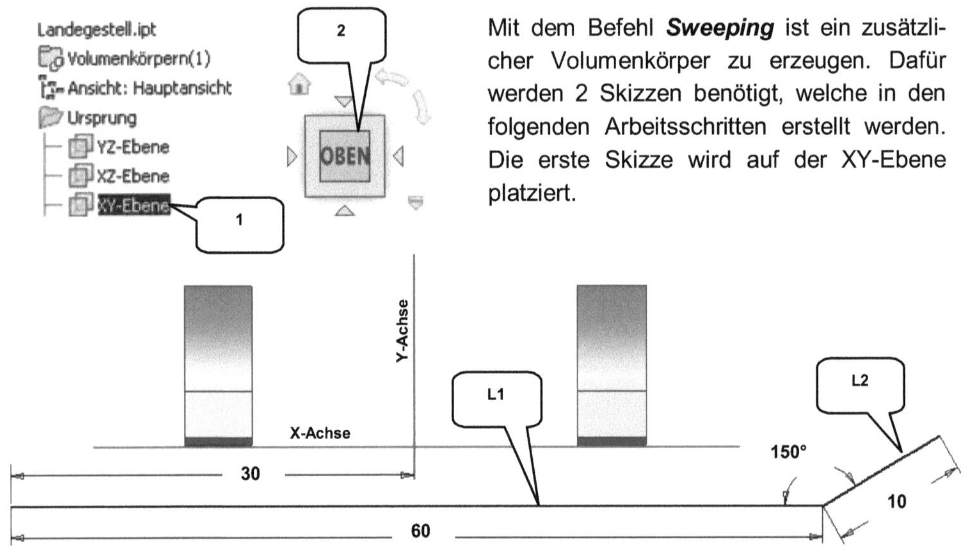

Mit dem Befehl **Sweeping** ist ein zusätzlicher Volumenkörper zu erzeugen. Dafür werden 2 Skizzen benötigt, welche in den folgenden Arbeitsschritten erstellt werden. Die erste Skizze wird auf der XY-Ebene platziert.

- ➤ **2D-Skizze starten**
- ➤ XY-Ebene im Browser wählen (1)

- ➤ **ViewCube-Ansicht: OBEN** (2)

- ➤ **Geometrie projizieren**
- ➤ 3 Hauptachsen wählen
- ➤ **Taste: ESC**

- ➤ **Linie**
- ➤ Linien (L1) und (L2) unterhalb der projizierten X-Achse zeichnen wie dargestellt
- ➤ **Taste: ESC**

- ➤ **Bemaßung**
- ➤ Bemaßen wie dargestellt
- ➤ **Taste: ESC**

- ➤ **Rundung**
- ➤ Radius: [10 mm] (3)
- ➤ Linie (L1) wählen
- ➤ Linie (L2) wählen
- ➤ **Taste: ESC**

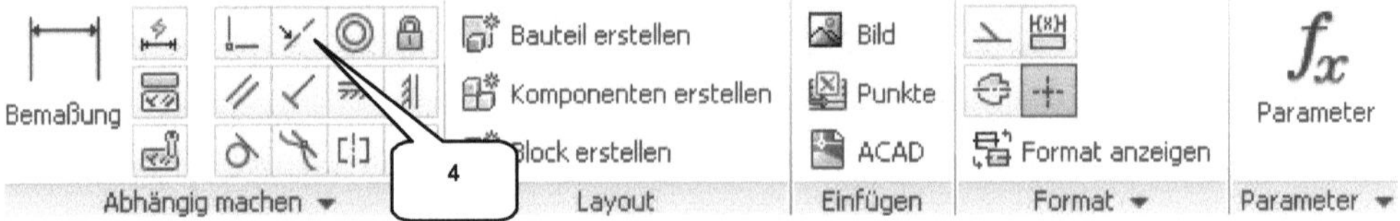

Die Linie (L1) soll jetzt mit der Abhängigkeit **Kollinear** (4) auf der X-Achse platziert werden.

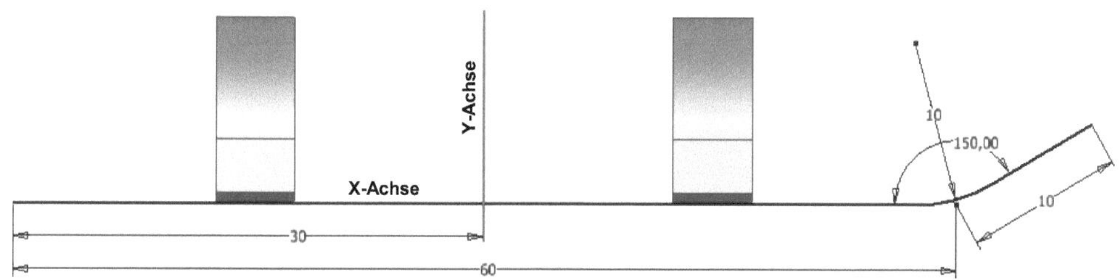

> *Abhängigkeit Kollinear* (4)
> Linie (L1) wählen
> Projizierte X-Achse wählen

> *Taste: ESC*

> *Skizze fertig stellen*

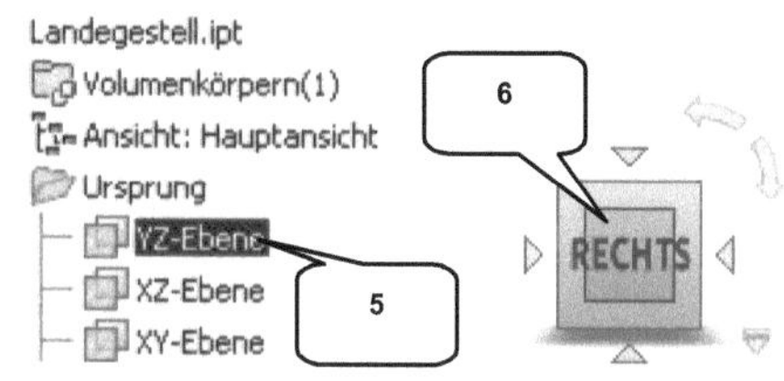

Die zweite Skizze ist auf der YZ-Ebene zu erzeugen. Auch hier sind die Hauptachsen zu projizieren. Sie wird lediglich einen Kreis enthalten, welcher anschließend entlang des in der ersten Skizze gezeichneten Pfades geführt werden soll.

> *2D-Skizze starten*
> YZ-Ebene im Browser wählen (5)

> *ViewCube-Ansicht: RECHTS* (6)

> *Geometrie projizieren*
> 3 Hauptachsen wählen
> *Taste: ESC*

> *Kreis durch Mittelpunkt*
> Kreis zeichnen
>   (Mittelpunkt auf projizierter Z-Achse)
> *Taste: ESC*

> *Bemaßung*
> Bemaßen wie dargestellt
> *Taste: ESC*

> *Skizze fertig stellen*

9.6 Erstellen des Sweeping-Objektes

Der Kreis soll jetzt entlang der Linienkontur aus Skizze 3 geführt werden.

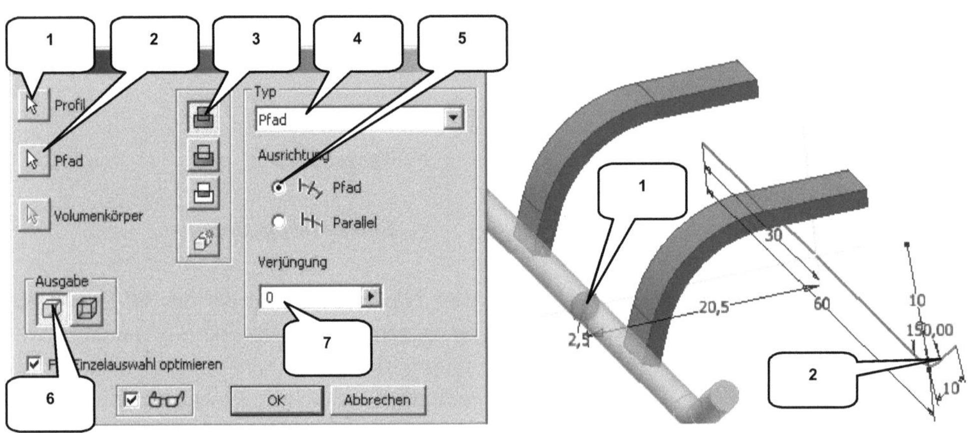

> **Sweeping**
> Profil: Kreis aus Skizze 4 wählen (1)
> Pfad: Kontur aus Skizze 3 wählen (2)
> Verfahren: Vereinigung (3)
> Typ: Pfad (4)

> Ausrichtung: Pfad (5)
> Ausgabe: Volumenkörper (6)
> Verjüngung: [0°] (7)
> **OK**

HINWEIS: Bei der Auswahl des Pfades ist die Linienkontur im vorderen Bereich der Linie (L2) anzuklicken, um eine unbeabsichtigte Auswahl der projizierten X-Achse zu vermeiden.

9.7 Runden des letzten Sweeping-Objektes

Die Zylinderkanten am Anfang und am Ende des Sweeping-Objektes sind jetzt mit einem Radius von 1 mm abzurunden.

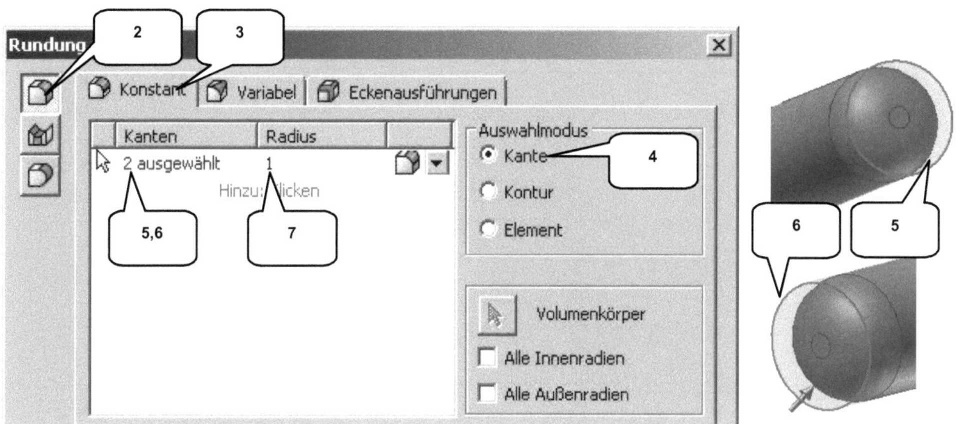

<table>
<tr><td>

> ***Rundung*** (1)
> Option: Kantenabrundung (2)
> Reiter: Konstant (3)
> Auswahlmodus: Kante (4)

</td><td>

> Kanten: Zylinderkanten wählen (5, 6)
> Radius: [1 mm] (7)
> ***OK***

</td></tr>
</table>

9.8   *Spiegeln des gesamten Volumenkörpers*

Der gesamte Volumenkörper soll jetzt an der XY-Ebene *gespiegelt* werden. Das Bauteil kann anschließend gespeichert und geschlossen werden.

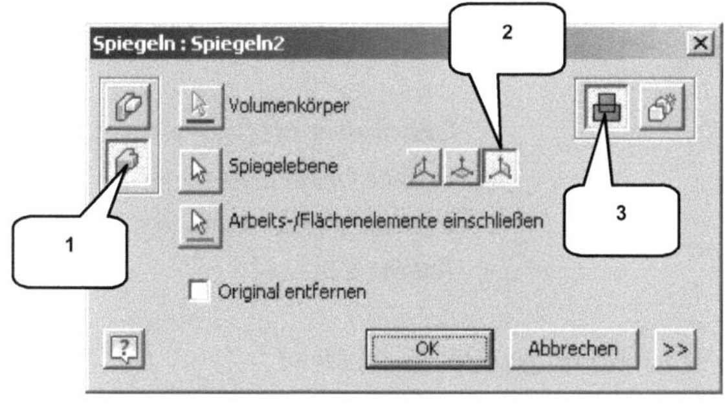

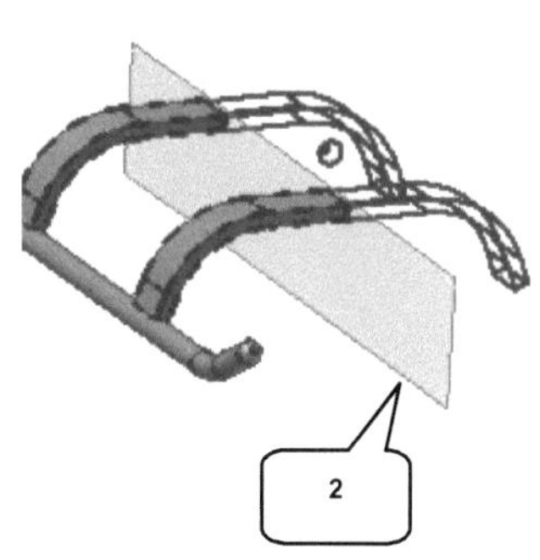

> ***Spiegeln***
> Option: Volumenkörper spiegeln (1)
> Volumenkörper: (automatisch)
> Spiegelebene: XY-Ebene (2)
> Verfahren: Vereinigung (3)

> ***OK***

> ***Bauteil speichern***
> ***Bauteil schließen***

10 Bauteil: Hauptrotor

10.1 Erstellen der neuen Datei und Zeichnen der ersten Konturen

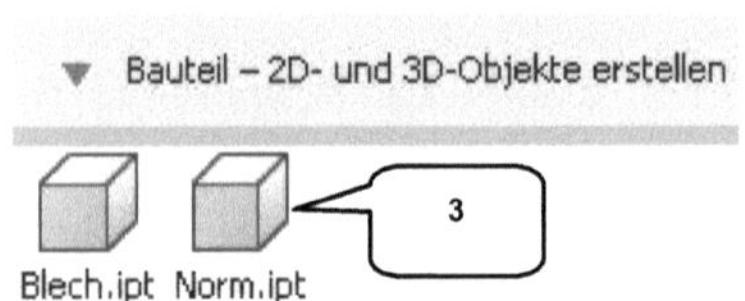

Im nächsten Schritt soll der **Hauptrotor** konstruiert werden, wofür ein neues Bauteil zu erzeugen ist.

In der sich öffnenden Skizze sind die 3 Hauptachsen zu **projizieren** und eine **Linie** zu zeichnen.

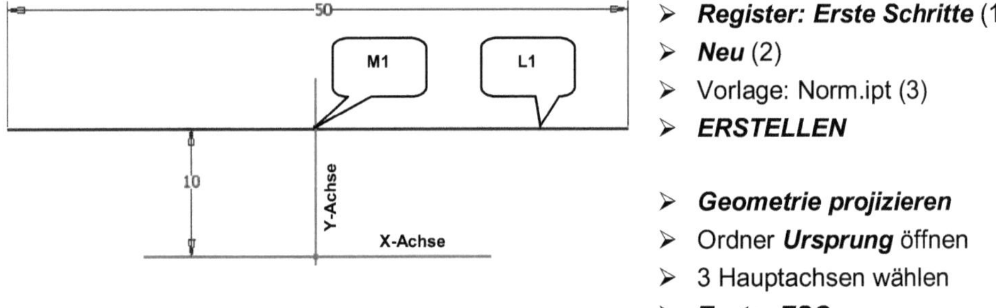

> ➢ **Register: Erste Schritte** (1)
> ➢ **Neu** (2)
> ➢ Vorlage: Norm.ipt (3)
> ➢ **ERSTELLEN**
>
> ➢ **Geometrie projizieren**
> ➢ Ordner **Ursprung** öffnen
> ➢ 3 Hauptachsen wählen
> ➢ **Taste: ESC**

➢ **Linie**
➢ Linie (L1) zeichnen wie dargestellt
➢ **Taste: ESC**

➢ **Bemaßung**
➢ Linie bemaßen wie dargestellt
➢ **Taste: ESC**

➢ **Abhängigkeit Koinzident**
➢ Mittelpunkt (M1) der Linie (L1) wählen
➢ Projizierte Y-Achse wählen
➢ **Taste: ESC**

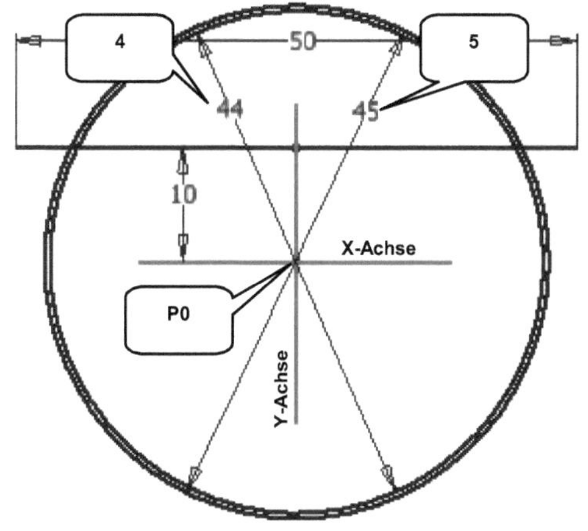

Im Koordinatenursprung sollen jetzt 2 **Kreise** gezeichnet werden. Die Eingabe des Durchmessers erfolgt während des Zeichnens.

- ➢ *Kreis durch Mittelpunkt*
- ➢ Mittelpunkt 1. Kreis: Koordinatenursprung (P0)
- ➢ Durchmesser 1. Kreis: [44 mm] (4)
- ➢ *Taste: ENTER*
- ➢ Mittelpunkt 2. Kreis: Koordinatenursprung (P0)
- ➢ Durchmesser 2. Kreis: [45 mm (5)
- ➢ *Taste: ENTER*
- ➢ *Taste: ESC*

10.2 Stutzen der Zeichenobjekte

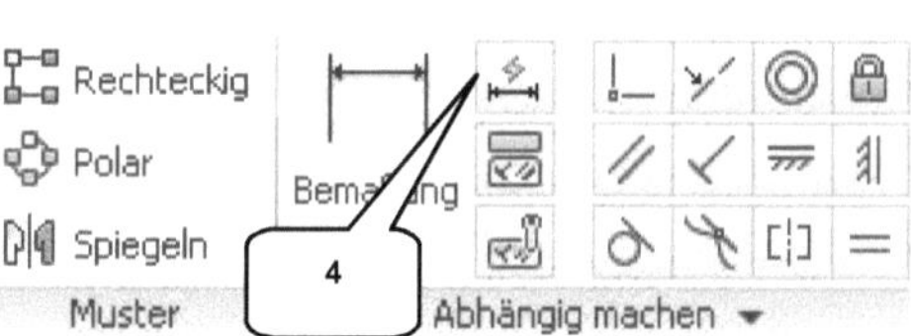

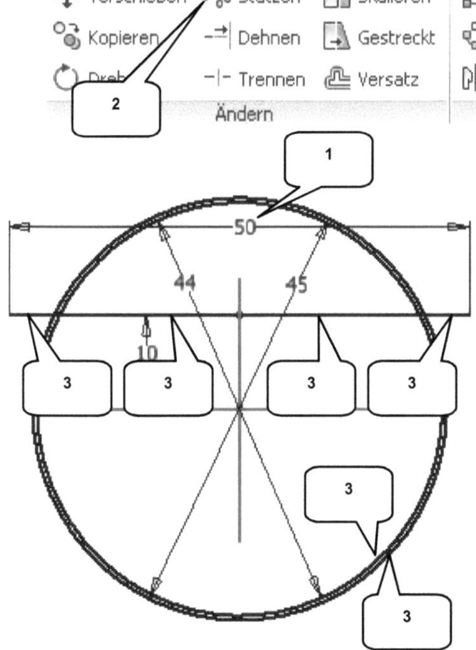

Vor dem *Stutzen* (2) der einzelnen Liniensegmente, muss das Längenmaß der mit (1) gekennzeichneten Linie gelöscht werden.

- ➢ Längenmaß (50 mm) der Linie markieren (1)
- ➢ *Taste: ENTF*

- ➢ *Stutzen* (2)
- ➢ Alle 4 markierten Segmente der Linie und die beiden markierten Abschnitte der Kreise wählen (3)
- ➢ *Taste: ESC*

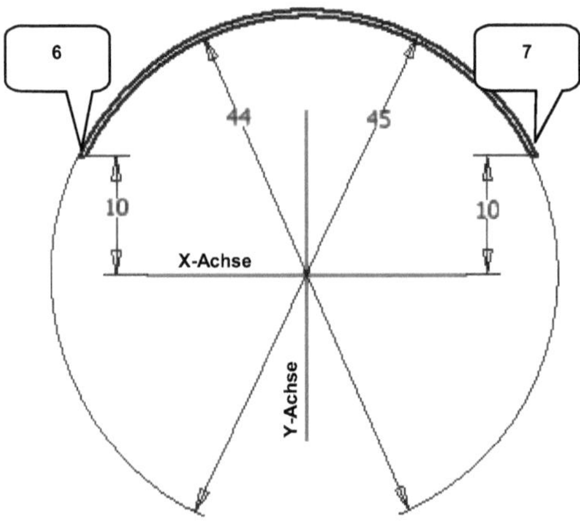

Fehlende Maße sind durch die **automatische Bemaßung** (4) zu ergänzen.

- ➢ ***Automatische Bemaßung*** (4)
- ➢ Aktivieren: Bemaßungen (5)
- ➢ Aktivieren: Abhängigkeiten (5)
- ➢ ***ANWENDEN***
- ➢ ***FERTIG***

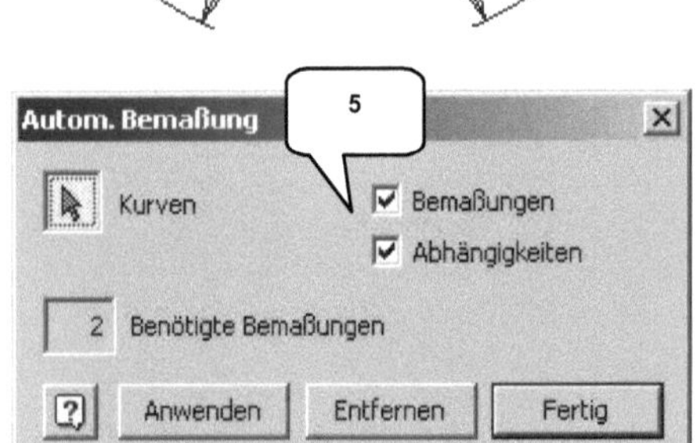

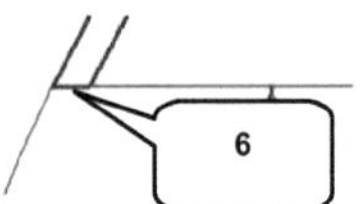

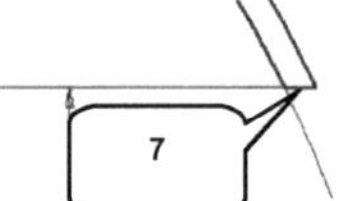

HINWEIS: Die beiden Enden der Bögen sollten nach Abschluss des letzten Befehls noch einmal kontrolliert werden. Wie in Position (6) und (7) dargestellt, müsste die Kontur geschlossen sein.

- ➢ ***Skizze fertig stellen***

10.3 Volumenkörper mittels Extrusion erzeugen

Das geschlossene Zeichenobjekt soll durch eine 180 mm lange symmetrische **Extrusion** in einen Volumenkörper konvertiert werden.

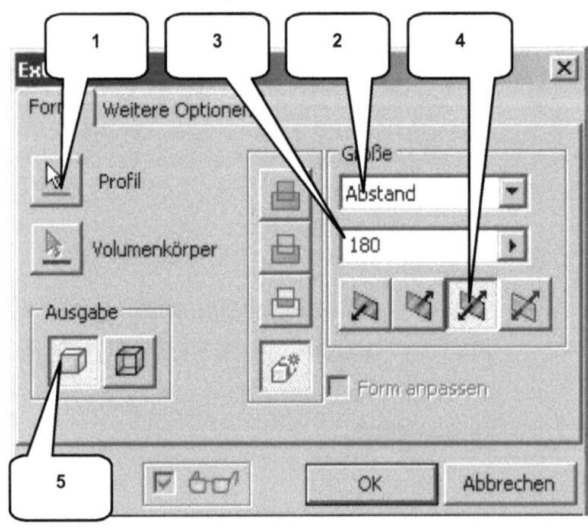

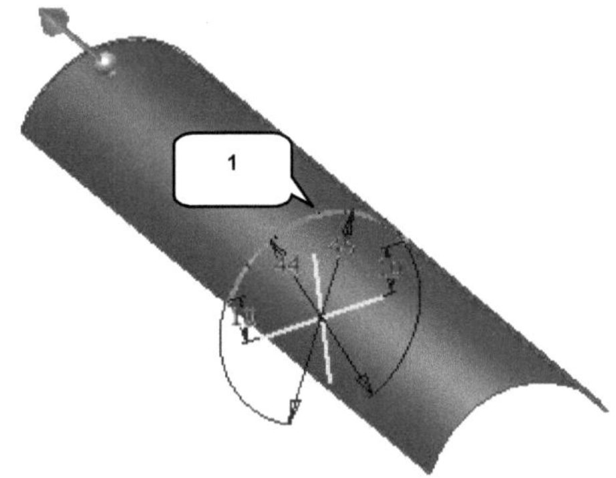

> ***Extrusion***
> ➢ Profil: Bogenkontur wählen (1)
> ➢ Größe: Abstand (2)
> ➢ Wert: [180 mm] (3)

> ➢ Richtung: Symmetrisch (4)
> ➢ Ausgabe: Volumenkörper (5)
> ***OK***

10.4 Zeichnen der zweiten Kontur

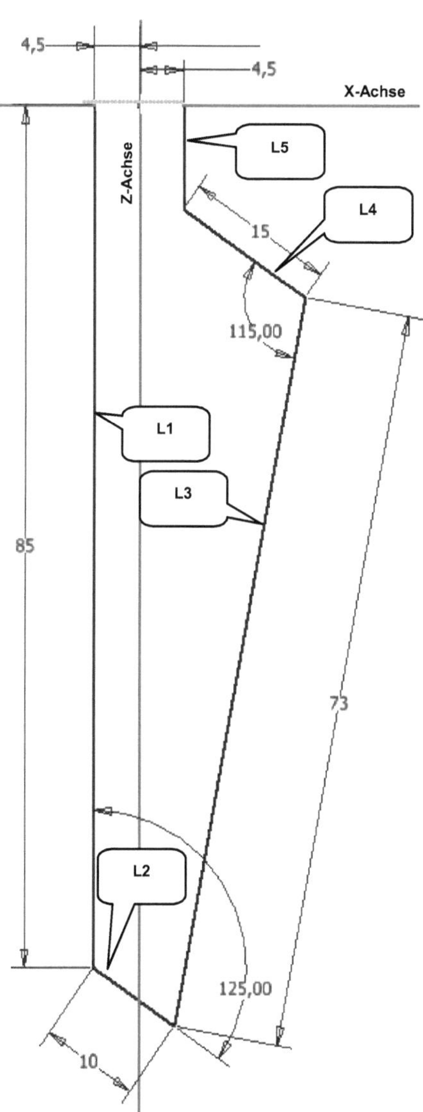

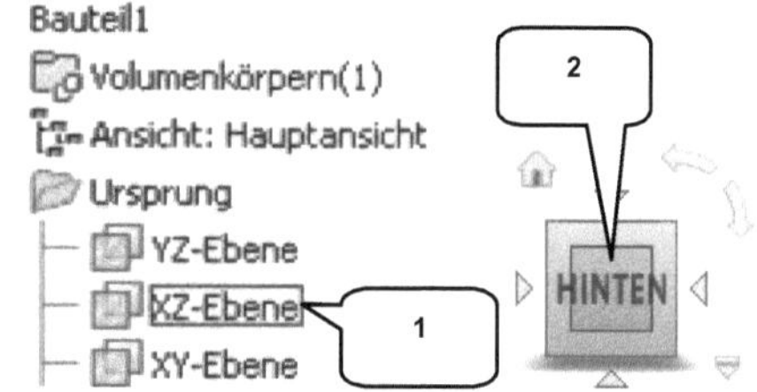

> ***2D-Skizze starten***
> ➢ XZ-Ebene im Browser wählen (1)

> ***ViewCube-Ansicht: HINTEN*** (2)
> ***Taste: F7*** (Skizze aufschneiden)

> ***Geometrie projizieren***
> ➢ 3 Hauptachsen wählen
> ***Taste: ESC***

> ***Linie***
> ➢ Linienkontur aus 5 zusammenhängen-den Linien (L1...L5) zeichnen wie darge-stellt (unterhalb der X-Achse)
> ***Taste: ESC***

> ***Bemaßung***
> ➢ Linienkontur bemaßen wie dargestellt
> ***Taste: ESC***

HINWEIS: Linie (L1) startet auf der X-Achse, Linie (L5) endet auf der X-Achse. Zwischen (L1) und (L5) auf der X-Achse liegt keine andere Linie.

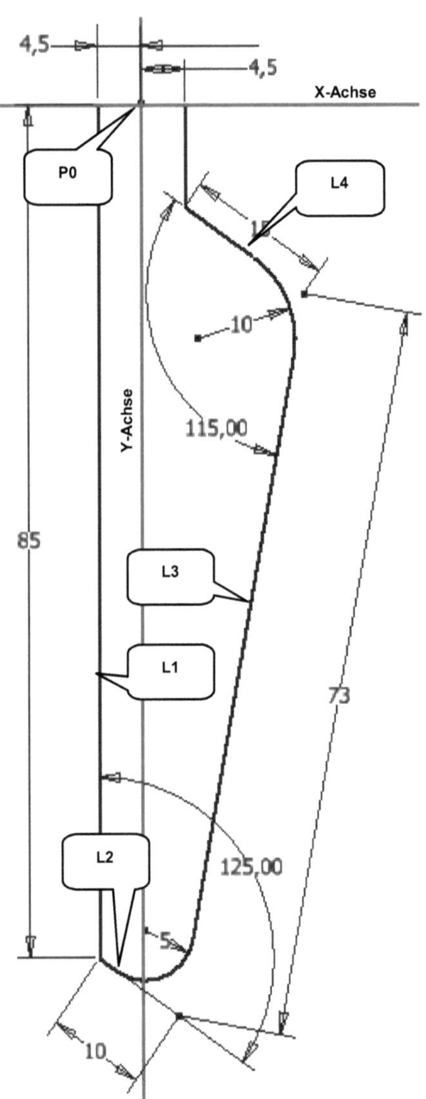

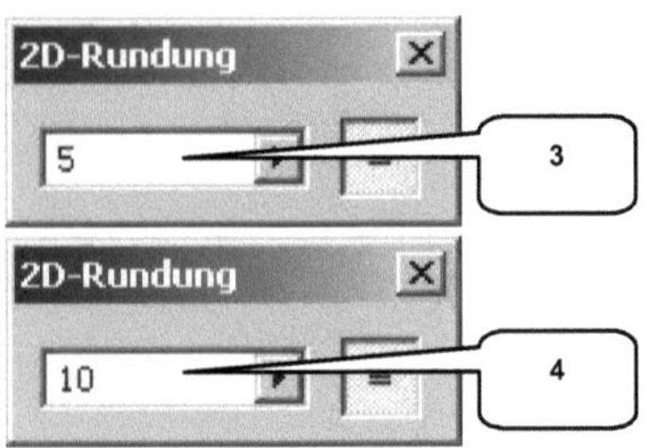

> ➤ *Rundung*
> ➤ Radius: [5 mm] (3)
> ➤ Linie (L2) wählen
> ➤ Linie (L3) wählen
> ➤ *Taste: ESC*

> ➤ *Rundung*
> ➤ Radius: [10 mm] (4)
> ➤ Linie (L3) wählen
> ➤ Linie (L4) wählen
> ➤ *Taste: ESC*

Die gesamte Kontur ist im nächsten Schritt um den Koordinatenursprung (P0) zu drehen, wobei die erste Skizzengeometrie erhalten bleiben soll. Es wird also eine gedrehte Kopie erzeugt. Hierfür ist der Befehl **Drehen** (5) zu starten.

HINWEIS: Der Hinweis *Sollen Bemaßungen bei Bedarf gelockert werden* kann mit **Ja** bestätigt werden.

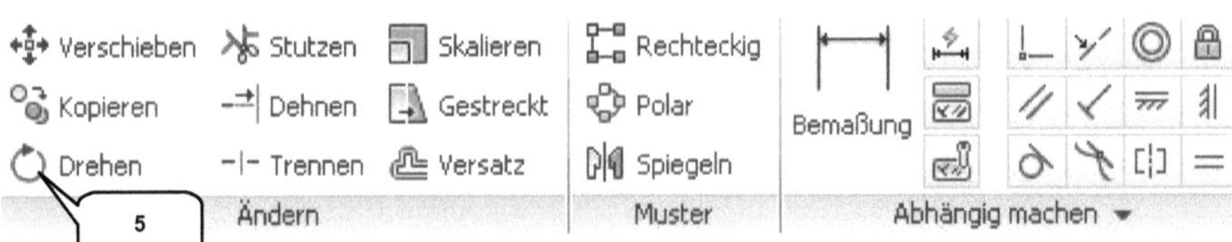

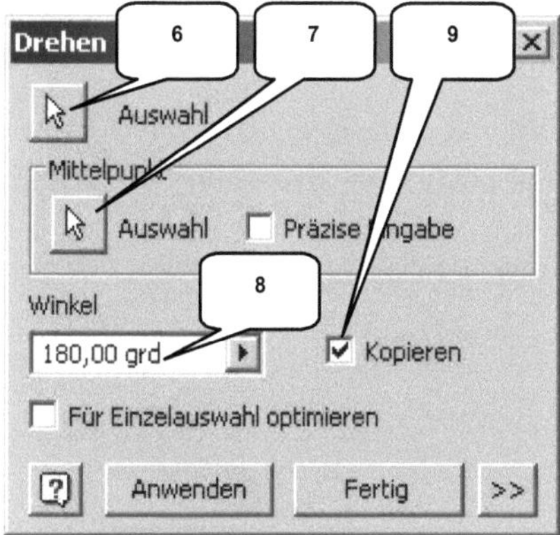

> *Drehen* (5)
> Auswahl: Bei gedrückter linker Maustaste ein Fenster über die gezeichneten Linien (L1...L5) ziehen (6)
> Mittelpunkt: Koordinatenursprung (P0) wählen (7)
> Winkel: [180°] (8)
> Aktivieren: Kopieren (9)
> *ANWENDEN*
> *FERTIG*

HINWEIS: Das Fenster, das bei der Auswahl der Linien aufgezogen werden soll, muss von links oben nach rechts unten aufgezogen werden, wobei die projizierte X-Achse nicht komplett darin eingeschlossen werden darf. Die beiden Hinweise *...vorhandene Bemaßungen gelockert...* und *...Abhängigkeiten entfernen...* können mit *Ja* bestätigt werden!

Beide Konturen müssen jetzt miteinander verbunden und um fehlende Abhängigkeiten ergänzt werden. Hierfür ist mit der rechten Maustaste auf die Linie (L1) zu klicken und im Kontextmenü die Option *Kontur schließen* (10) zu wählen.

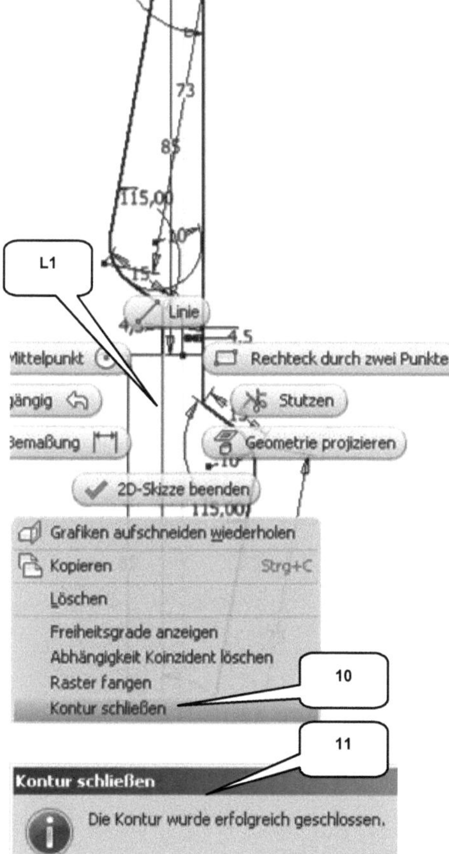

> *Rechte Maustaste auf Linie* (L1)
> Option: Kontur schließen (10)
> Fenster *Kontur schließen* mit *OK* bestätigen
> Nacheinander alle restlichen Linien der Skizze (nicht die Achsen!) wählen, bis Meldung (11) erscheint
> *OK*

> *Skizze fertig stellen*

10.5 Extrudieren einer Schnittmenge

Beide Teilflächen der Skizze sollen im folgenden Schritt mit dem Befehl *Extrusion* zusammen mit dem bereits vorhandenen Volumenkörper eine gemeinsame *Schnittmenge* ergeben.

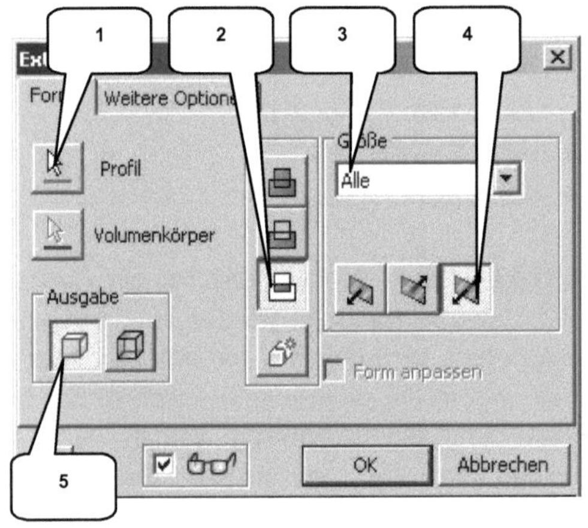
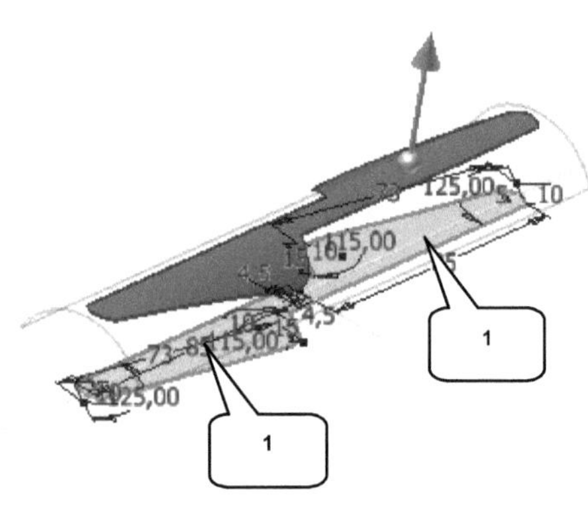

- ➢ *Extrusion*
- ➢ Profil: Beide Konturhälften wählen (1)
- ➢ Verfahren: Schnittmenge (2)
- ➢ Größe: Alle (3)

- ➢ Richtung: Symmetrisch (4)
- ➢ Ausgabe: Volumenkörper (5)
- ➢ *OK*

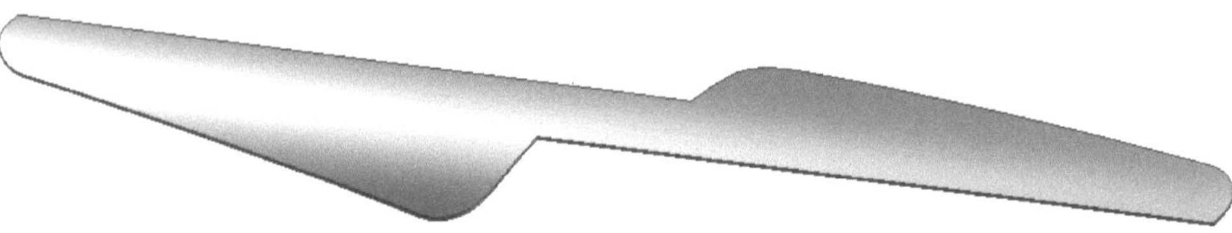

10.6 Erstellen einer weiteren Skizze

Die letzte *Skizze* dieses Bauteils wird auf der XZ-Ebene erzeugt.

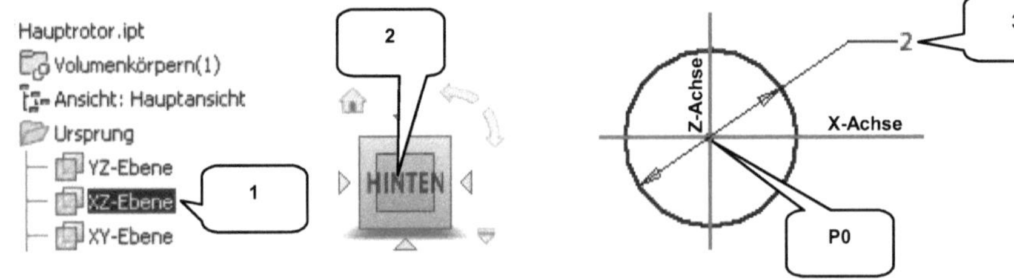

➤ **2D-Skizze starten**

➤ XZ-Ebene im Browser wählen (1)

➤ **ViewCube-Ansicht: HINTEN** (2)

➤ **Geometrie projizieren**

➤ 3-Hauptachsen wählen

➤ **Taste: ESC**

➤ **Taste: F7** (Skizze aufschneiden)

➤ **Kreis durch Mittelpunkt**

➤ Punkt 1: Koordinatenursprung (P0)

➤ Punkt 2: Frei ablegen

➤ **Taste: ESC**

➤ **Bemaßung**

➤ Kreisdurchmesser: [2 mm] (3)

➤ **Taste: ESC**

➤ **Skizze fertig stellen**

10.7 Extrudieren des Kreises in Richtung des Volumenkörpers

Der Kreis soll in Richtung des vorhandenen Volumenkörpers **extrudiert** werden. Da er keine planare Form aufweist, muss die Option **Zur Nächsten** verwendet werden. Nur dann ist gewährleistet, dass das extrudierte Element sauber an der bauchigen Oberfläche anschließt.

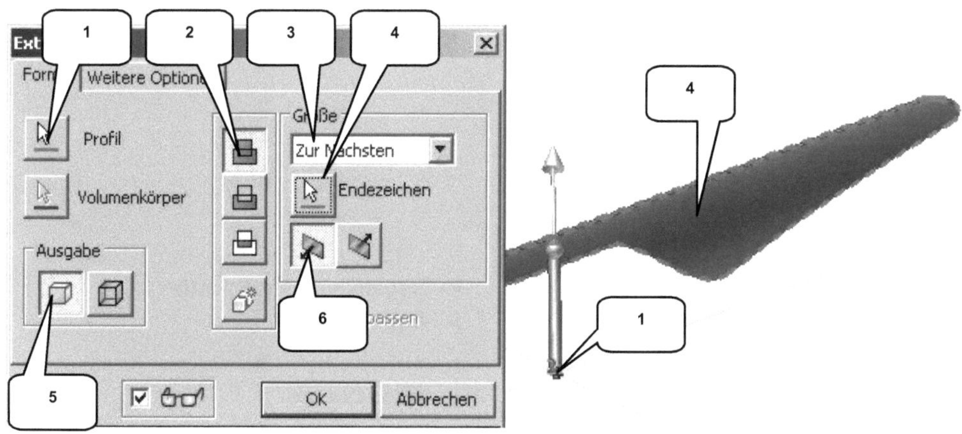

➤ **Extrusion**

➤ Profil: Kreis wählen (1)

➤ Verfahren: Vereinigung (2)

➤ Größe: Zur Nächsten (3)

➤ Endezeichen: Volumenkörper (4)

➤ Ausgabe: Volumenkörper (5)

➤ Richtung: Richtung 1 (6)

➤ **OK**

Das Bauteil kann jetzt unter dem Dateinamen **Hauptrotor** (Dateityp: *.ipt) **gespeichert** und anschließend **geschlossen** werden.

11 Bauteil: Heckrotor

11.1 Erstellen der neuen Datei und Zeichnen der ersten Konturen

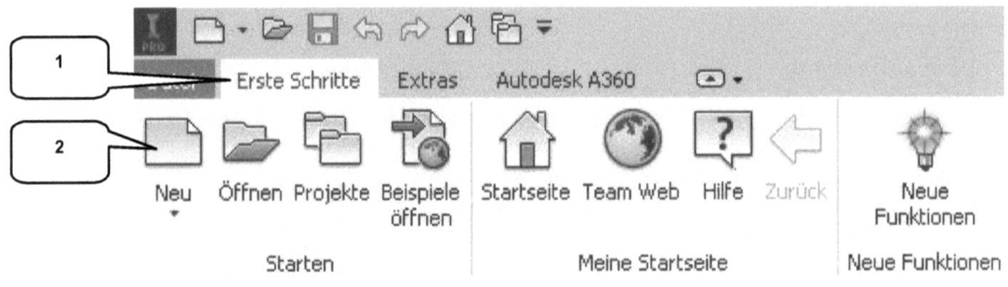

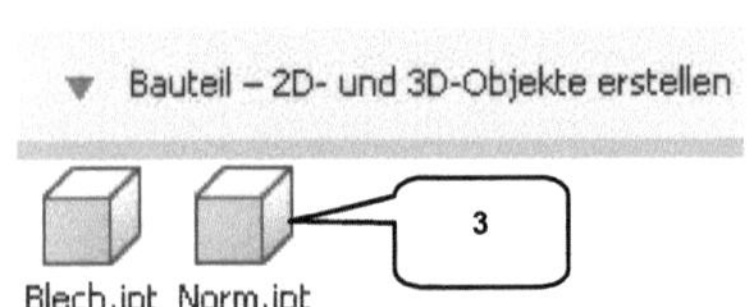

Im nächsten Schritt soll der **Heckrotor** konstruiert werden, wofür ein neues Bauteil zu erzeugen ist.

In der sich öffnenden Skizze sind die 3 Hauptachsen zu **projizieren** und eine **Ellipse** (4) zu zeichnen und zu bemaßen.

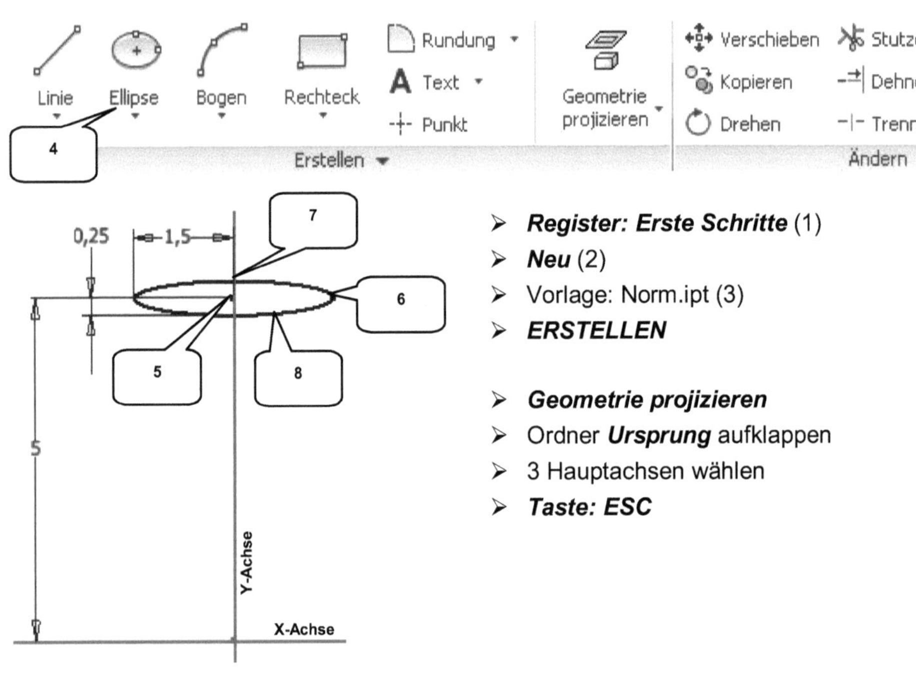

> **Register: Erste Schritte** (1)
> **Neu** (2)
> Vorlage: Norm.ipt (3)
> **ERSTELLEN**

> **Geometrie projizieren**
> Ordner **Ursprung** aufklappen
> 3 Hauptachsen wählen
> **Taste: ESC**

> ***Ellipse*** (4)
> Punkt 1: Auf Y-Achse ablegen (5)
> Punkt 2: Auf Pos. (6) ablegen
> Punkt 3: Auf Pos. (7) ablegen
> ***Taste: ESC***

> ***Bemaßung***
> Ellipsen-Mittelpunkt (5) wählen
> Projizierte X-Achse wählen
> Abstand: [5 mm]
> ***Taste: ENTER***

> Ellipsen-Kontur wählen (8)
> Maß oberhalb der Kontur ablegen
> Breite: [1,5 mm]
> ***Taste: ENTER***

> Ellipsen-Kontur wählen (8)
> Maß links neben der Kontur ablegen
> Höhe: [0,25 mm]
> ***Taste: ENTER***
> ***Taste: ESC***

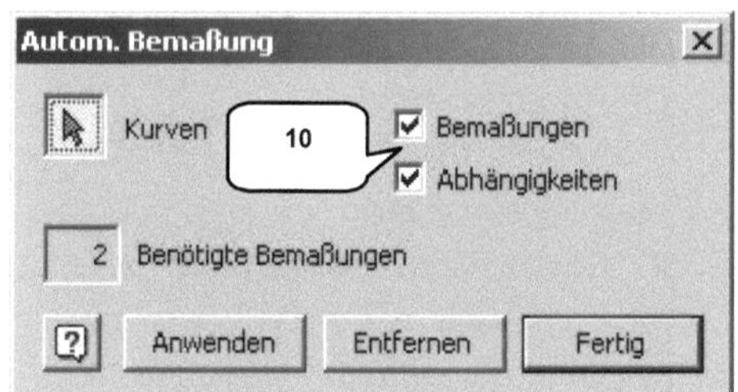

> ***Automatische Bemaßung*** (9)
> Aktivieren: Bemaßungen (10)
> Aktivieren: Abhängigkeiten (10)
> ***ANWENDEN*** (falls erforderlich)
> ***FERTIG***

> ***Skizze fertig stellen***

11.2 Erzeugen neuer Arbeitsebenen und weiterer Skizzen

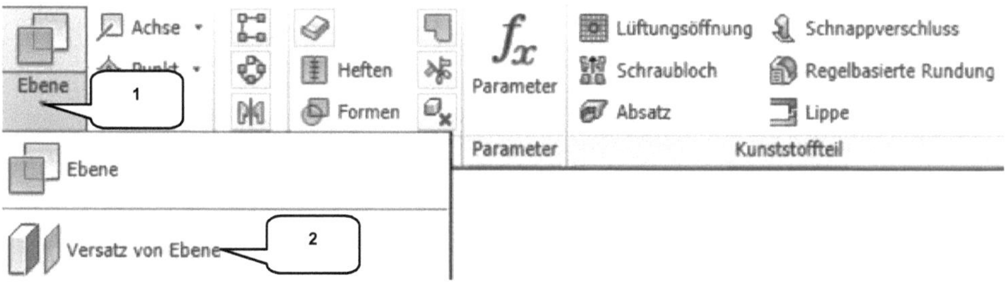

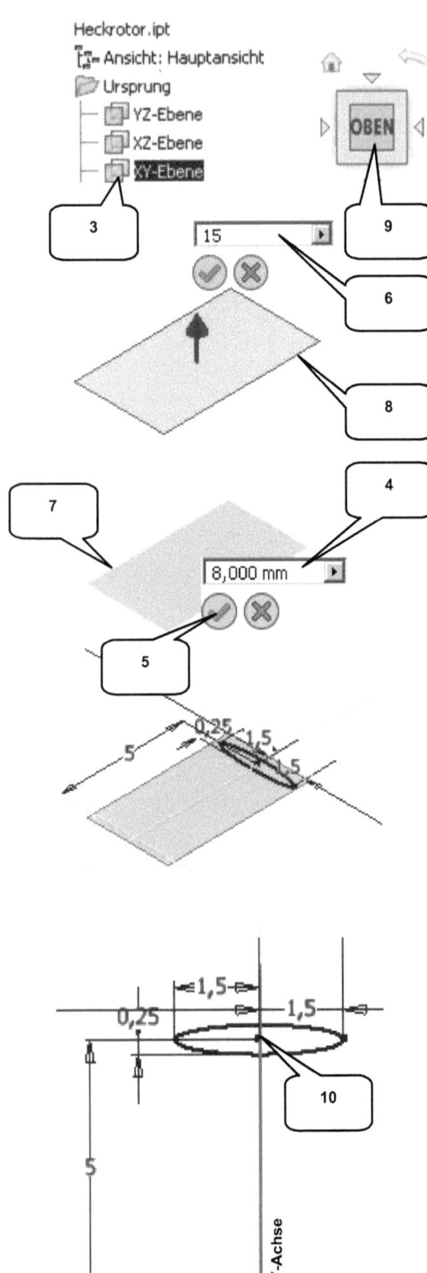

Vor dem Zeichnen der Basiskontur sollen 2 weitere Ebenen erstellt werden, die parallel zur XY-Ebene und in bestimmten Abständen zu ihr angeordnet werden. Hierfür ist der Befehl *Versatz von Ebene* (2) zu verwenden. Vorab sollte das neue Bauteil allerdings gesichert werden.

- ➢ **Speichern**
- ➢ Dateiname: **Heckrotor**
- ➢ Dateityp: (*.ipt)
- ➢ **Speichern**

- ➢ Befehlsgruppe **Ebene** aufklappen (1)

- ➢ **Versatz von Ebene** (2)
- ➢ XY-Ebene (Ordner **Ursprung**) wählen (3)
- ➢ Abstand: [8 mm] (4)
- ➢ **OK** (5)

- ➢ **Versatz von Ebene** (2)
- ➢ XY-Ebene (Ordner **Ursprung**) wählen (3)
- ➢ Abstand: [15 mm] (6)
- ➢ **OK**

- ➢ **2D-Skizze starten**
- ➢ Ebene mit Abstand 8 mm wählen (7) (Ebene an der Kante greifen!)

- ➢ **ViewCube-Ansicht: OBEN** (9)

- ➢ **Geometrie projizieren**
- ➢ Ellipsenmittelpunkt aus erster Skizze wählen (10)
- ➢ **Taste: ESC**

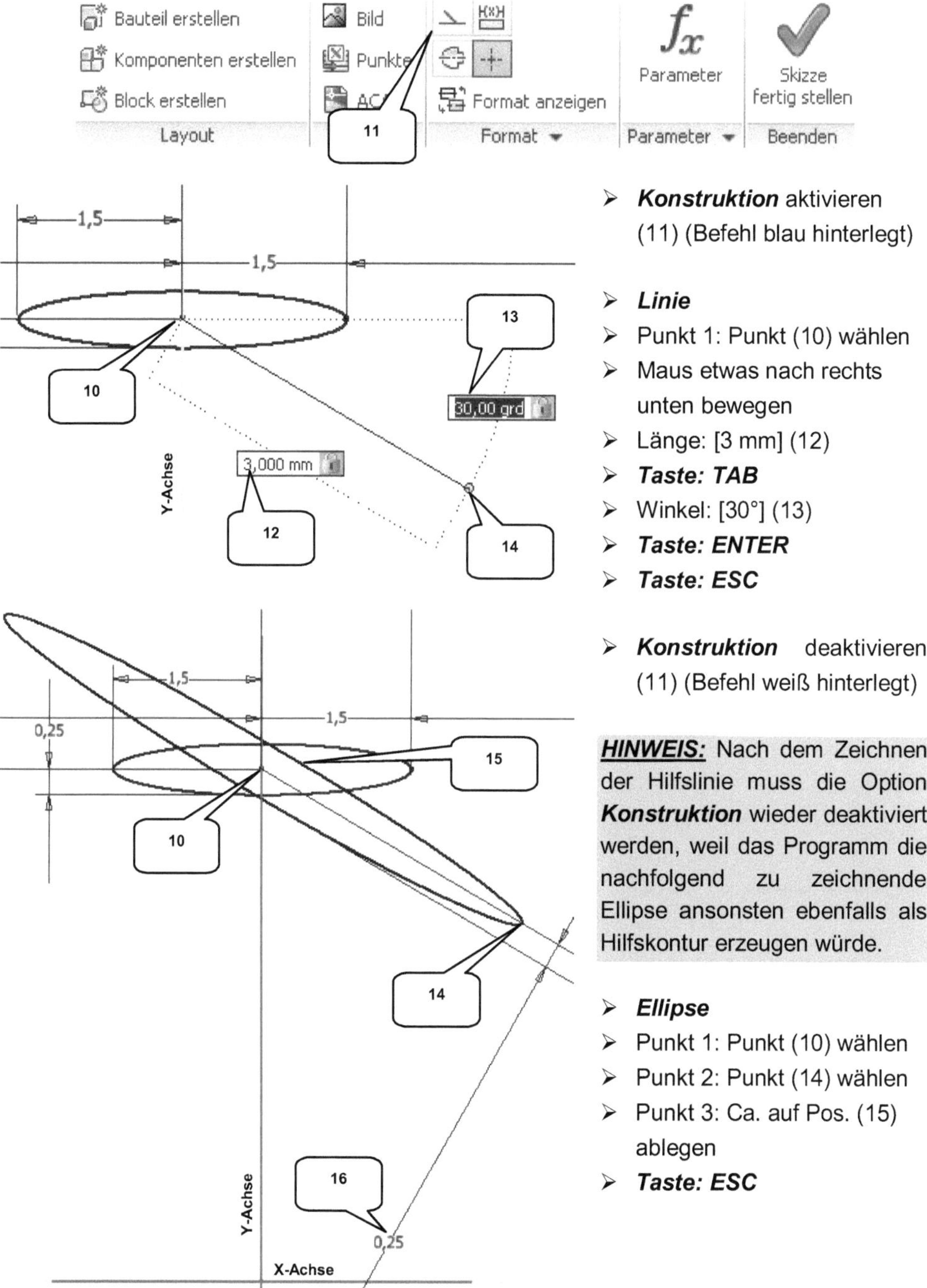

> **_Konstruktion_** aktivieren (11) (Befehl blau hinterlegt)

> **_Linie_**
> Punkt 1: Punkt (10) wählen
> Maus etwas nach rechts unten bewegen
> Länge: [3 mm] (12)
> **_Taste: TAB_**
> Winkel: [30°] (13)
> **_Taste: ENTER_**
> **_Taste: ESC_**

> **_Konstruktion_** deaktivieren (11) (Befehl weiß hinterlegt)

HINWEIS: Nach dem Zeichnen der Hilfslinie muss die Option **_Konstruktion_** wieder deaktiviert werden, weil das Programm die nachfolgend zu zeichnende Ellipse ansonsten ebenfalls als Hilfskontur erzeugen würde.

> **_Ellipse_**
> Punkt 1: Punkt (10) wählen
> Punkt 2: Punkt (14) wählen
> Punkt 3: Ca. auf Pos. (15) ablegen
> **_Taste: ESC_**

➢ **Bemaßung**

➢ Ellipse wählen

➢ Maß in etwa auf Pos. (16) ablegen

➢ Höhe: [0,25 mm]

➢ *Taste: ENTER*

➢ *Taste: ESC*

➢ *Skizze fertig stellen*

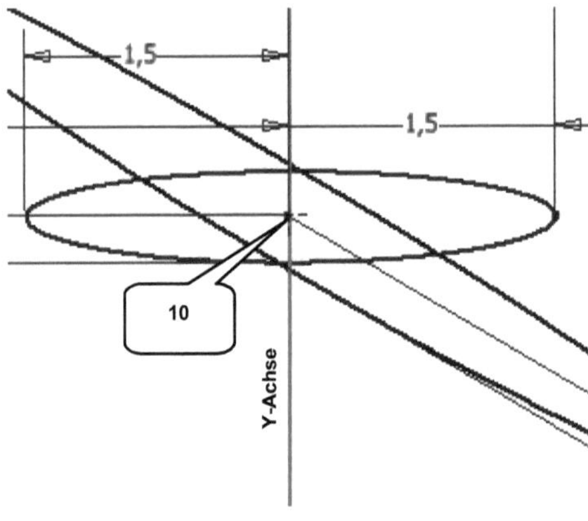

➢ **2D-Skizze starten**

➢ Ebene mit Abstand 15 mm (8) wählen (Ebene an der Kante greifen!)

➢ **ViewCube-Ansicht: OBEN** (9)

➢ **Geometrie projizieren**

➢ Ellipsenmittelpunkt (10) wählen

➢ *Taste: ESC*

➢ **Punkt** (17)

➢ Ellipsenmittelpunkt (10) wählen

➢ *Taste: ESC*

➢ *Skizze fertig stellen*

Heckrotor.ipt
- Ansicht: Hauptansicht
Ursprung
Skizze1
Arbeitsebene1
Arbeitsebene2
Skizze2
Skizze3
Bauteilende

18

Vor dem nächsten Schritt sollten die beiden zuletzt neu erzeugten Arbeitsebenen (18) ausgeblendet werden. Hierfür ist mit der rechten Maustaste auf die jeweilige Arbeitsebene zu klicken und diese durch Deaktivieren der Option **Sichtbarkeit** auszublenden.

➢ Beide Arbeitsebenen markieren (18)

➢ **Rechte Maustaste** auf eine der markierten Arbeitsebenen

➢ Deaktivieren: Sichtbarkeit

11.3 Ersten Flügel mittels Erhebung erzeugen

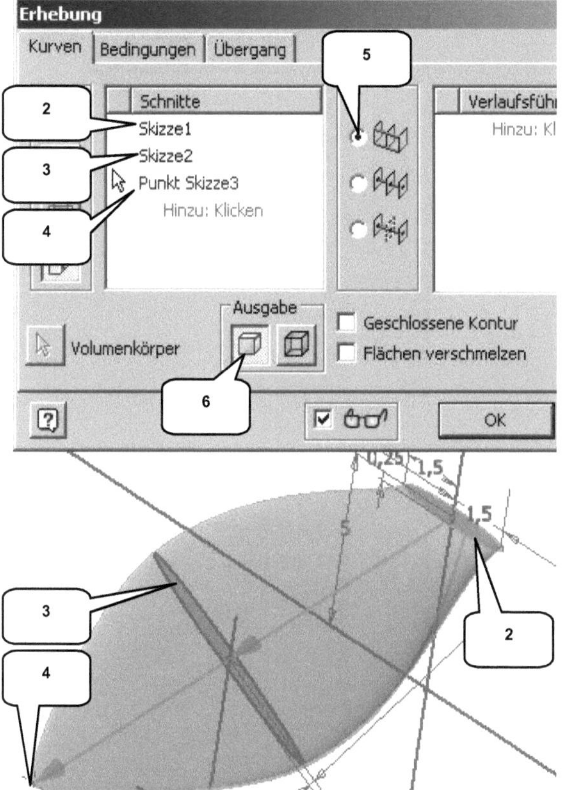

Um die Konturen der drei zuletzt erzeugten Skizzen miteinander verbinden und daraus einen zusammenhängenden Volumenkörper generieren zu können, soll der Befehl *Erhebung* (1) verwendet werden.

- > *Erhebung* (1)
- > Ellipse aus Skizze 1 wählen (2)
- > Ellipse aus Skizze 2 wählen (3)
- > Punkt aus Skizze 3 wählen (4)
- > Option: Verlaufsführung (5)
- > Ausgabe: Volumenkörper (6)

- > *Register: Bedingungen* (7)
- > Bedingung 1: Freie Beding. (8)
- > Bedingung 2: Tangente (9)
- > Gewicht 2: [3] (10)
- > *OK*

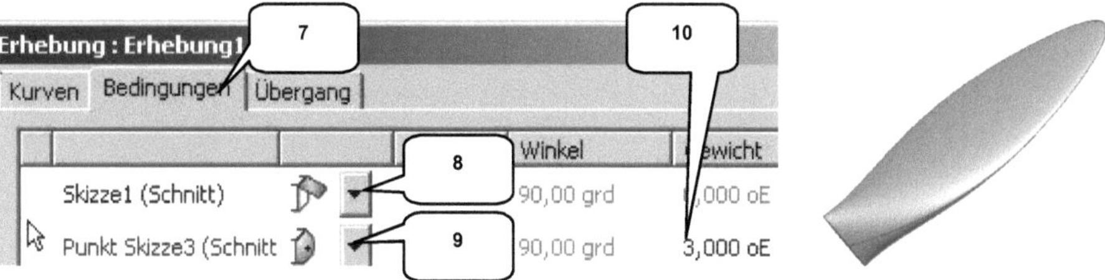

11.4 Zweiten Flügel mittels runder Anordnung erzeugen

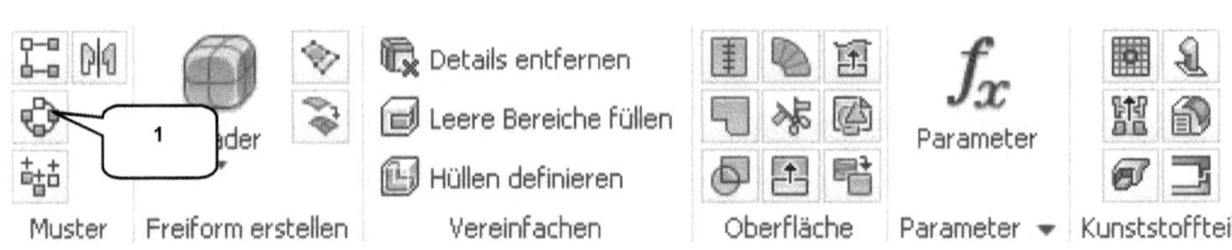

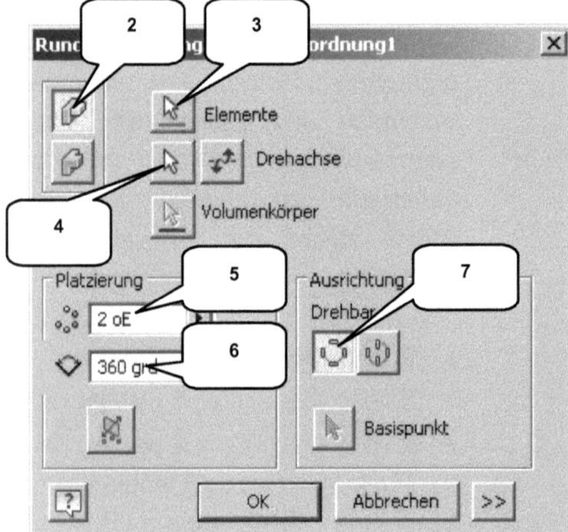

Der vorhandene Volumenkörper soll mit dem Befehl *Runde Anordnung* (1) kopiert und um die Y-Achse gedreht werden.

> *Runde Anordnung* (1)
> Option: Einzelne Elemente (2)
> Elemente: Erhebung wählen (3)
> Drehachse: Y-Achse wählen (4)
> Anzahl: [2] (5)
> Winkel: [360°] (6)
> Ausrichtung: Drehbar (7)
> *OK*

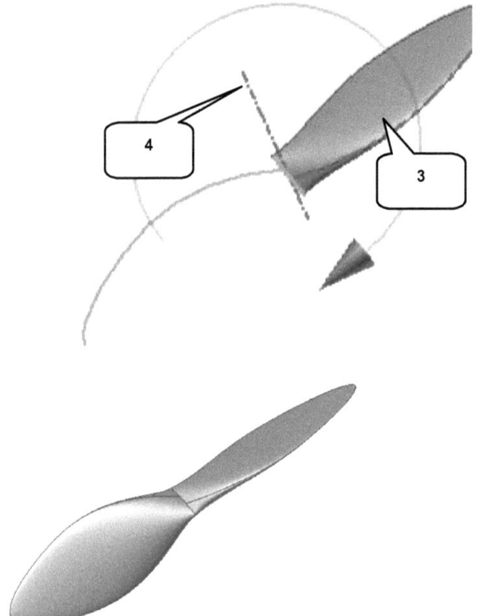

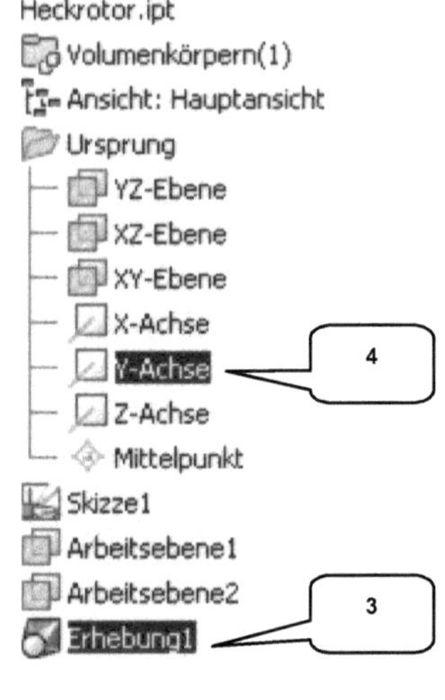

11.5 Extrudieren der Welle

Im letzten Arbeitsschritt für dieses Bauteil ist die Antriebswelle des Heckrotors zu konstruieren. Hierfür muss eine neue 2D-Skizze auf der XZ-Ebene erzeugt, ein Kreis gezeichnet und anschließend extrudiert werden. Dabei ist darauf zu achten, bündig an den vorhandenen Volumenkörper anzuschließen (Option: Zur Nächsten).

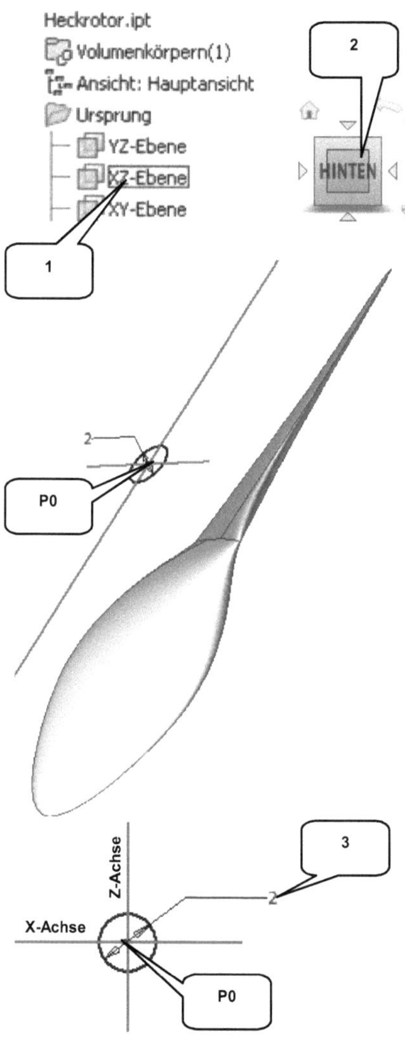

> ➢ **2D-Skizze starten**
> ➢ XZ-Ebene im Browser wählen (1)

> ➢ **ViewCube-Ansicht: HINTEN** (2)

> ➢ **Geometrie projizieren**
> ➢ 3 Hauptachsen wählen
> ➢ **Taste: ESC**

> ➢ **Taste: F7** (Skizze aufschneiden)

> ➢ **Kreis durch Mittelpunkt**
> ➢ Kreismittelpunkt: Koordinatenursprungspunkt (P0)
> ➢ 2. Punkt des Kreises frei ablegen
> ➢ **Taste: ESC**

> ➢ **Bemaßung**
> ➢ Kreisdurchmesser: [2 mm] (3)
> ➢ **Taste: ESC**

> ➢ **Skizze fertig stellen**

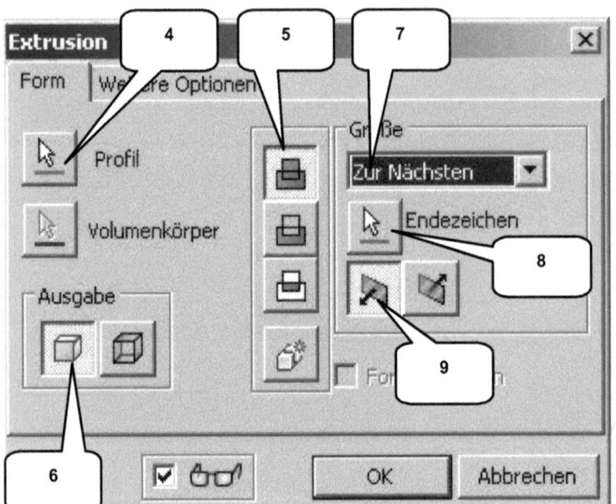

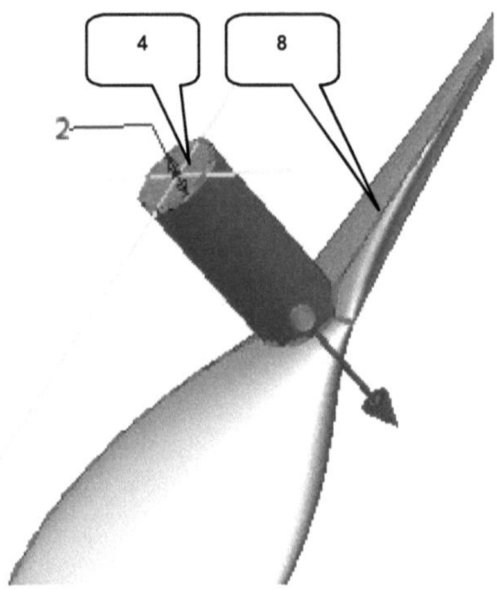

> ***Extrusion***
> ➤ Profil: Kreis (4)
> ➤ Verfahren: Vereinigung (5)
> ➤ Ausgabe: Volumenkörper (6)
> ➤ Größe: Zur Nächsten (7)
> ➤ Endezeichen: (automatisch) (8)
> ➤ Richtung: Richtung 1 (9)
> ➤ ***OK***
>
> ➤ ***Speichern***
> ➤ ***Datei schließen***

12 Bauteil: Turbinengehäuse

12.1 Erstellen der neuen Datei und Zeichnen der ersten Kontur

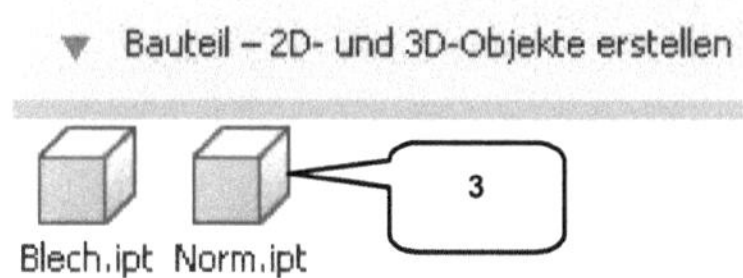

Im nächsten Schritt soll das **Turbinengehäuse** konstruiert werden, wofür ein neues Bauteil zu erzeugen ist.

In der sich öffnenden Skizze sind die 3 Hauptachsen zu **projizieren** und eine Linienkontur aus 3 zusammenhängenden **Linien** ist zu zeichnen.

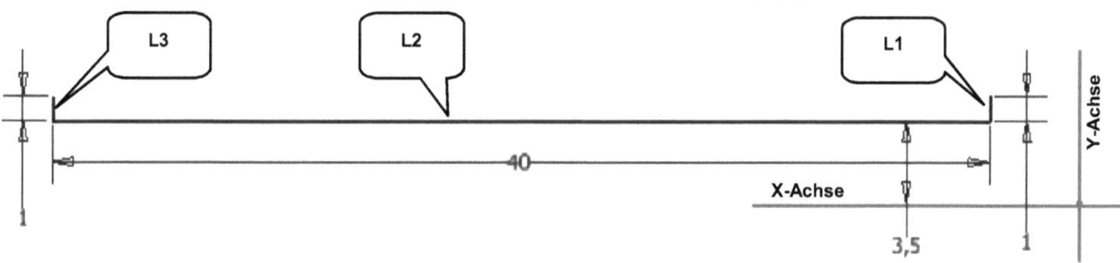

- ➢ **Register: Erste Schritte** (1)
- ➢ **Neu** (2)
- ➢ Vorlage: Norm.ipt (3)
- ➢ **ERSTELLEN**

- ➢ **Geometrie projizieren**
- ➢ Ordner **Ursprung** aufklappen
- ➢ 3 Hauptachsen wählen
- ➢ **Taste: ESC**

- ➢ **Linie**
- ➢ Linienkontur aus 3 Linien (L1...L3) oberhalb der X-Achse zeichnen wie dargestellt
- ➢ **Taste: ESC**

- ➢ **Bemaßung**
- ➢ Linien bemaßen wie dargestellt
- ➢ **Taste: ESC**

- ➢ **Abhängigkeit Koinzident** (3)
- ➢ Mittelpunkt (P1) der Linie (L2) wählen
- ➢ Projizierte Y-Achse wählen
- ➢ *Taste: ESC*

- ➢ **Bogen aus 3 Punkten**
- ➢ Punkt (P2) wählen

- ➢ Punkt (P3) wählen
- ➢ Maus etwas nach oben ziehen
- ➢ Radius: [220 mm] eingeben (4)
- ➢ *Taste: ENTER*
- ➢ *Taste: ESC*

- ➢ *Skizze fertig stellen*

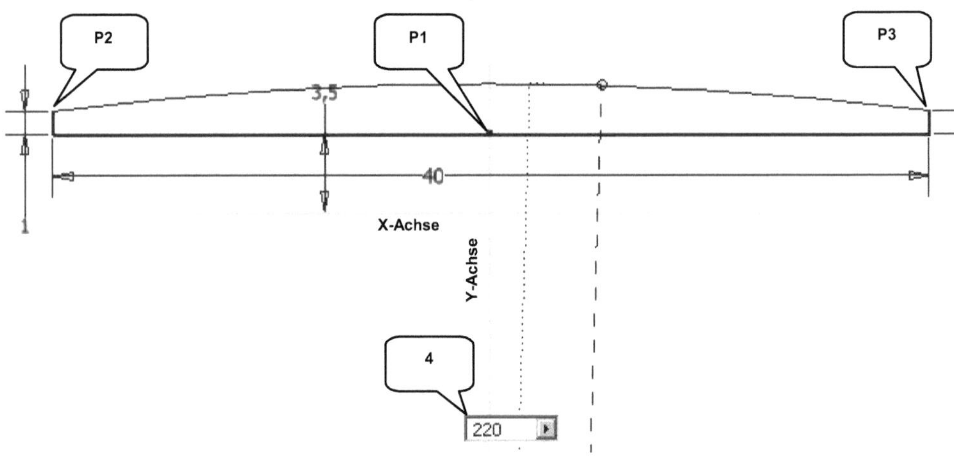

12.2 Volumenkörper durch Drehung erzeugen

Die geschlossene Kontur aus der vorherigen Skizze soll jetzt um 360° um die X-Achse ge-
dreht und somit in einen Volumenkörper konvertiert werden. Hier ist der Befehl **Drehung** (1)
zu verwenden.

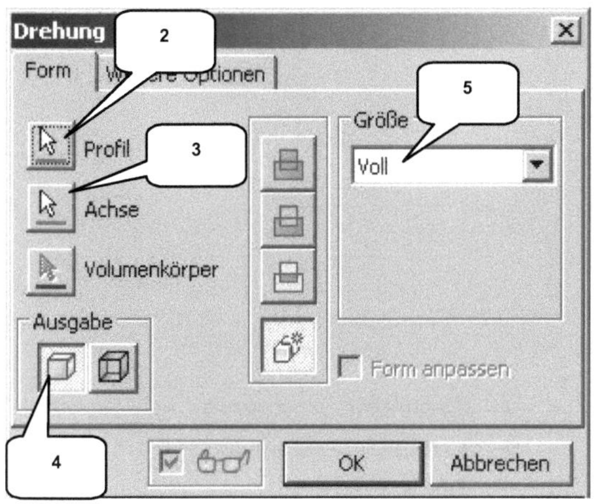

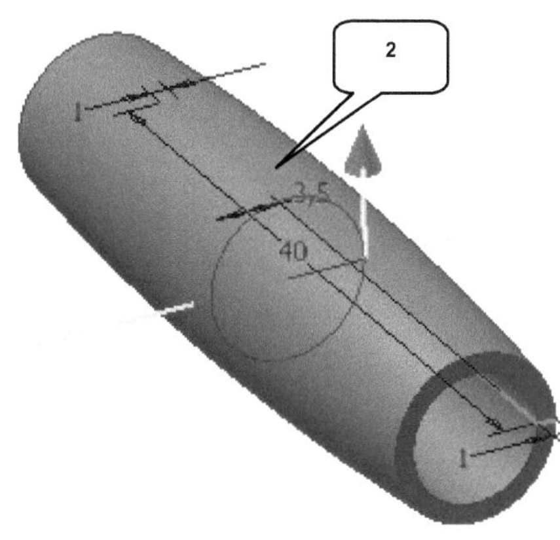

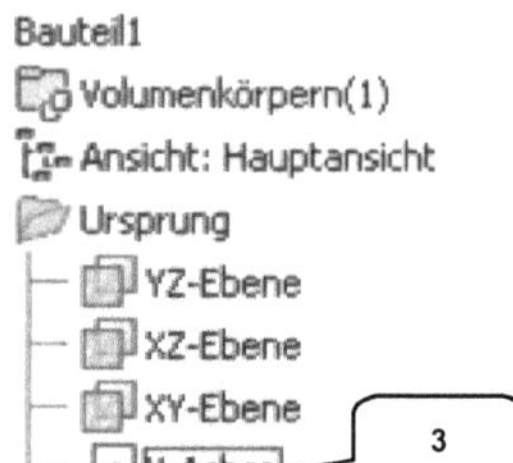

- ➢ **Drehung** (1)
- ➢ Profil: Kontur aus vorheriger Skizze (2)
- ➢ Achse: X-Achse (3)
- ➢ Ausgabe: Volumenkörper (4)
- ➢ Größe: Voll (5)
- ➢ **OK**

12.3 Erzeugen einer neuen Arbeitsebene

Der folgende Volumenkörper benötigt eine neue **Arbeitsebene**, welche parallel zur XY-Ebene liegt und in einem Abstand von 8,5 mm zu dieser angeordnet ist.

- ➢ **Versatz von Ebene**
- ➢ XY-Ebene (Ordner **Ursprung**) wählen
- ➢ Abstand: [8,5 mm]
- ➢ **OK**

12.4 Skizze zeichnen und Kontur extrudieren

- ➢ **2D-Skizze starten**
- ➢ Neu erzeugte Ebene wählen (Ebene an einer Kante anwählen)

- ➢ **ViewCube-Ansicht: OBEN** (1)

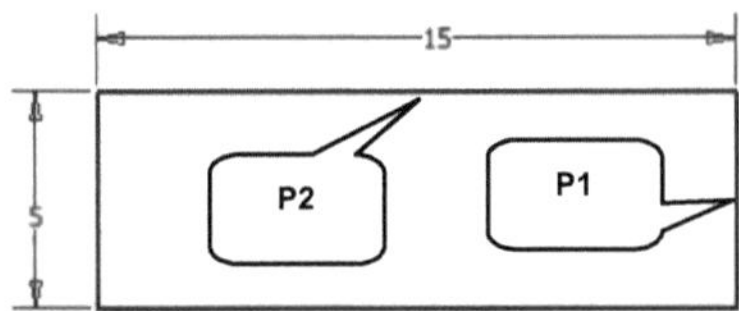

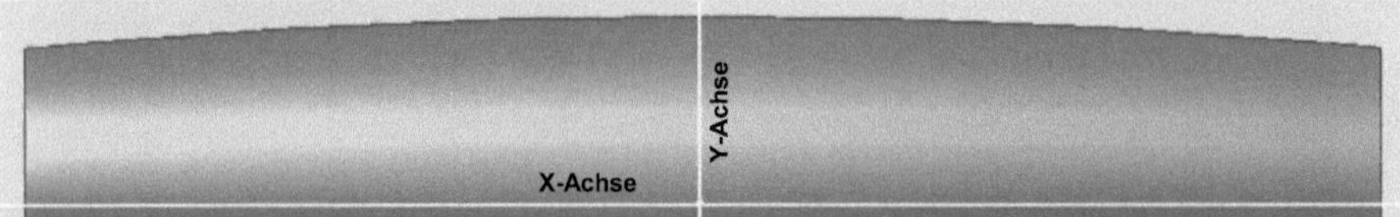

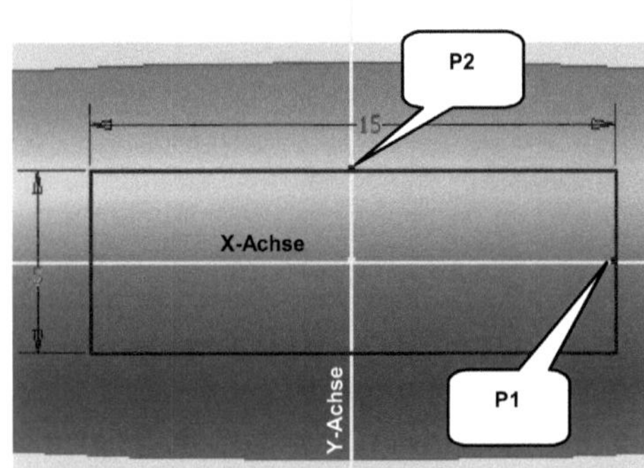

> ➤ *Geometrie projizieren*
> ➤ 3 Hauptachsen wählen
> ➤ *Taste: ESC*

> ➤ *Rechteck durch zwei Punkte*
> ➤ Rechteck (15 x 5 mm) zeichnen und bemaßen wie dargestellt
> ➤ *Taste: ESC*

> ➤ *Abhängigkeit Koinzident*
> ➤ Linienmittelpunkt (P1) wählen
> ➤ Projizierte X-Achse wählen
> ➤ Linienmittelpunkt (P2) wählen
> ➤ Projizierte Y-Achse wählen
> ➤ *Taste: ESC*

> ➤ *Skizze fertig stellen*

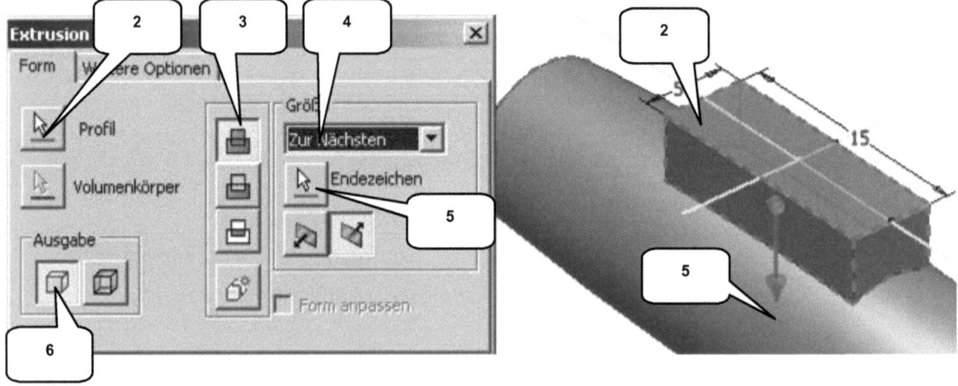

> ***Extrusion***
> ➢ Profil: Rechteck (2)
> ➢ Verfahren: Vereinigung (3)
> ➢ Größe: Zur Nächsten (4)

> ➢ Endezeichen: Volumenkörper (5)
> ➢ Ausgabe: Volumenkörper (6)
> ➢ ***OK***

Die neue Arbeitsebene kann jetzt wieder ausgeblendet werden (Option ***Sichtbarkeit*** der rechten Maustaste).

12.5 Runden der Außenkanten

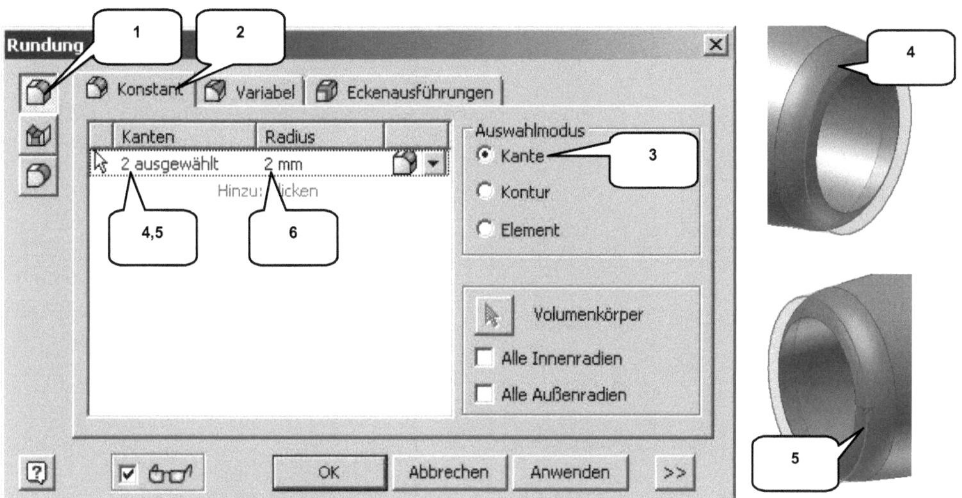

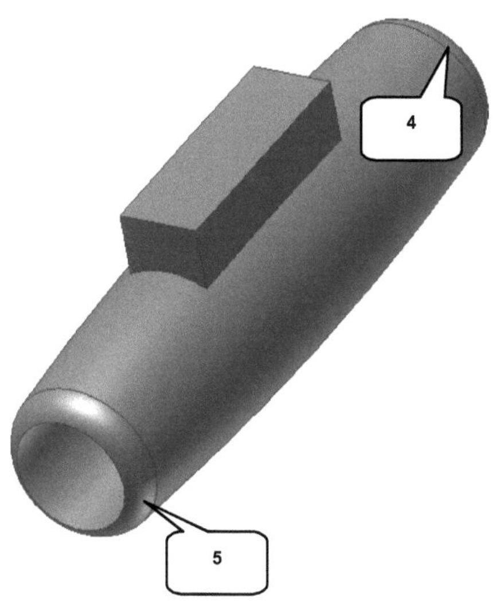

> ***Rundung***
> ➢ Option: Kantenabrundung (1)
> ➢ Reiter: Konstant (2)
> ➢ Auswahlmodus: Kante (3)
> ➢ Kanten: Zylinderkanten wählen (4, 5)
> ➢ Radius: [2 mm] (6)
> ➢ ***OK***

> ➢ ***Speichern***
> ➢ Dateiname: ***Turbinengehäuse***
> ➢ Dateityp: (*.ipt)
> ➢ ***Speichern***

> ➢ ***Datei schließen***

13 Bauteil: Turbineneinheit

13.1 Erstellen der neuen Datei und Zeichnen der ersten Kontur

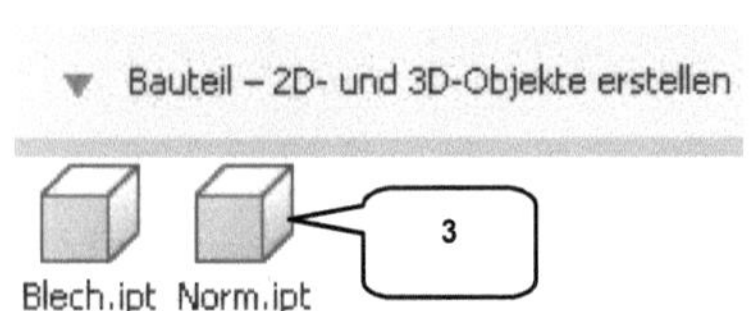

Im nächsten Schritt soll die **Turbineneinheit** konstruiert werden. Hierfür ist ein neues Bauteil zu erzeugen.

In der sich öffnenden Skizze sind die 3 Hauptachsen zu **projizieren** und eine Linienkontur aus 6 zusammenhängenden **Linien** zu zeichnen und zu bemaßen.

- ➤ **Register: Erste Schritte** (1)
- ➤ **Neu** (2)
- ➤ Vorlage: Norm.ipt (3)
- ➤ **ERSTELLEN**

- ➤ **Geometrie projizieren**
- ➤ Ordner **Ursprung** aufklappen
- ➤ 3 Hauptachsen wählen
- ➤ **Taste: ESC**

- ➤ **Linie**
- ➤ Linienkontur oberhalb der X-Achse und links neben der Y-Achse zeichnen wie dargestellt
- ➤ **Taste: ESC**

- ➤ **Bemaßung**
- ➤ Linien bemaßen wie dargestellt
- ➤ **Taste: ESC**

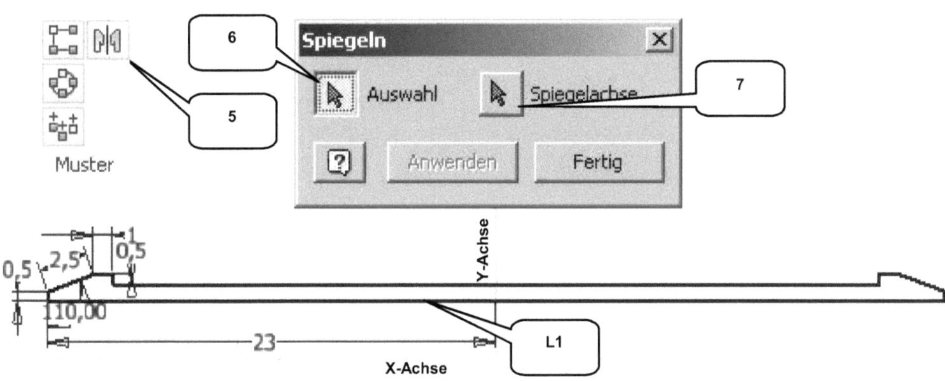

> *Abhängigkeit Koinzident* (4)
> Punkt (P1) wählen
> Projizierte Y-Achse wählen
> Punkt (P2) wählen
> Projizierte Y-Achse wählen
> *Taste: ESC*
> *Spiegeln* (5)

> Auswahl: Bei gedrückter linker Maustaste ein Fenster über die 6 Linien aufziehen (6)
> Spiegelachse: Y-Achse wählen (7)
> *ANWENDEN*
> *FERTIG*

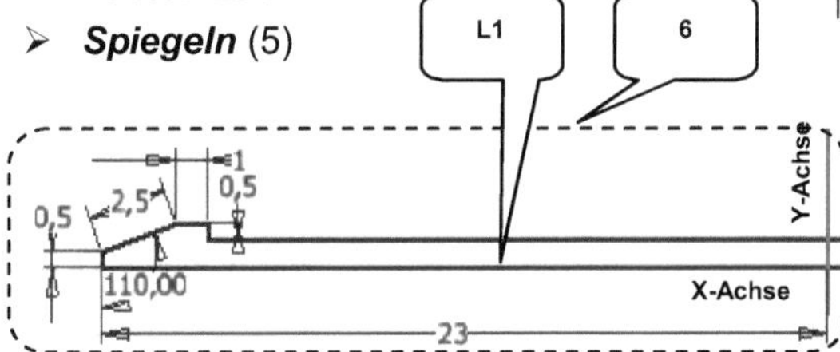

> *Rechte Maustaste* auf Linie (L1)
> Option: Kontur schließen
> Nacheinander alle Linien links und rechts neben der projizierten Y-Achse wählen, bis die Kontur geschlossen wurde
> *OK*

> *Abhängigkeit Kollinear* (8)
> Linie (L1) wählen
> Projizierte X-Achse wählen
> *Taste: ESC*

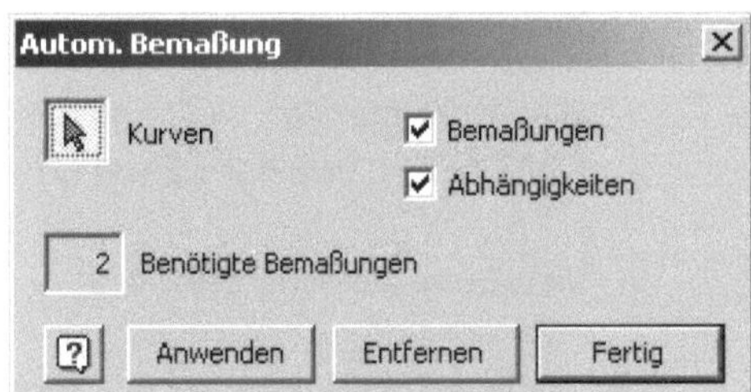

➢ **Automatisches Bemaßen** (9)	➢ **ANWENDEN** (falls verfügbar)
➢ Aktivieren: Bemaßungen	➢ **FERTIG**
➢ Aktivieren: Abhängigkeiten	➢ **Skizze fertig stellen**

13.2 Volumenkörper mittels Drehung erzeugen

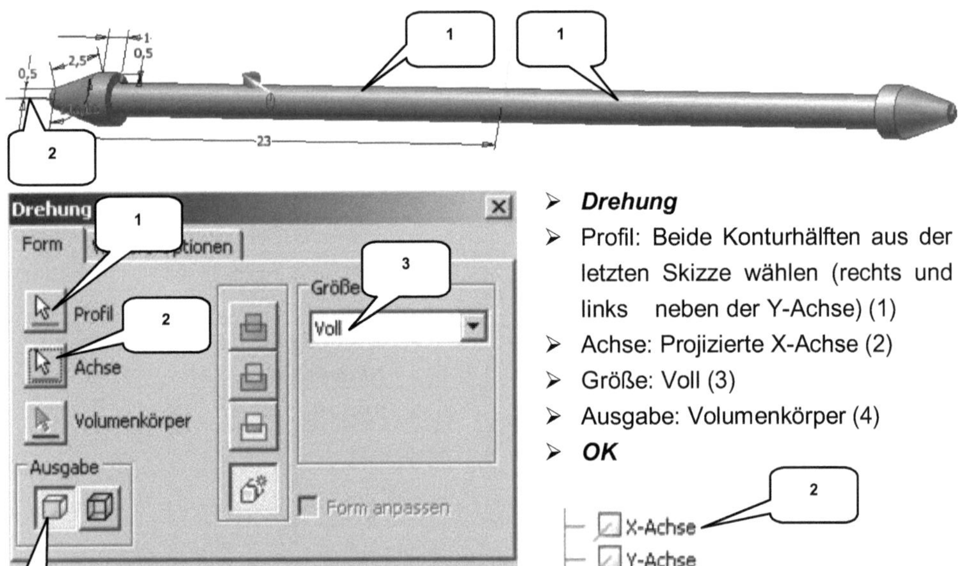

➢ **Drehung**

➢ Profil: Beide Konturhälften aus der letzten Skizze wählen (rechts und links   neben der Y-Achse) (1)

➢ Achse: Projizierte X-Achse (2)

➢ Größe: Voll (3)

➢ Ausgabe: Volumenkörper (4)

➢ **OK**

13.3 Zeichnen und Extrudieren einer weiteren Skizze

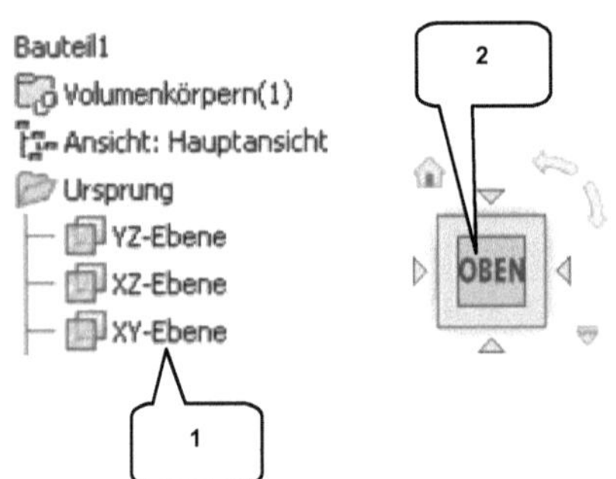

➢ **2D-Skizze starten**

➢ XY-Ebene im Browser wählen (1)

➢ **ViewCube-Ansicht: OBEN** (2)

Der nächste Schritt erfordert das Projizieren der Schnittkanten der XY-Ebene mit dem vorhandenen Volumenkörper: **Schnittkanten projizieren** (3). Dieser Befehl befindet sich hinter dem Befehl Geometrie projizieren.

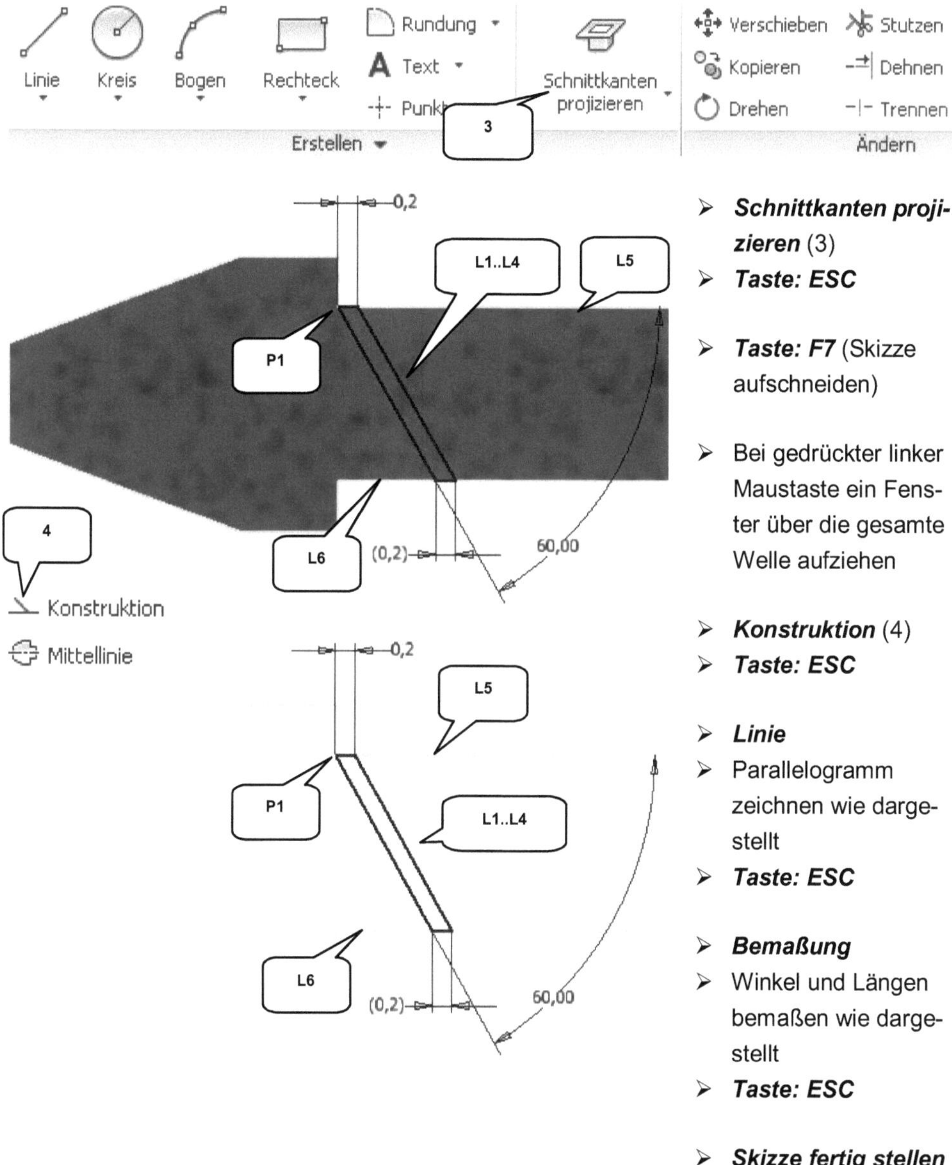

> **Schnittkanten proji-zieren** (3)
> **Taste: ESC**

> **Taste: F7** (Skizze aufschneiden)

> Bei gedrückter linker Maustaste ein Fens-ter über die gesamte Welle aufziehen

> **Konstruktion** (4)
> **Taste: ESC**

> **Linie**
> Parallelogramm zeichnen wie darge-stellt
> **Taste: ESC**

> **Bemaßung**
> Winkel und Längen bemaßen wie darge-stellt
> **Taste: ESC**

> **Skizze fertig stellen**

HINWEIS: Die beiden kurzen waagerechten Linien (Länge: 0,2 mm) sind kollinear auf die dahinter projizierten Linien der Welle (L5, L6) auszurichten. Der Punkt (P1) stellt die proji-zierte Ecke der Wellengeometrie dar.

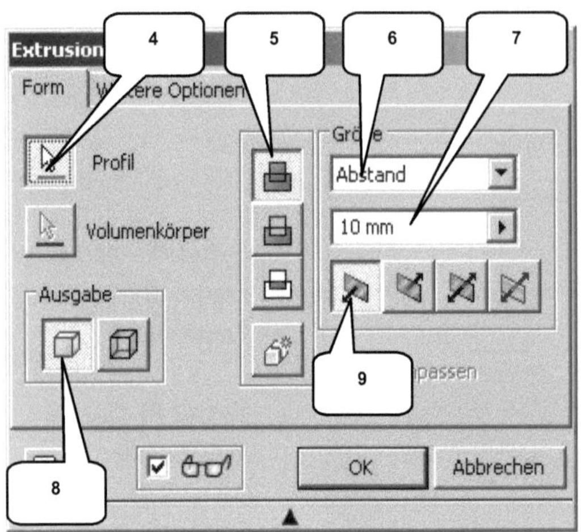

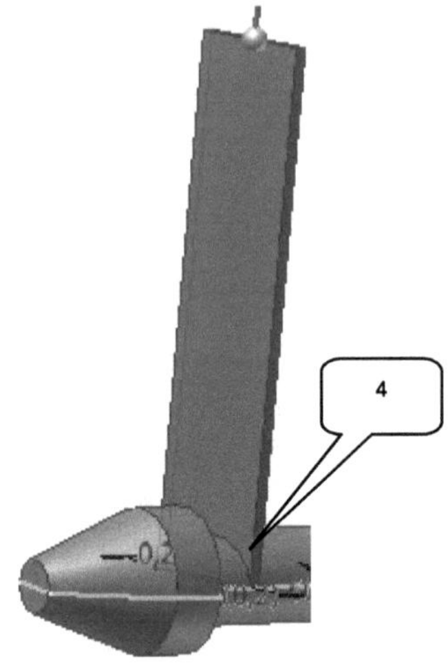

- ➢ **Extrusion**
- ➢ Profil: Parallelogramm (4)
- ➢ Verfahren: Vereinigung (5)
- ➢ Größe: Abstand (6)

- ➢ Wert: [10 mm] (7)
- ➢ Ausgabe: Volumenkörper (8)
- ➢ Richtung: Richtung 1 (9)
- ➢ **OK**

13.4 Weitere Elemente mittels runder Anordnung erzeugen

Weitere Elemente sind durch eine **runde Anordnung** um die X-Achse zu erzeugen.

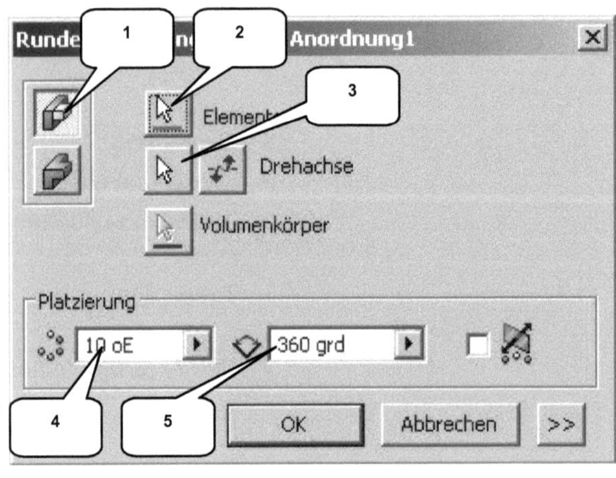

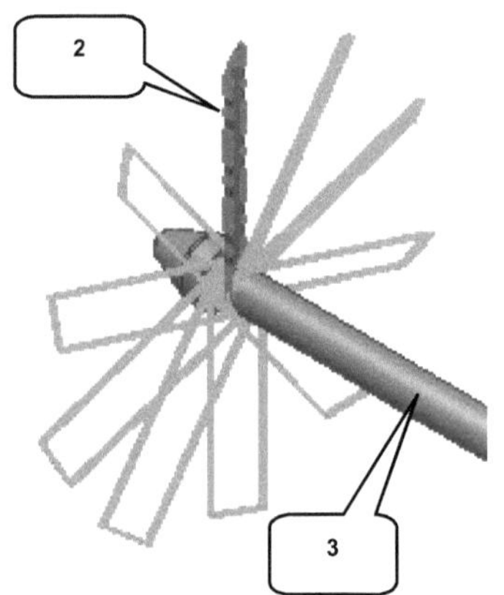

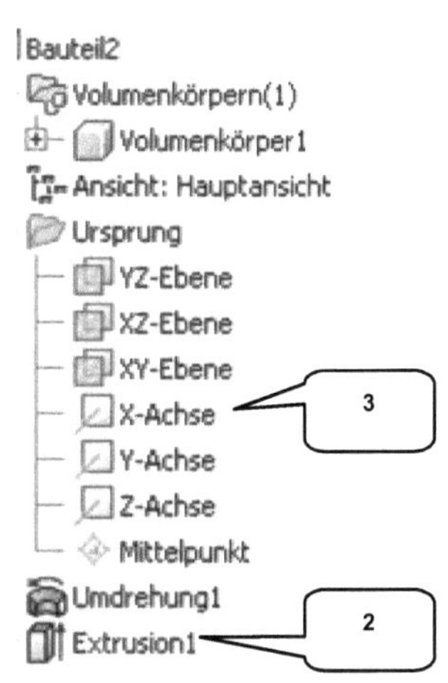

> ***Runde Anordnung***
> Option: Einzelne Elemente anordnen (1)
> Elemente: Letzte Extrusion im Browser wählen (2)
> Drehachse: X-Achse im Browser wählen (3)
> Anzahl: [10] (4)
> Winkel: [360°] (5)
> ***OK***

13.5 Erzeugen einer rechteckigen Anordnung

Die soeben erzeugte Anordnung muss nun auch auf die gegenüberliegende Seite der Welle übertragen werden. Hier ist der Befehl ***Rechteckige Anordnung*** (1) zu verwenden.

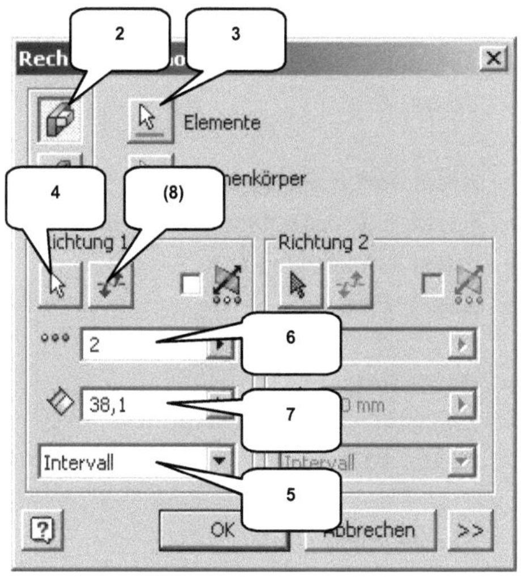

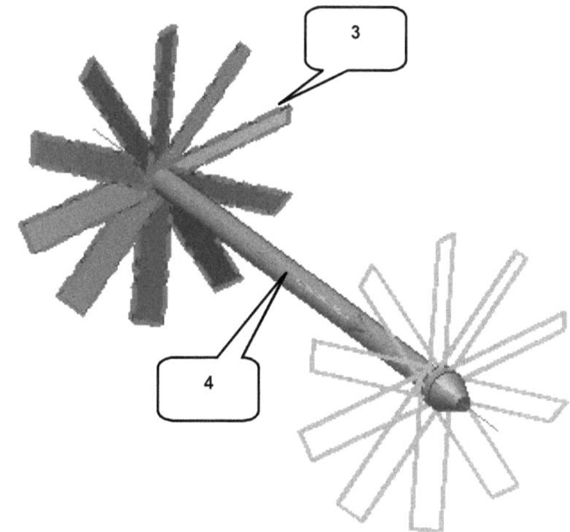

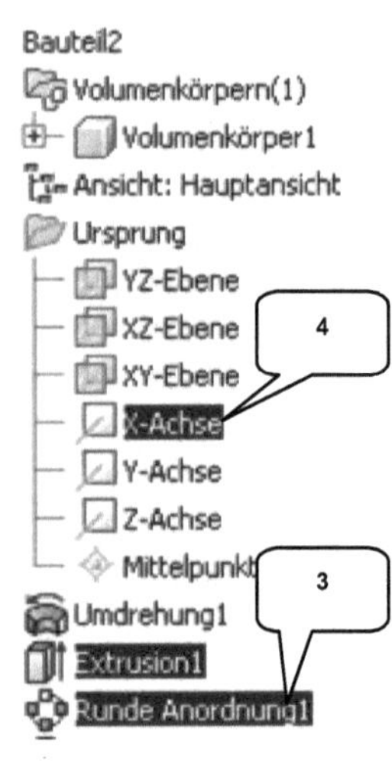

> ***Rechteckige Anordnung*** (1)
> Option: Einzelne Elemente anordnen (2)
> Elemente: Runde Anordnung im Browser wählen (3)
> Richtung 1: X-Achse (4)
> Option: Intervall (5)
> Anzahl: [2] (6)
> Abstand: [38,1 mm] (7)
> ***OK***

HINWEIS: Die Anordnung muss entlang der X-Achse und in Richtung des vorhandenen Volumenkörpers verlaufen. Die durch die Anordnung erzeugte Kopie muss also auf der gegenüberliegenden Wellenseite liegen. Sollte dies nicht der Fall sein, kann mit der Taste ***Umschalten*** (8) korrigiert werden.

13.6 Erzeugen einer Schnittmengen-Geometrie

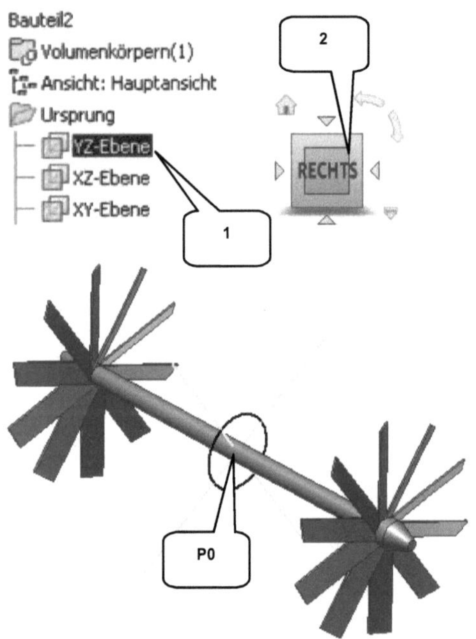

> ***2D-Skizze starten***
> YZ-Ebene im Browser wählen (1)

> ***ViewCube-Ansicht: RECHTS*** (2)
> ***Taste: F7*** (Skizze aufschneiden)

> ***Geometrie projizieren***
> 3 Hauptachsen wählen
> ***Taste: ESC***

> ***Kreis durch Mittelpunkt***
> Punkt 1: Koordinatenursprung (P0)
> Punkt 2: Frei ablegen
> ***Taste: ESC***

> ***Bemaßung***
> Kreisdurchmesser: [7 mm]
> ***Taste: ESC***

> ***Skizze fertig stellen***

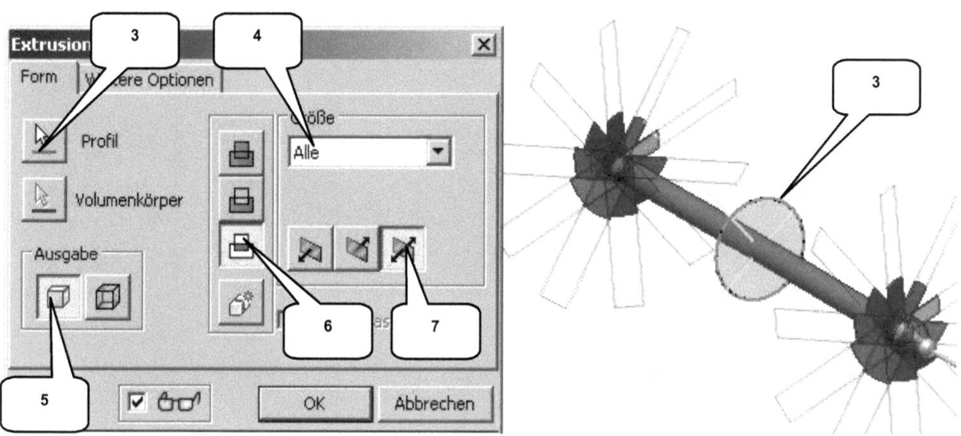

- ➤ ***Extrusion***
- ➤ Profil: Kreis (3)
- ➤ Größe: Alle (4)
- ➤ Ausgabe: Volumenkörper (5)
- ➤ Verfahren: Schnittmenge (6)
- ➤ Richtung: Symmetrisch (7)
- ➤ ***OK***

13.7 Runden der beiden Wellenenden

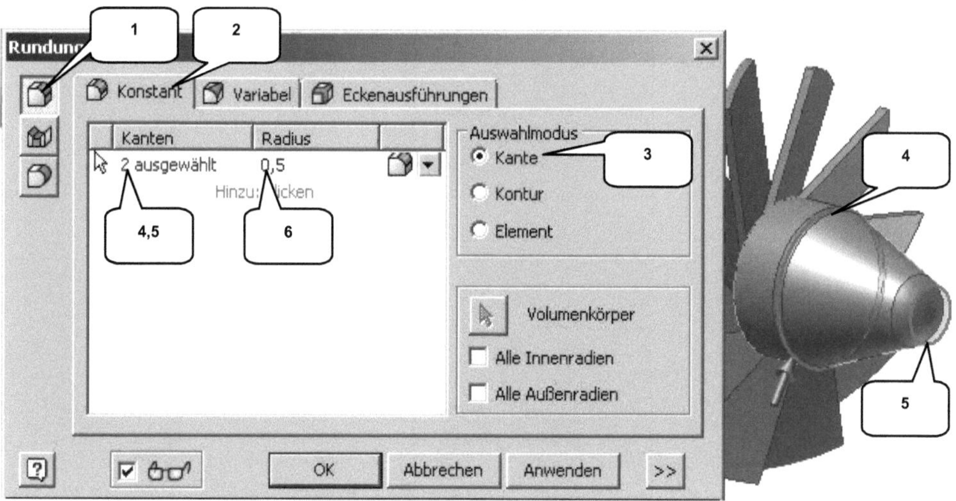

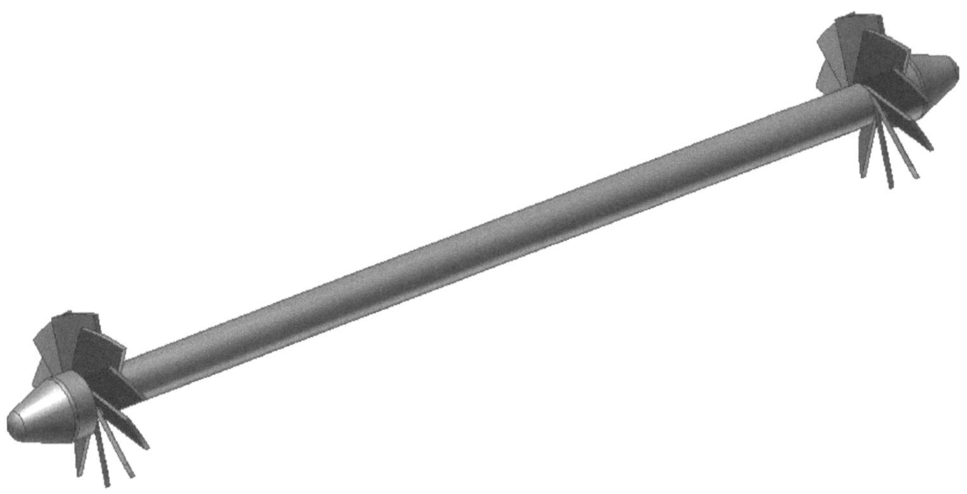

> ***Rundung***
> ➢ Option: Kantenabrundung (1)
> ➢ Reiter: Konstant (2)
> ➢ Auswahlmodus: Kante (3)

> ➢ Kanten: Kanten wählen (4, 5)
> ➢ Radius: [0,5 mm] (6)
> ➢ ***OK***

Die beiden auf der gegenüberliegenden Seite der Welle noch vorhandenen Kanten sind ebenfalls zu runden. Das Bauteil ***Turbineneinheit*** kann somit gespeichert und danach geschlossen werden.

> ***Speichern***
> ➢ Dateiname: ***Turbineneinheit***
> ➢ Dateityp: (*.ipt)

> ➢ ***Speichern***
>
> ➢ ***Datei schließen***

14 Baugruppe: Hubschrauber

14.1 Erstellen der neuen Datei und Platzieren des ersten Bauteils

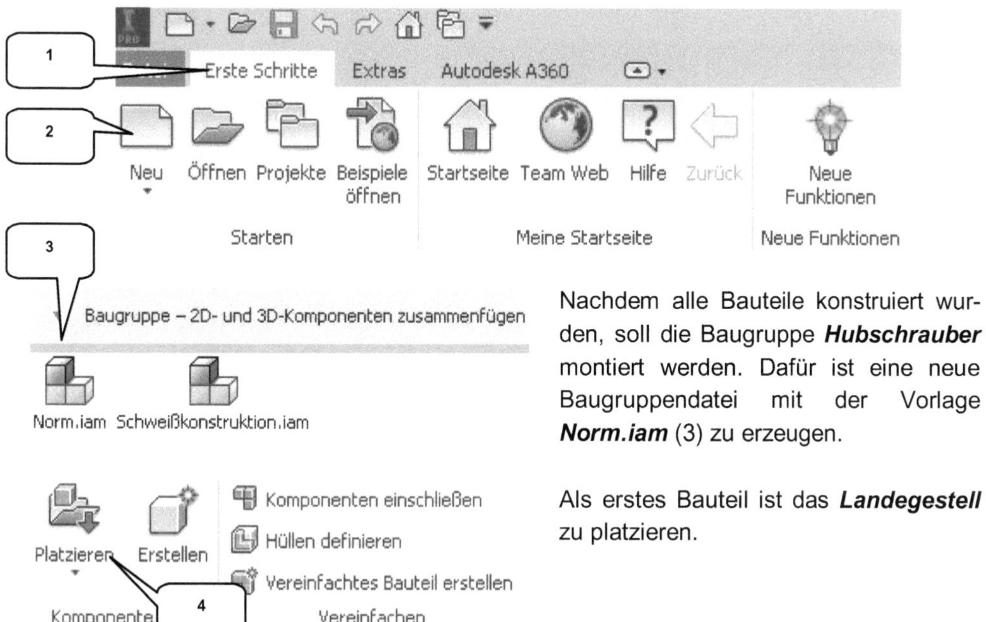

Nachdem alle Bauteile konstruiert wurden, soll die Baugruppe **Hubschrauber** montiert werden. Dafür ist eine neue Baugruppendatei mit der Vorlage **Norm.iam** (3) zu erzeugen.

Als erstes Bauteil ist das **Landegestell** zu platzieren.

Das Importieren von Bauteilen oder Unterbaugruppen in eine Baugruppe erfolgt über den Befehl **Komponente platzieren** (4). Hierbei ist zu beachten, dass die als erste in eine Baugruppe eingefügte Komponente (Bauteil/ Baugruppe) auf den Ursprungspunkt der Baugruppe ausgerichtet werden sollte. Das bedeutet, dass das Koordinatensystem der eingefügten Komponente auf das Koordinatensystem der Baugruppe ausgerichtet und anschließend vom Programm festgesetzt wird. Günstig ist es daher, als erstes eine Komponente einzufügen, welche nicht beweglich sein muss und auf welcher alle anderen Komponenten aufbauen können: eine Basiskomponente.

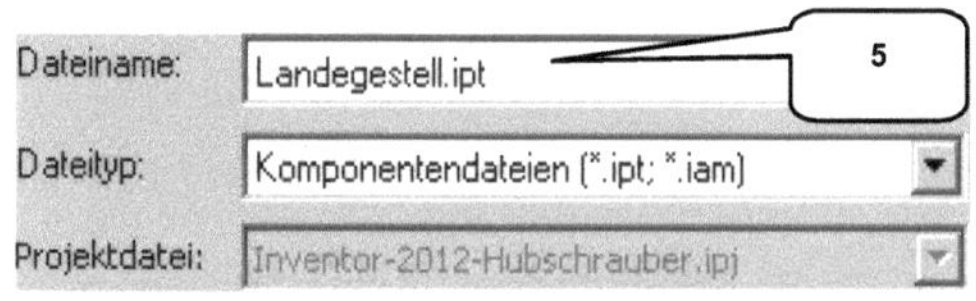

> **Komponente platzieren** (4)
> Dateiname: [Landegestell] (5)
> **ÖFFNEN**
> Rechte Maustaste > Option **Am Ursprung fixiert platzieren** wählen
> **Taste: ESC**

14.2 Platzieren der restlichen Bauteile

Jetzt sind die restlichen Bauteile in die Baugruppe einzufügen. Bei gedrückter *Taste: STRG* können alle restlichen Bauteile nacheinander mit der linken Maustaste markiert werden.

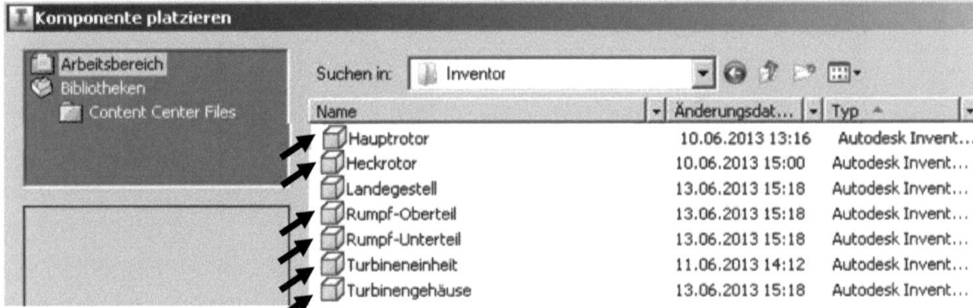

> *Komponente platzieren*

> Bei gedrückter *Taste: STRG* mit linker Maustaste die folgenden Bauteile wählen: Hauptrotor, Heckrotor, Rumpf-Oberteil, Rumpf-Unterteil, Turbineneinheit, Turbinengehäuse

> *ÖFFNEN*

> Bauteile einmal im Zeichenbereich mit linker Maustaste frei ablegen

> *Taste: ESC*

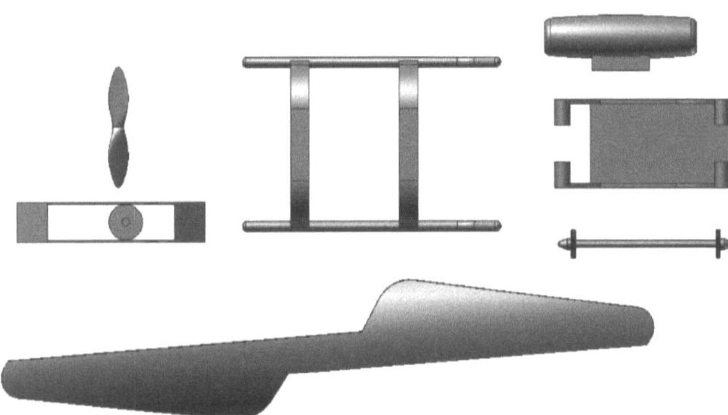

HINWEIS: Die erste in eine Baugruppe eingefügte Basiskomponente sollte am Koordinatenursprungspunkt der Baugruppe ausgerichtet werden (*rechte Maustaste > Am Ursprung fixiert platzieren*). Alle folgenden Bauteile können frei mit der linken Maustaste im Zeichenbereich abgelegt werden. Deren Ausrichtung erfolgt anschließend.

14.3 Bauteil: Rumpf-Unterteil mit Abhängigkeiten versehen

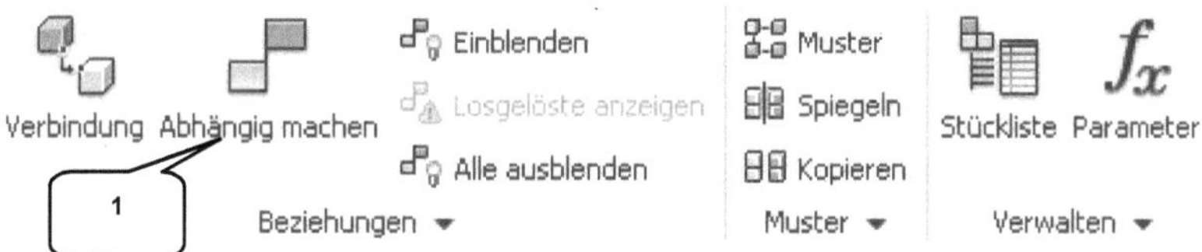

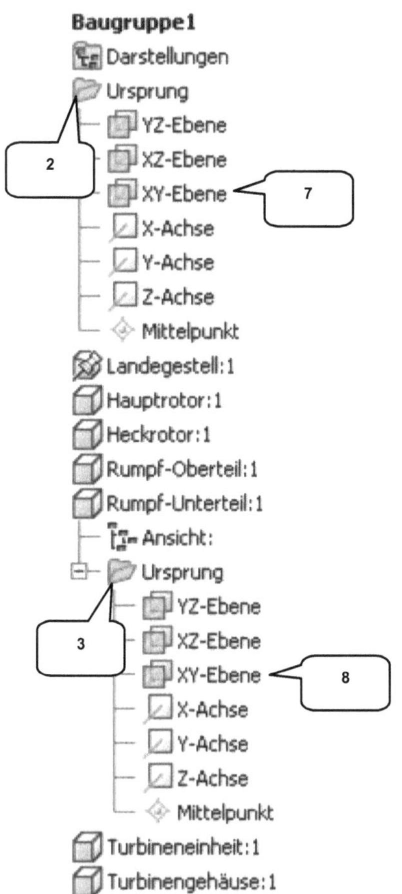

Werden Komponenten in eine Baugruppe eingefügt und frei abgelegt, so besitzen sie insgesamt sechs Freiheitsgrade. Diese Freiheitsgrade setzen sich zusammen aus den drei linearen Bewegungen entlang der Hauptachsen der Komponente (T_X, T_Y, T_Z) sowie den Rotationen um die Achsen (R_X, R_Y, R_Z).

Mit dem Befehl **Abhängig machen** (1) werden frei bewegliche Komponenten in diesen Freiheitsgraden eingeschränkt, indem nacheinander Achsen, Kanten Flächen, Ebenen auf geometrische Elemente anderer Bauteile oder der Baugruppe platziert werden.

Als erstes Bauteil soll das **Rumpf-Unterteil** mit Abhängigkeiten versehen werden. Hierfür müssen im Browser der Ordner **Ursprung** der Baugruppe (2) sowie der Ordner **Ursprung** des Bauteils **Rumpf-Unterteil** (3) aufgeklappt werden. Dann soll die XY-Ebene des Bauteils **Rumpf-Unterteil** (8) auf der XY-Ebene der Baugruppe (7) platziert werden.

➢ Ordner **Ursprung** der Baugruppe aufklappen (2)
➢ Ordner **Ursprung** des Bauteils **Rumpf-Unterteil** aufklappen (3)

HINWEIS: Besonders am Anfang muss das Setzen von Abhängigkeiten geübt werden. Nach jeder gesetzten Abhängigkeit sollte der Befehl **Abhängig machen** geschlossen werden und anschließend bei gedrückter linker Maustaste auf das betreffende Bauteil und dem Bewegen der Maus geprüft werden, ob die Abhängigkeiten richtig gesetzt wurden. Das Bauteil sollte sich dann nur noch begrenzt bewegen lassen.

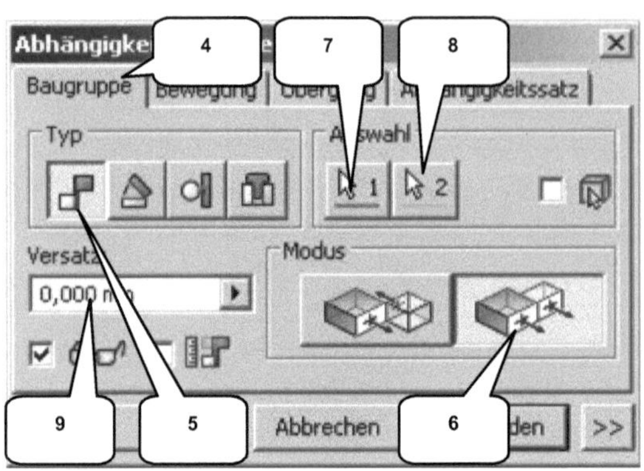

> ➢ **Abhängig machen** (1)
> ➢ Reiter: Baugruppe (4)
> ➢ Typ: Passend (5)
> ➢ Modus: Fluchtend (6)
> ➢ Auswahl 1: XY-Ebene (Baugruppe) (7)
> ➢ Auswahl 2: XY-Ebene (Rumpf-Unterteil) (8)
> ➢ Versatz: [0 mm] (9)
> ➢ **OK**

Die folgenden beiden Abhängigkeiten sollen Flächen des Bauteils **Rumpf-Unterteil** mit Flächen des Bauteils **Landegestell** verbinden. Die Ansicht ist entsprechend zu drehen.

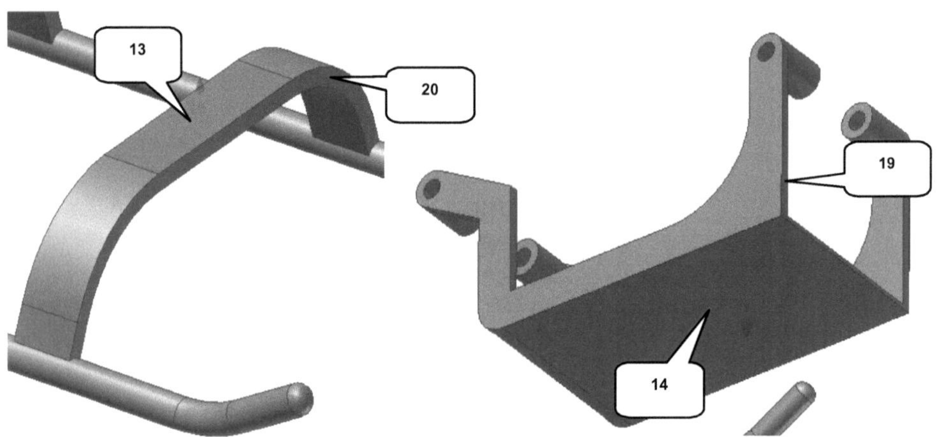

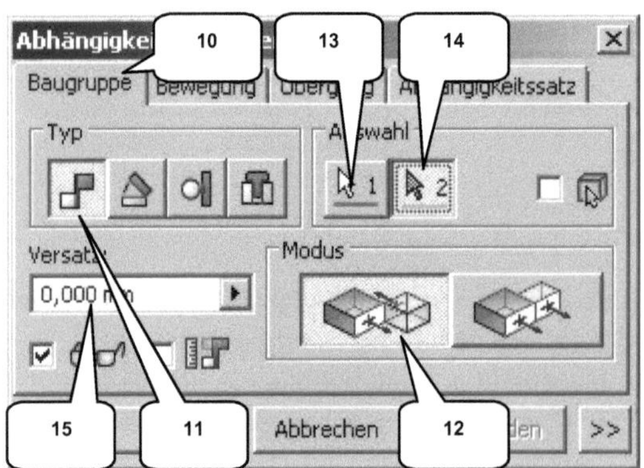

> ➢ **Abhängig machen**
> ➢ Reiter: Baugruppe (10)
> ➢ Typ: Passend (11)
> ➢ Modus: Passend (12)
> ➢ Auswahl 1: Markierte Fläche (13)
> ➢ Auswahl 2: Markierte Fläche (14)
> ➢ Versatz: [0 mm] (15)
> ➢ **OK**

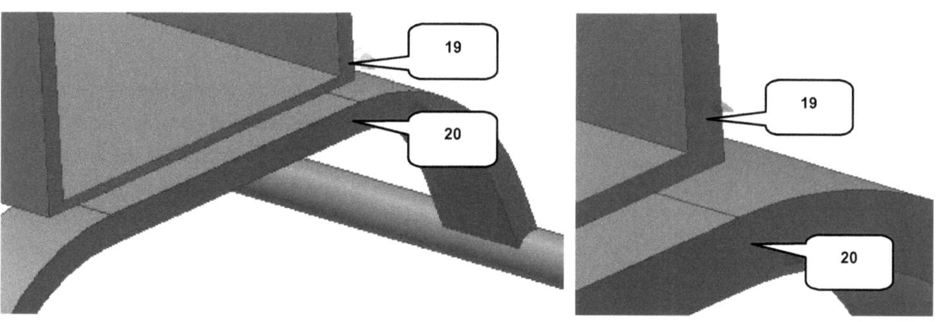

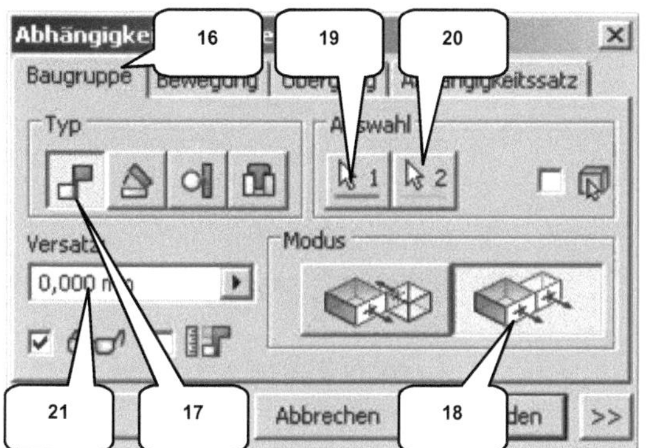

> ***Abhängig machen***
> Reiter: Baugruppe (16)
> Typ: Passend (17)
> Modus: Fluchtend (18)
> Auswahl 1: Markierte Fläche (19)
> Auswahl 2: Markierte Fläche (20)
> Versatz: [0 mm] (21)
> ***OK***

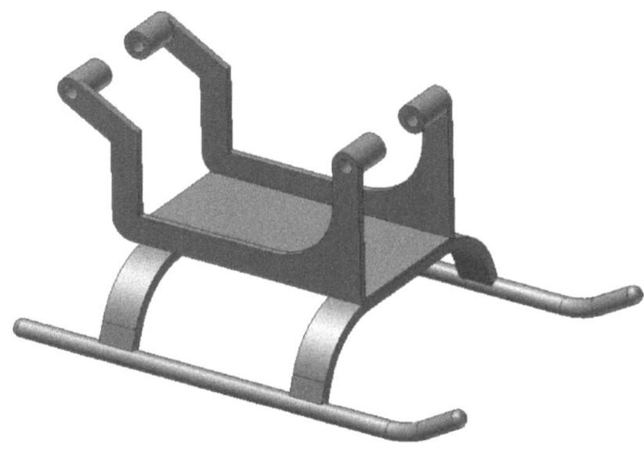

Das Bauteil ***Rumpf-Unterteil*** müsste jetzt unbeweglich sein. Beim Versuch das Bauteil mit der Maus zu bewegen, erscheint ein kleines Symbol mit einem durchgestrichenen Kreis.

HINWEIS: Werden Komponenten in einer Baugruppe mit Abhängigkeiten versehen, werden diese Abhängigkeiten im Browser unterhalb der Komponente abgelegt (22). Diese können hier bearbeitet (Option ***Bearbeiten*** der ***rechten Maustaste***) oder gelöscht werden (Option ***Löschen*** der ***rechten Maustaste***).

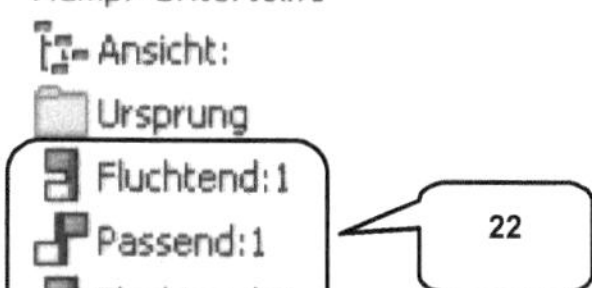

14.4 Bauteil: Rumpf-Oberteil mit Abhängigkeiten versehen

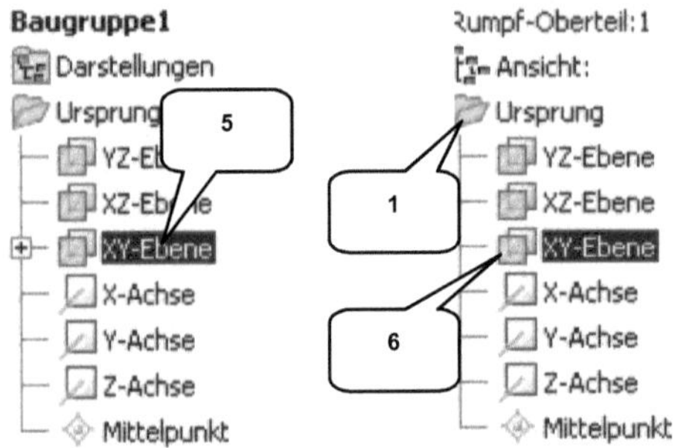

Mit den nächsten Abhängigkeiten soll das Bauteil **Rumpf-Oberteil** in Lage und Position definiert werden. Vorab ist auch hier der Ordner **Ursprung** dieses Bauteils zu öffnen.

> Ordner **Ursprung** (Bauteil Rumpf-Oberteil) erweitern (1)

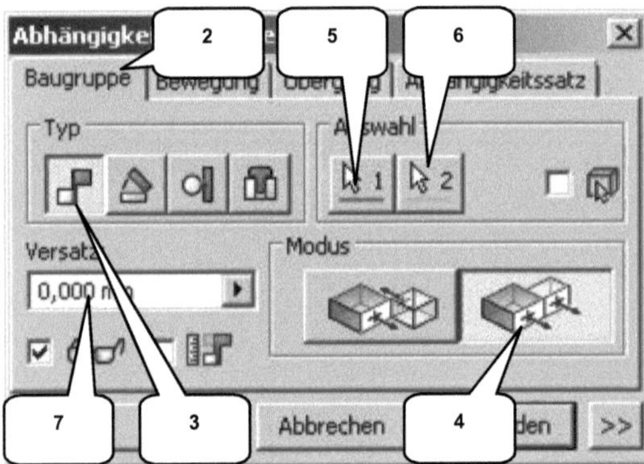

> **Abhängig machen**
> Reiter: Baugruppe (2)
> Typ: Passend (3)
> Modus: Fluchtend (4)
> Auswahl 1: XY-Ebene (Baugruppe) (5)
> Auswahl 2: XY-Ebene (Rumpf-Oberteil) (6)
> Versatz: [0 mm] (7)
> **OK**

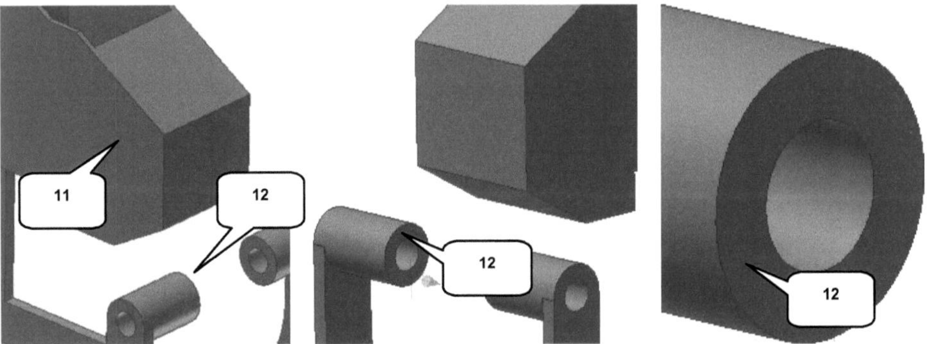

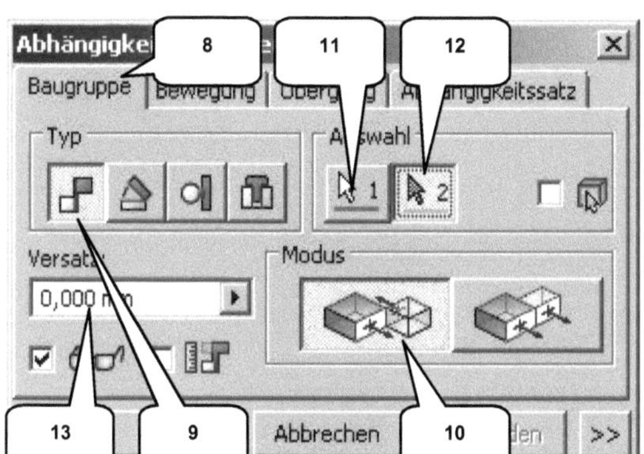

> **Abhängig machen**
> Reiter: Baugruppe (8)
> Typ: Passend (9)
> Modus: Passend (10)
> Auswahl 1: Markierte Fläche (11)
> Auswahl 2: Markierte Fläche (12)
> Versatz: [0 mm] (13)
> **OK**

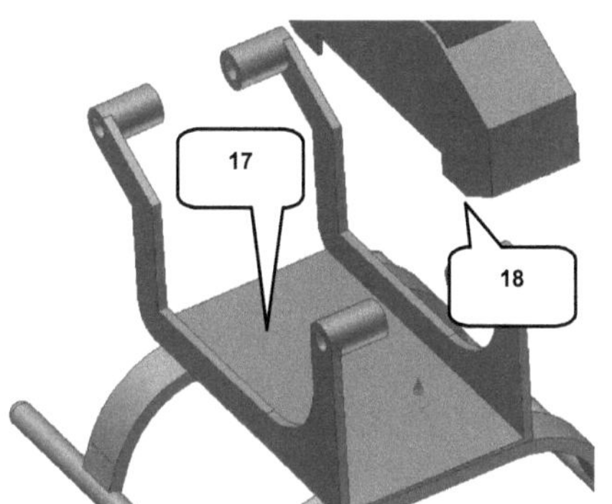

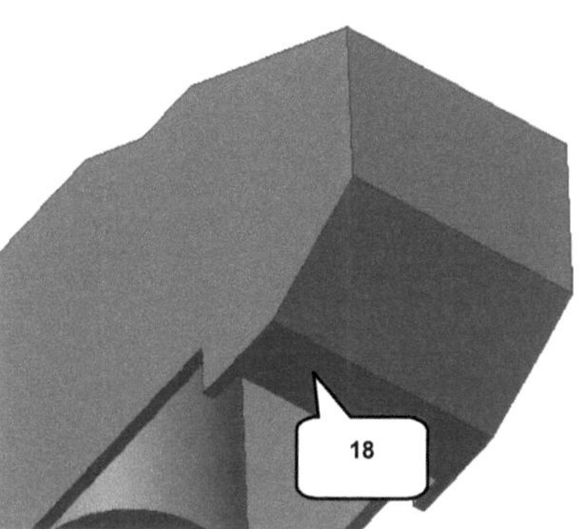

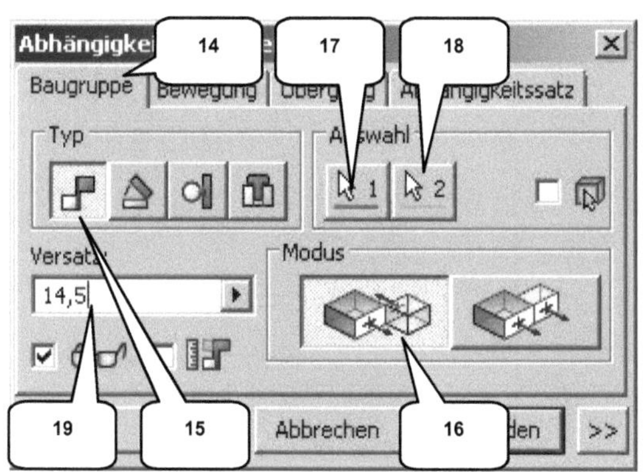

> **Abhängig machen**
> Reiter: Baugruppe (14)
> Typ: Passend (15)
> Modus: Passend (16)
> Auswahl 1: Markierte Fläche (17)
> Auswahl 2: Markierte Fläche (18)
> Versatz: [**14,5 mm**] (19)
> **OK**

HINWEIS: Beim Setzen der letzten Abhängigkeit ist darauf zu achten, den **Versatz** auf **14,5 mm** einzustellen. Auch bei den folgenden Abhängigkeiten sollte stets auf die Angabe des Wertes für den Versatz geachtet werden, da dieser teilweise von 0 abweicht.

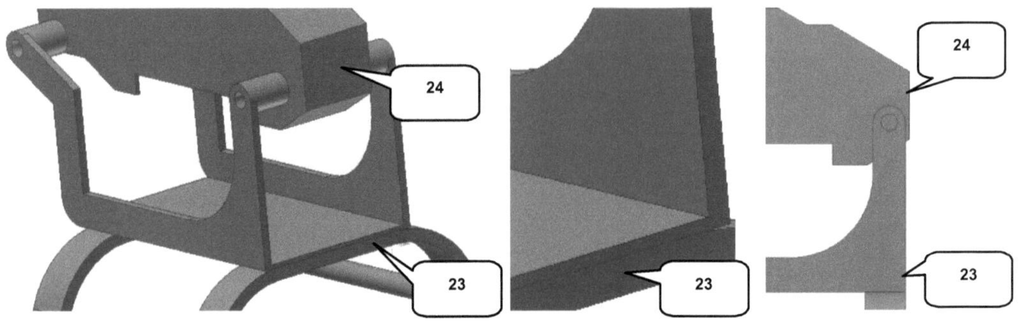

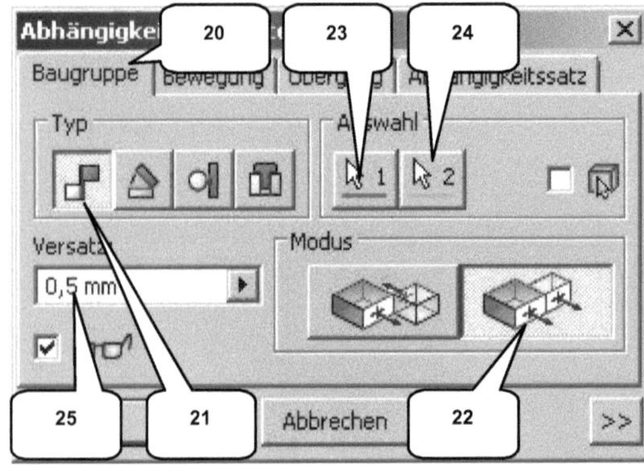

- ➢ **Abhängig machen**
- ➢ Reiter: Baugruppe (20)
- ➢ Typ: Passend (21)
- ➢ Modus: Fluchtend (22)
- ➢ Auswahl 1: Markierte Fläche (23)
- ➢ Auswahl 2: Markierte Fläche (24)
- ➢ Versatz: [*0,5 mm*] (25)
- ➢ **OK**

<u>**HINWEIS:**</u> In der Ansicht: **OBEN** (*ViewCube*) muss das Bauteil **Rumpf-Oberteil** um **0,5 mm** nach rechts über das Bauteil **Rumpf-Unterteil** hinausragen (siehe obere Abbildung). Sollte dies nicht der Fall sein (verkehrte Richtung) ist der Versatz auf **-0,5 mm** zu korrigieren.

Vor dem Setzen der nächsten Abhängigkeiten ist die Baugruppe zu speichern. Als Dateiname ist die Bezeichnung **Hubschrauber** zu verwenden. Der Dateityp ist *.iam*.

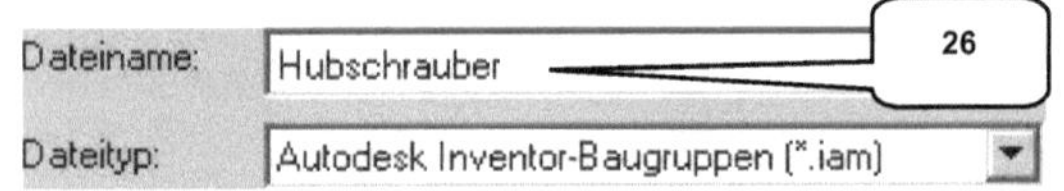

- ➢ **Speichern**
- ➢ Dateiname: **Hubschrauber** (26)
- ➢ Dateityp: (*.iam)
- ➢ **Speichern**

14.5 Bauteil: Turbinengehäuse mit Abhängigkeiten versehen

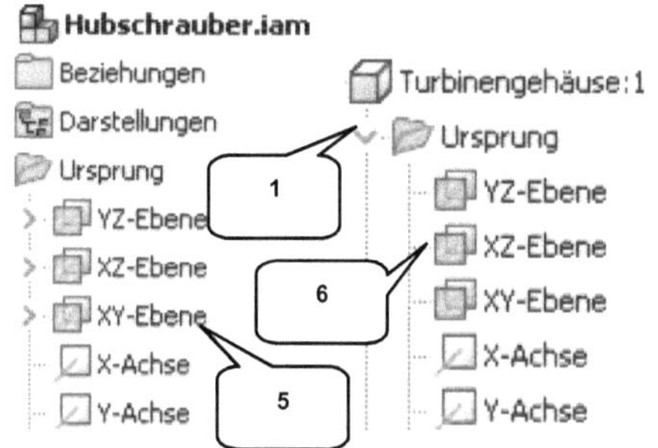

Mit den nächsten Abhängigkeiten soll das Bauteil **Turbinengehäuse** in Lage und Position definiert werden. Vorab ist auch hier der Ordner **Ursprung** des Bauteils zu öffnen.

➢ Ordner **Ursprung** des Bauteils **Turbinengehäuse** aufklappen (1)

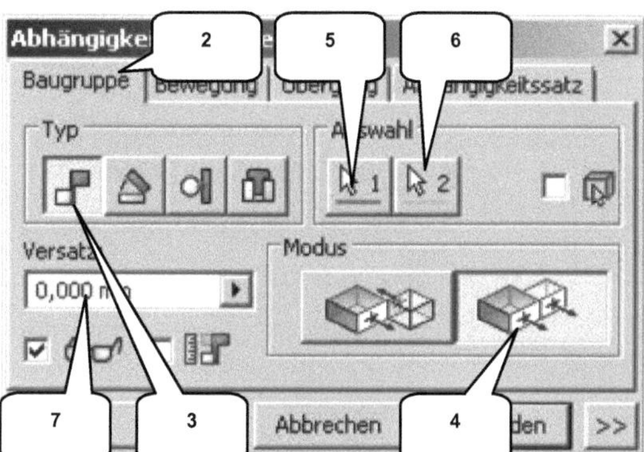

➢ **Abhängig machen**
➢ Reiter: Baugruppe (2)
➢ Typ: Passend (3)
➢ Modus: Fluchtend (4)
➢ Auswahl 1: XY-Ebene (Baugr.) (5)
➢ Auswahl 2: XZ-Ebene (Turbinengehäuse) (6)
➢ Versatz: [0 mm] (7)
➢ **OK**

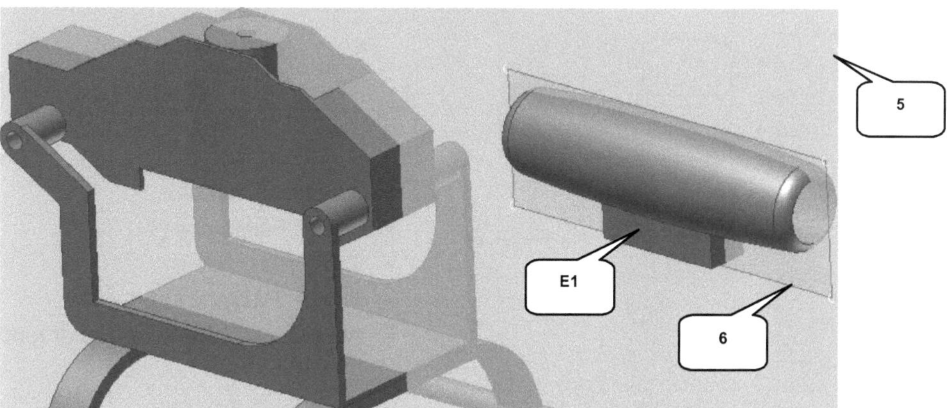

HINWEIS: Das Turbinengehäuse muss wie in der oberen Abbildung dargestellt angeordnet sein. Das lineare Extrusionselement (E1) des Turbinengehäuses sollte nach unten zeigen. Wenn nicht, ist der Modus der Abhängigkeit von **Fluchtend** auf **Passend** zu korrigieren.

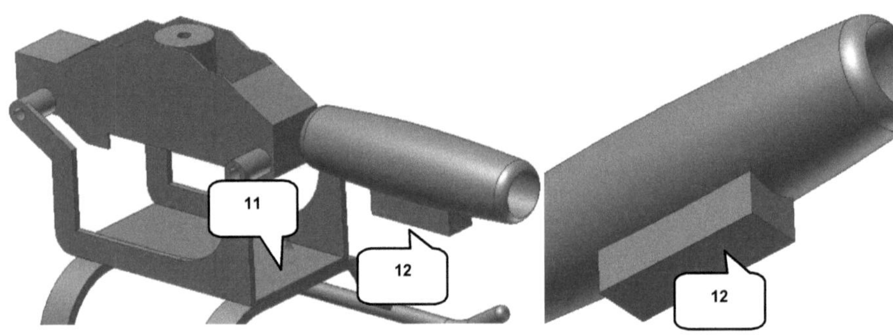

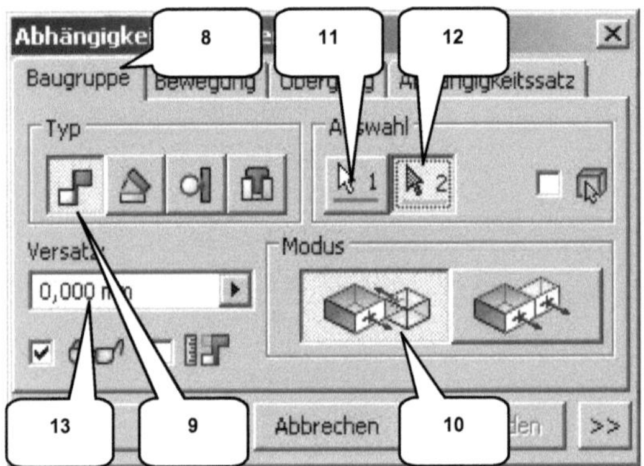

> ***Abhängig machen***
> Reiter: Baugruppe (8)
> Typ: Passend (9)
> Modus: Passend (10)
> Auswahl 1: Markierte Fläche (11)
> Auswahl 2: Markierte Fläche (12)
> Versatz: [0 mm] (13)
> ***OK***

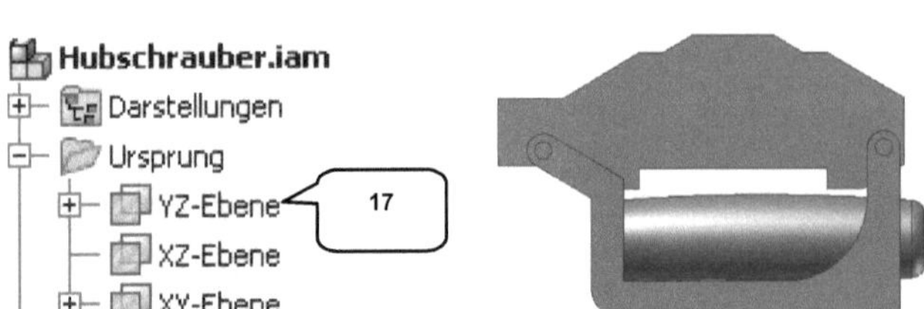

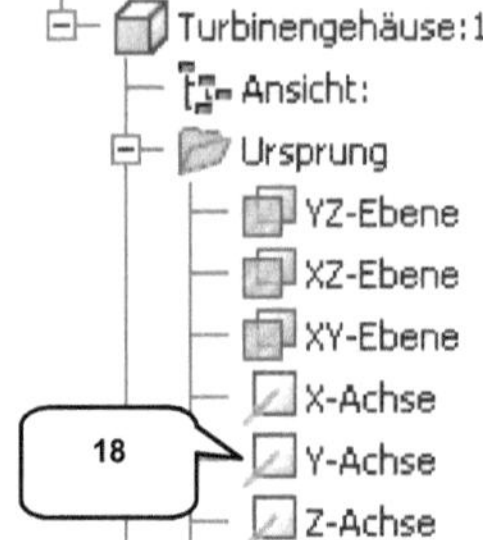

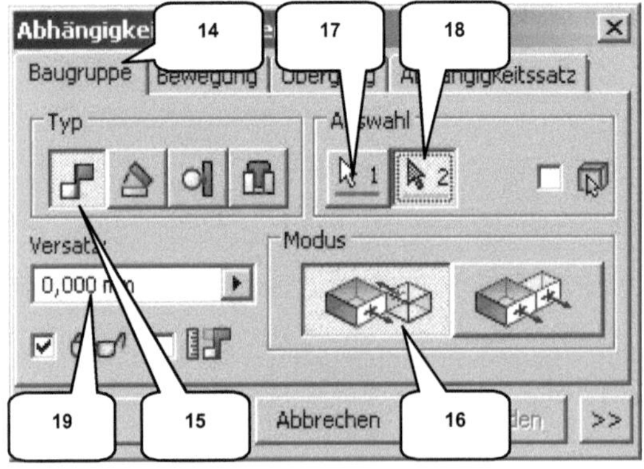

> ***Abhängig machen***
> Reiter: Baugruppe (14)
> Typ: Passend (15)
> Modus: Passend (16)
> Auswahl 1: YZ-Ebene (Baugruppe) (17)
> Auswahl 2: Y-Achse (Turbinengehäuse) (18)
> Versatz: [0 mm] (19)
> ***OK***

14.6 Bauteil: Turbineneinheit mit Abhängigkeiten versehen

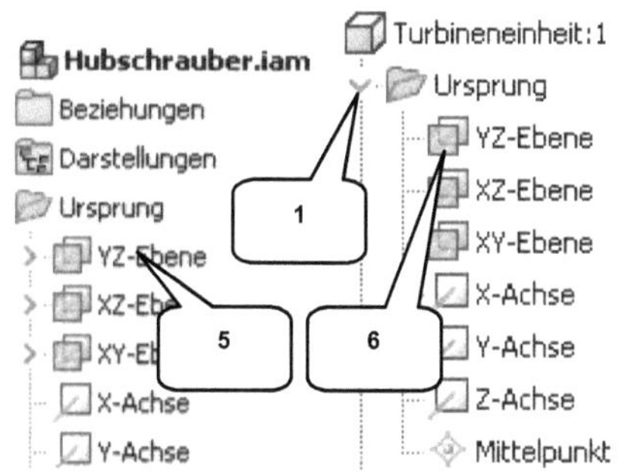

Mit den nächsten Abhängigkeiten soll das Bauteil **Turbineneinheit** in Lage und Position definiert werden. Vorab ist auch hier der Ordner **Ursprung** des Bauteils zu erweitern.

> Ordner **Ursprung** des Bauteils **Turbineneinheit** erweitern (1)

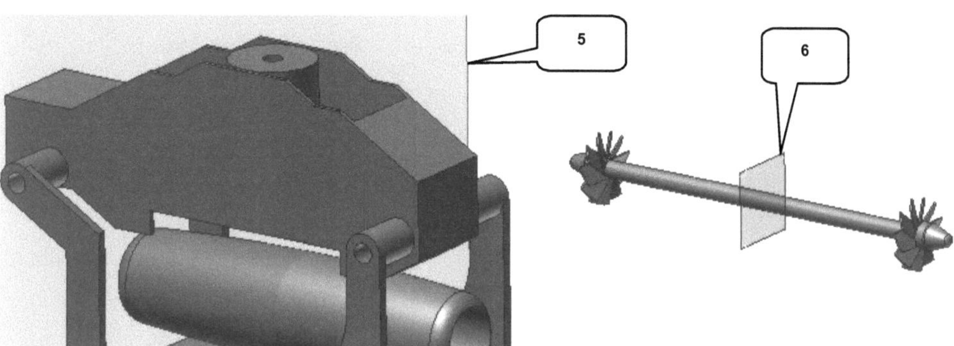

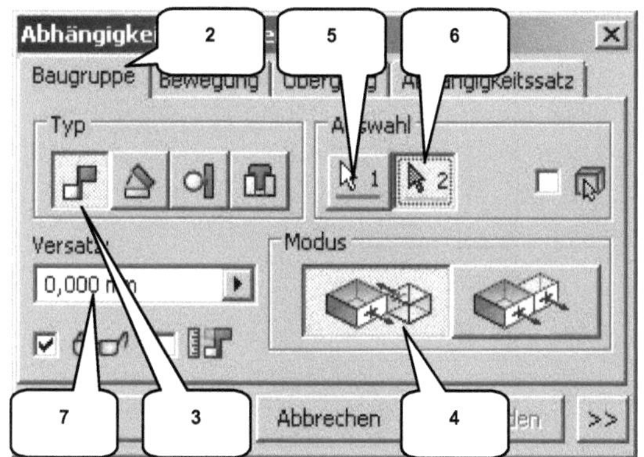

> **Abhängig machen**
> Reiter: Baugruppe (2)
> Typ: Passend (3)
> Modus: Passend (4)
> Auswahl 1: YZ-Ebene (Baugr.) (5)
> Auswahl 2: YZ-Ebene (Turbineneinheit) (6)
> Versatz: [0 mm] (7)
> **OK**

HINWEIS: Mit einer axialen Abhängigkeit soll die Längsachse der Turbineneinheit mit der Längsachse des Turbinengehäuses verbunden werden. Hierbei genügt es, auf die zylindrischen Oberflächen der Bauteile zu klicken. Das Programm wählt die dazugehörige Achse automatisch aus.

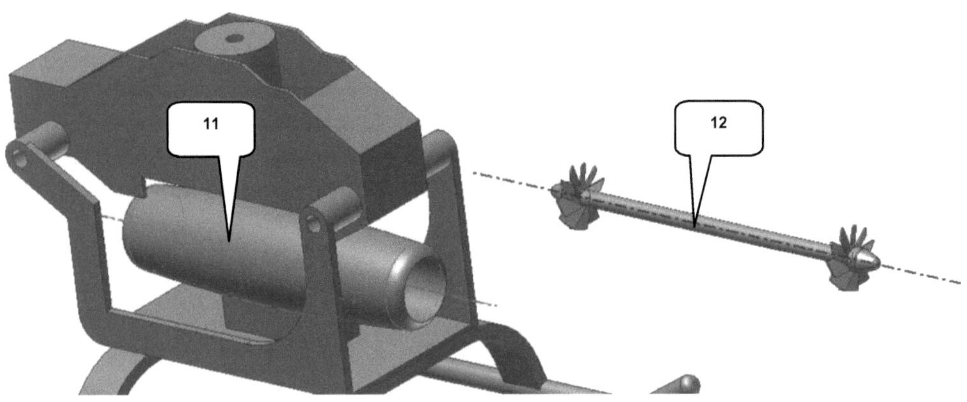

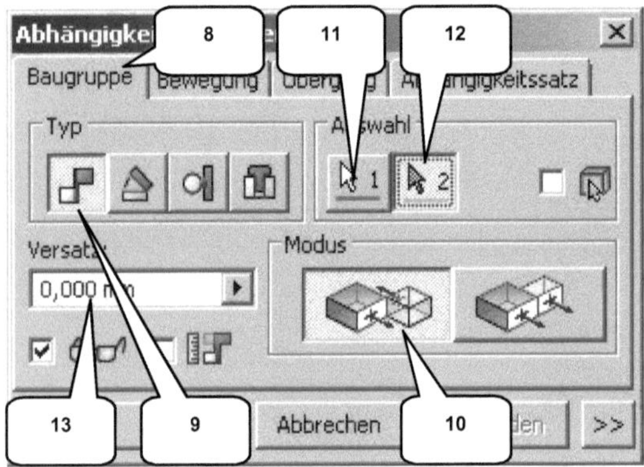

- ➤ **Abhängig machen**
- ➤ Reiter: Baugruppe (8)
- ➤ Typ: Passend (9)
- ➤ Modus: Passend (10)
- ➤ Auswahl 1: Mantelfläche (Turbinengehäuse) (11)
- ➤ Auswahl 2: Welle (Turbineneinheit) (12)
- ➤ Versatz: [0 mm] (13)
- ➤ **OK**

14.7 Bauteil: Hauptrotor mit Abhängigkeiten versehen

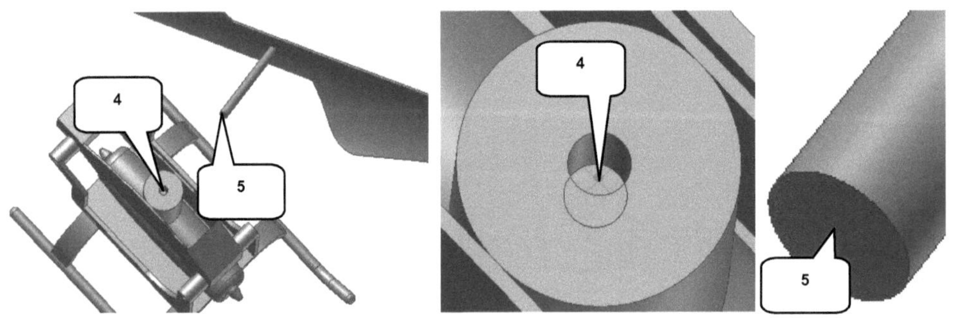

Um den **Hauptrotor** befestigen zu können muss zuerst dessen Ordner **Ursprung** erweitert werden.

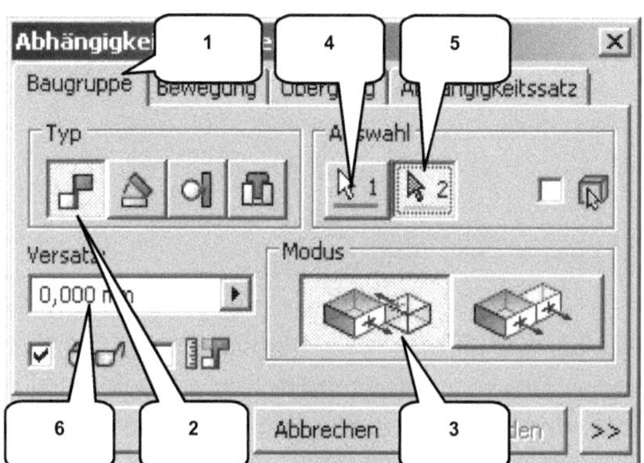

> *Abhängig machen*
> Reiter: Baugruppe (1)
> Typ: Passend (2)
> Modus: Passend (3)
> Auswahl 1: Markierte Bohrungs-
>   fläche (Rumpf-Oberteil) (4)
> Auswahl 2: Markierte Fläche
>   (Hauptrotor) (5)
> Versatz: [0 mm] (6)
> *OK*

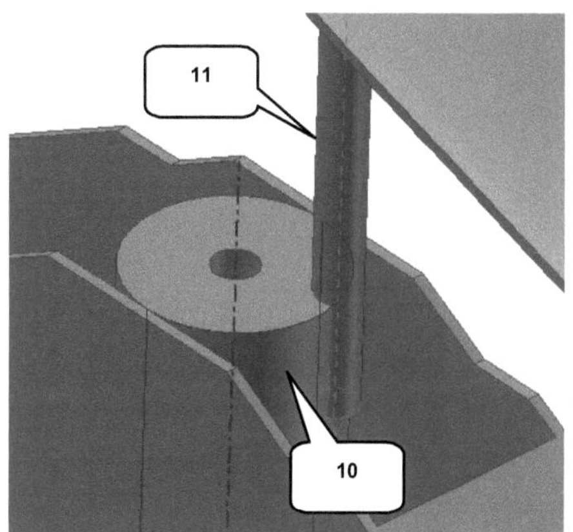

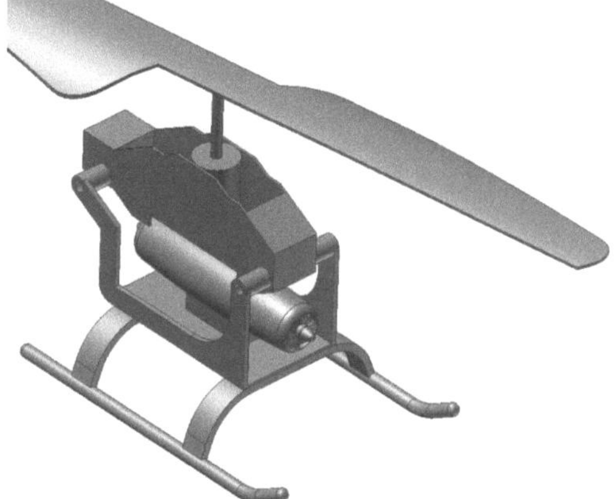

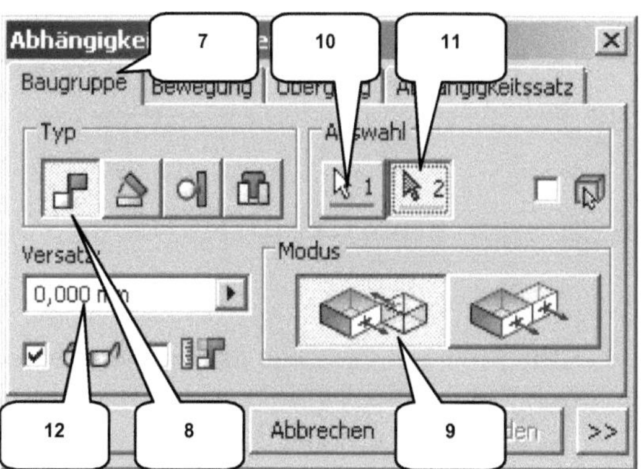

> *Abhängig machen*
> Reiter: Baugruppe (7)
> Typ: Passend (8)
> Modus: Passend (9)
> Auswahl 1: Zylinderfläche
>   (Rumpf-Oberteil) (10)
> Auswahl 2: Zylinderfläche
>   (Hauptrotor) (11)
> Versatz: [0 mm] (12)
> *OK*

14.8 Den Heckausleger aus der Baugruppe heraus erzeugen

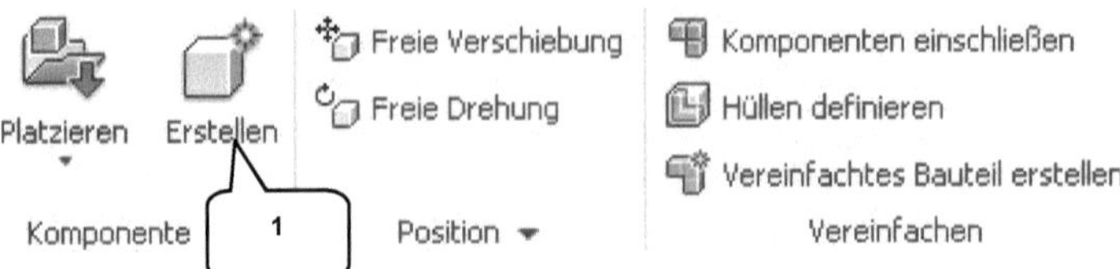

Neue Bauteile/ Baugruppen können direkt aus einer Baugruppe heraus erzeugt werden, wenn der Befehl **Erstellen** (1) verwendet wird. Die Komponenten können dabei in Abhängigkeit zu den bereits in der Baugruppe platzierten Komponenten konstruiert werden. Das spätere Setzen von Abhängigkeiten ist dann nicht mehr erforderlich.

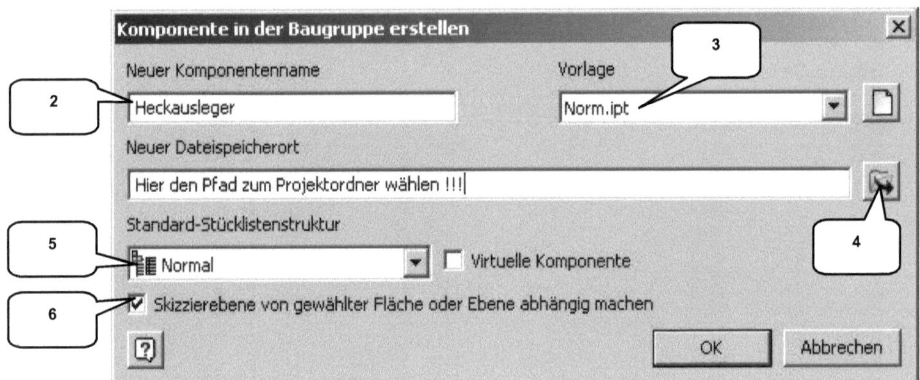

> ➤ **Erstellen** (1)
> ➤ Komponentenname: [Heckausleger] (2)
> ➤ Vorlage: Norm.ipt (3)
> ➤ Dateispeicherort: Projektordner wählen (4)
> ➤ Stücklistenstruktur: Normal (5)
> ➤ Aktivieren: Skizzierebene von gewählter Fläche oder Ebene abhängig machen (6)
> ➤ **OK**

Das Programm erwartet jetzt die Positionierung der Ausgangsebene für das neue Bauteil. Hier ist die markierte Fläche (7) zu wählen.

> ➤ Mit linker Maustaste auf die markierte Fläche (7) klicken

Auf der gewählten Fläche wird automatisch eine neue 2D-Skizze erzeugt, in welcher die Kreiskante der Bohrung (Bauteil Rumpf-Oberteil) *projiziert* werden muss. Die Skizze kann im Anschluss daran wieder geschlossen werden.

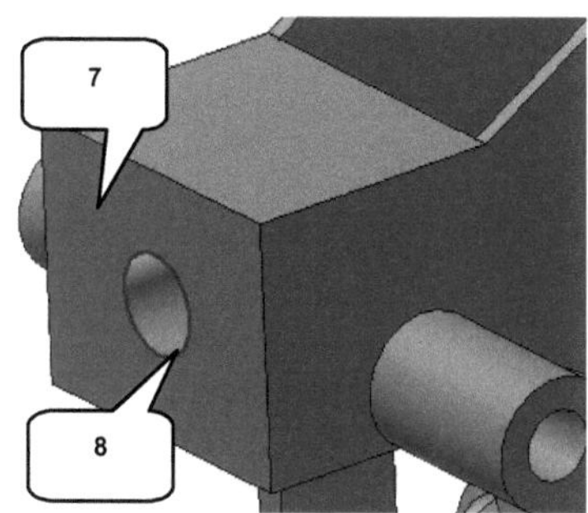

> *Geometrie projizieren*
> Markierte Bohrungskante wählen (8)
> *Taste: ESC*

> *Skizze fertig stellen*

14.9 Asymmetrisches Extrudieren der ersten Skizzenkontur

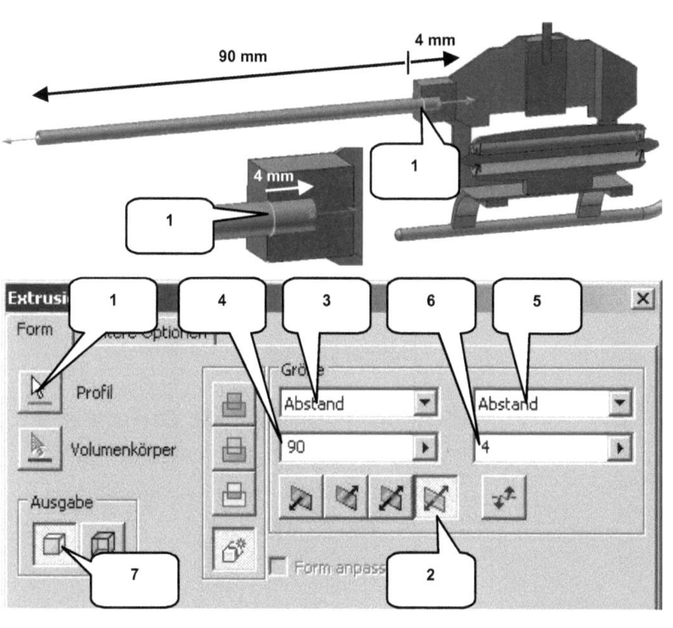

Der Kreis soll jetzt extrudiert werden, was diesmal in zwei verschiedene Richtungen in jeweils unterschiedlichen Abständen erfolgt: Der Kreis muss 4 mm in die Bohrung des Bauteils Rumpf-Oberteil hineinragen und 90 mm in die entgegengesetzte Richtung.

> *Extrusion*
> Profil: Kreis (1)
> Richtung: Asymmetrisch (2)
> Größe 1: Abstand (3)
> Abstand 1: [90 mm] (4)

> Größe 2: Abstand (5)
> Abstand 2: [4 mm] (6)
> Ausgabe: Volumenkörper (7)
> *OK*

14.10 Erzeugen neuer Arbeitselemente (Achse, Ebenen)

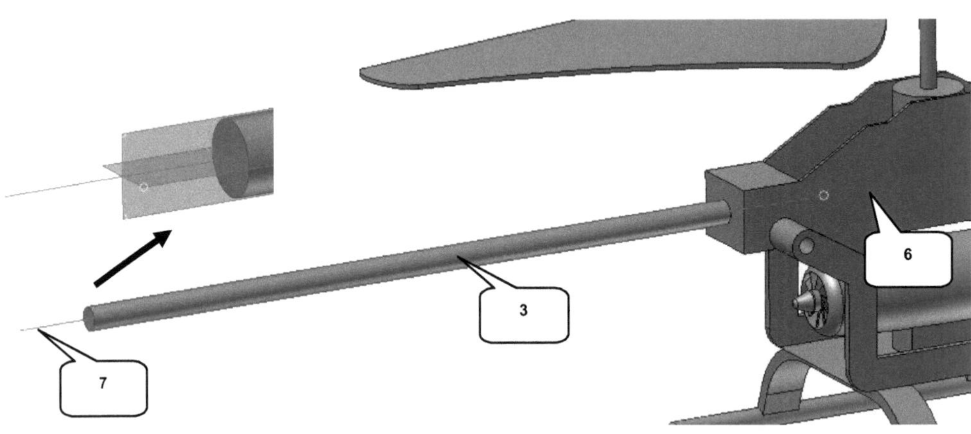

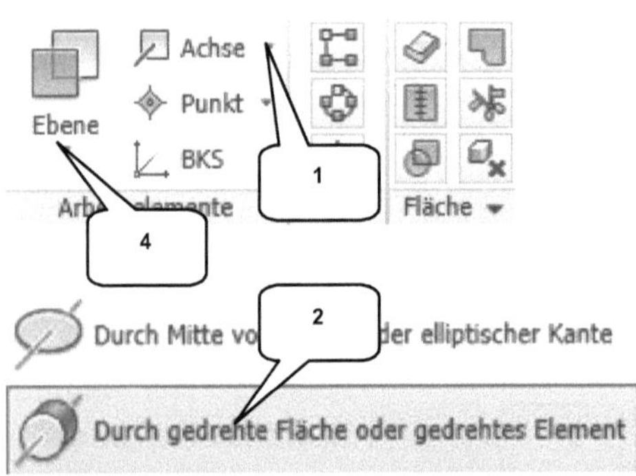

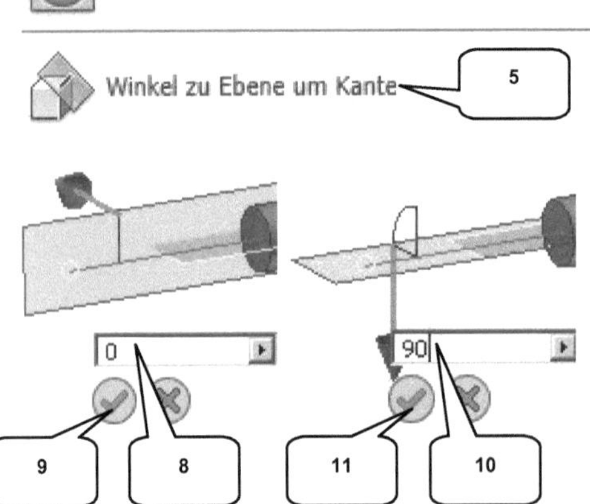

Zur weiteren Bearbeitung des Heckausle-gers sind neue Arbeitselemente (Arbeits-achse, Arbeitsebenen) zu erstellen.

➢ Befehlsgruppe **Achse** erweitern (1)

➢ **Durch gedrehte Fläche oder ...** (2)
➢ Markierte Zylinderfläche wählen (3)
➢ **Taste: ESC**

➢ Befehlsgruppe **Ebene** erweitern (4)

➢ **Ebene durch Winkel, Ebene, Kante** (5)
➢ Markierte Seitenfläche wählen (6)
➢ Neu erzeugte Arbeitsachse wählen (7)
➢ Winkel: [0°] (8)
➢ **OK** (9)

➢ **Ebene durch Winkel, Ebene, Kante** (5)
➢ Markierte Seitenfläche wählen (6)
➢ Neu erzeugte Arbeitsachse wählen (7)
➢ Winkel: [90°] (10)
➢ **OK** (11)

14.11 Zeichnen und Extrudieren des hinteren Zylinders

Die drei neuen Arbeitselemente sollten sichtbar entlang des zylindrischen Körpers verlaufen.
Auf den Arbeitsebenen können jetzt neue 2D-Skizzen erzeugt werden.

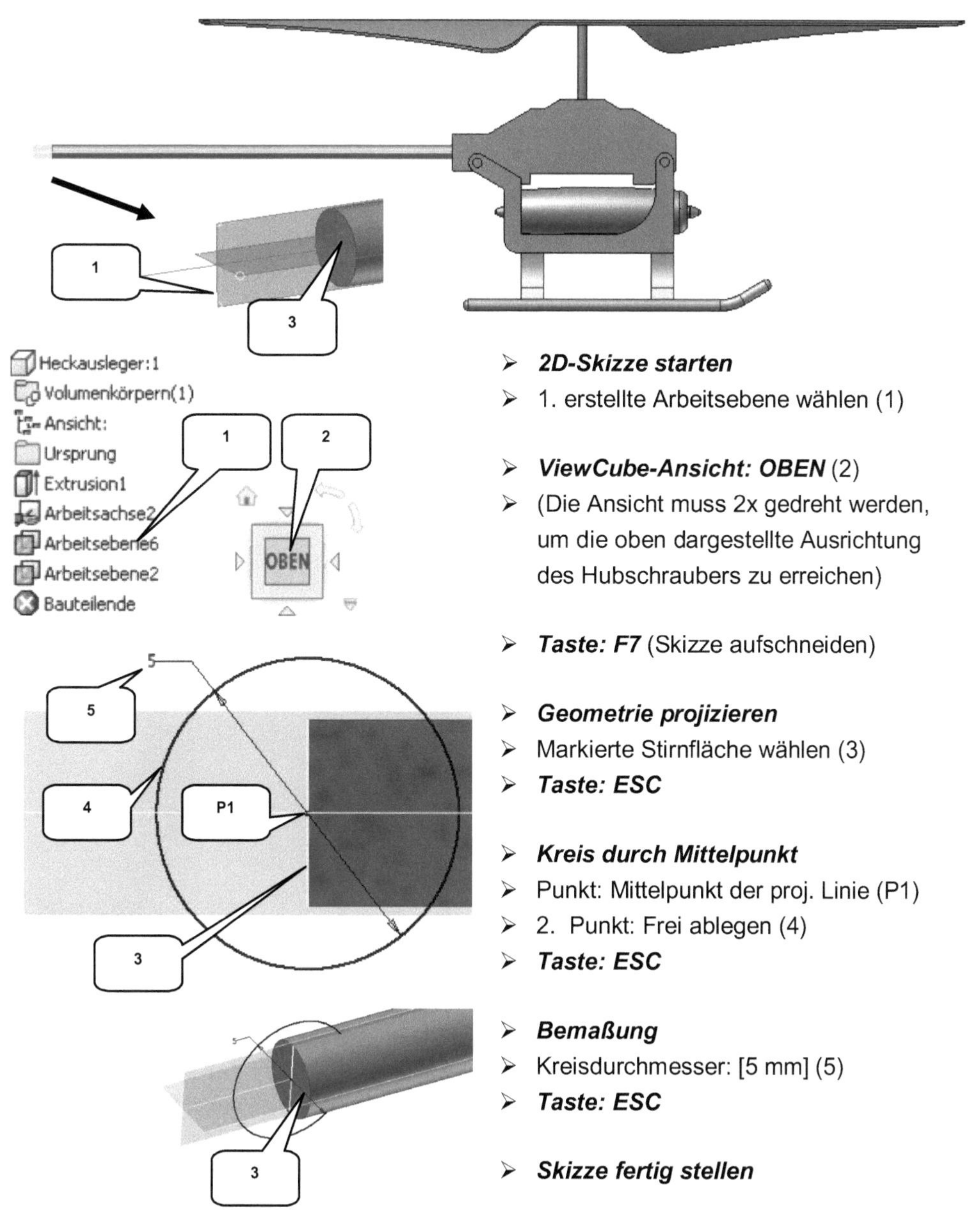

> **2D-Skizze starten**
> 1. erstellte Arbeitsebene wählen (1)

> **ViewCube-Ansicht: OBEN** (2)
> (Die Ansicht muss 2x gedreht werden, um die oben dargestellte Ausrichtung des Hubschraubers zu erreichen)

> **Taste: F7** (Skizze aufschneiden)

> **Geometrie projizieren**
> Markierte Stirnfläche wählen (3)
> **Taste: ESC**

> **Kreis durch Mittelpunkt**
> Punkt: Mittelpunkt der proj. Linie (P1)
> 2. Punkt: Frei ablegen (4)
> **Taste: ESC**

> **Bemaßung**
> Kreisdurchmesser: [5 mm] (5)
> **Taste: ESC**

> **Skizze fertig stellen**

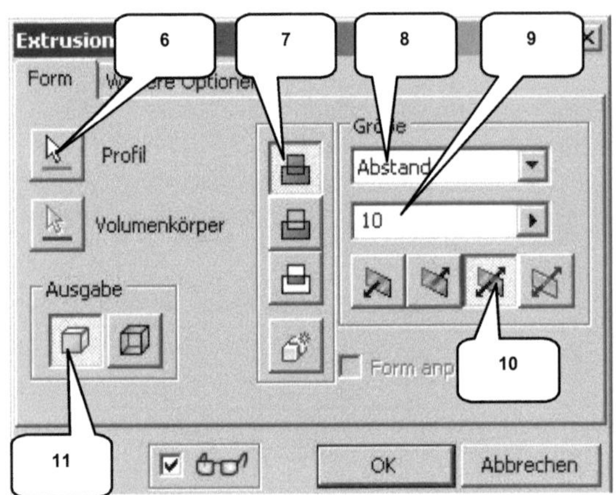

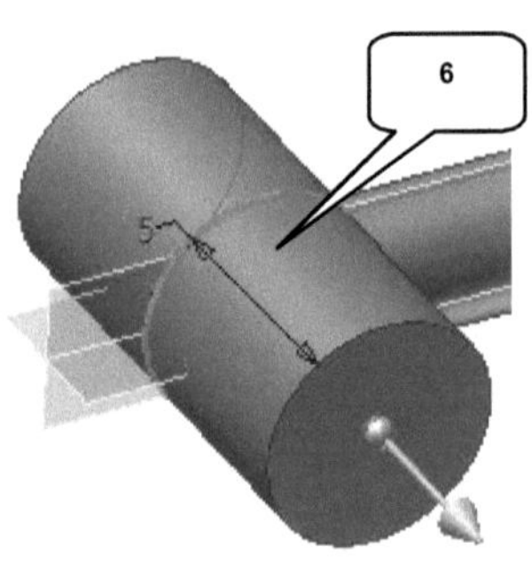

> *Extrusion*
> Profil: Kreis (6)
> Verfahren: Vereinigung (7)
> Größe: Abstand (8)

> Abstand: [10 mm] (9)
> Richtung: Symmetrisch (10)
> Ausgabe: Volumenkörper (11)
> *OK*

14.12 Bohren mit konzentrischer Referenz

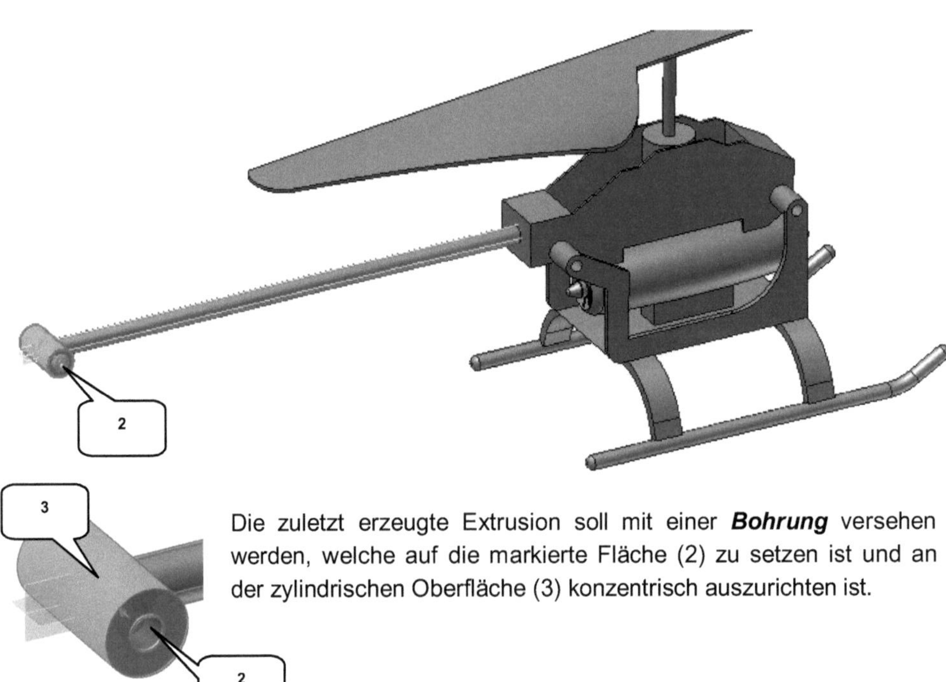

Die zuletzt erzeugte Extrusion soll mit einer *Bohrung* versehen werden, welche auf die markierte Fläche (2) zu setzen ist und an der zylindrischen Oberfläche (3) konzentrisch auszurichten ist.

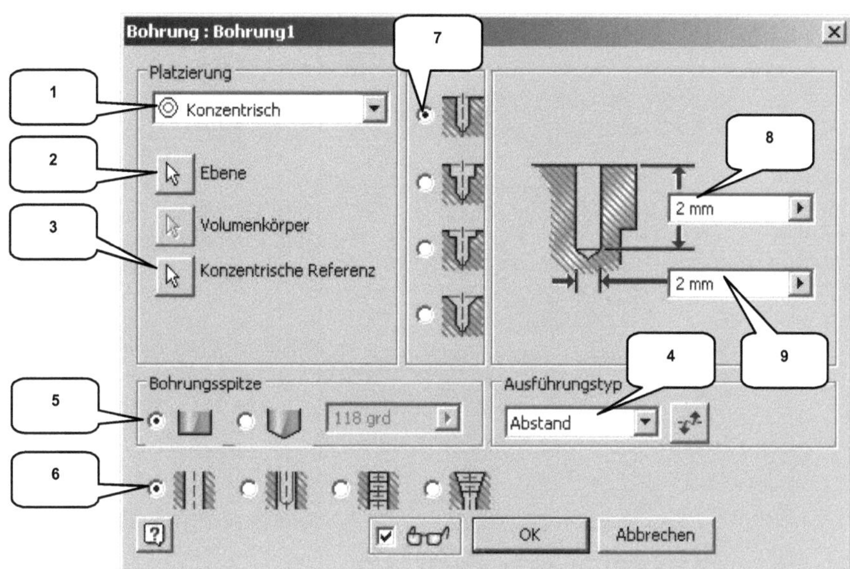

> ***Bohrung***
> Platzierungstyp: Konzentrisch (1)
> Ebene: Markierte Fläche wählen (2)
> Konzentrische Referenz: Zylinderfläche (3)
> Ausführungstyp: Abstand (4)

> Bohrungsspitze: Flach (5)
> Option: Einfache Bohrung (6)
> Option: Bohrung (7)
> Bohrungstiefe: [2 mm] (8)
> Bohrungsdurchmesser: [2 mm] (9)
> ***OK***

14.13 Zeichnen und Extrudieren einer senkrechten Geometrie

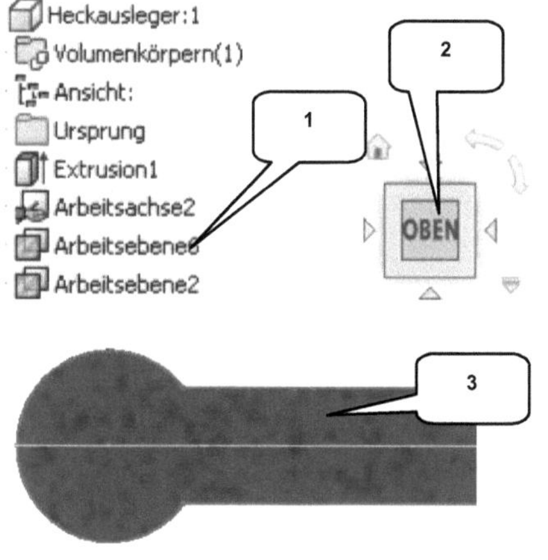

> ***2D-Skizze starten***
> 1. erstellte Arbeitsebene wählen (1)
> ***Taste: F7*** (Skizze aufschneiden)

> ***ViewCube-Ansicht: OBEN*** (2)
> (Die Ansicht muss 2x gedreht werden, um die vorherige Ausrichtung des Hubschraubers zu erreichen)

> ***Schnittkanten projizieren***
> Vorhandenen Volumenkörper wählen (3)
> ***Taste: ESC***

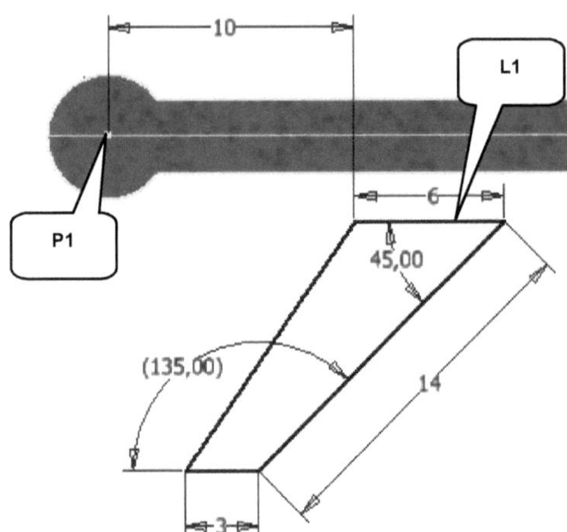

> ➤ ***Linie***
> ➤ Linienkontur aus 4 Linien zeichnen wie dargestellt
> ➤ ***Taste: ESC***

> ➤ ***Bemaßung***
> ➤ Bemaßen wie dargestellt
> ➤ ***Taste: ESC***

> ➤ ***Abhängigkeit Koinzident***
> ➤ Linie (L1) wählen
> ➤ Punkt (P1) wählen
> ➤ ***Taste: ESC***

> ➤ ***Skizze fertig stellen***

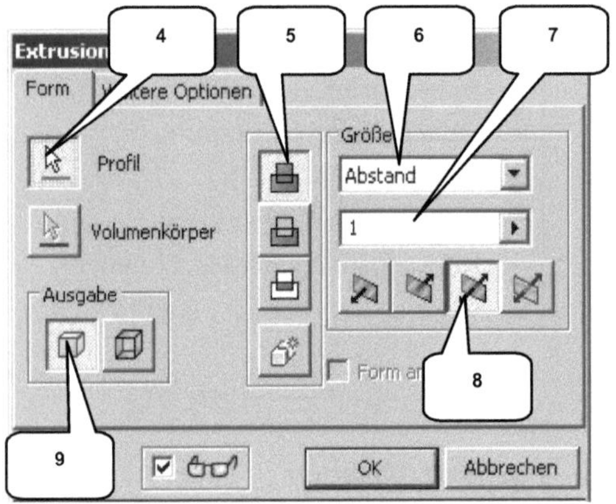

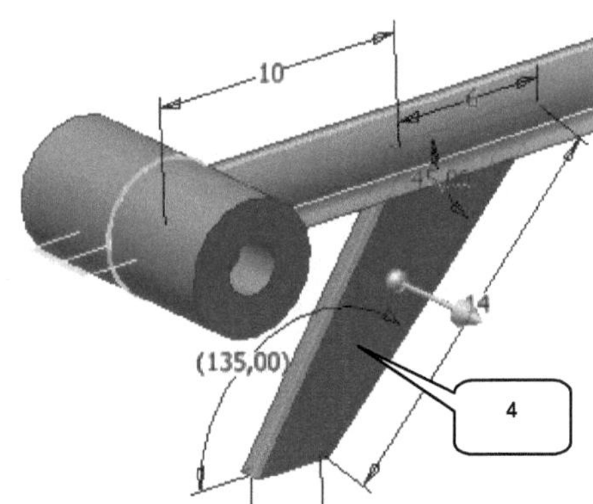

> ➤ ***Extrusion***
> ➤ Profil: Skizzenkontur (4)
> ➤ Verfahren: Vereinigung (5)
> ➤ Größe: Abstand (6)

> ➤ Abstand: [1 mm] (7)
> ➤ Richtung: Symmetrisch (8)
> ➤ Ausgabe: Volumenkörper (9)
> ➤ ***OK***

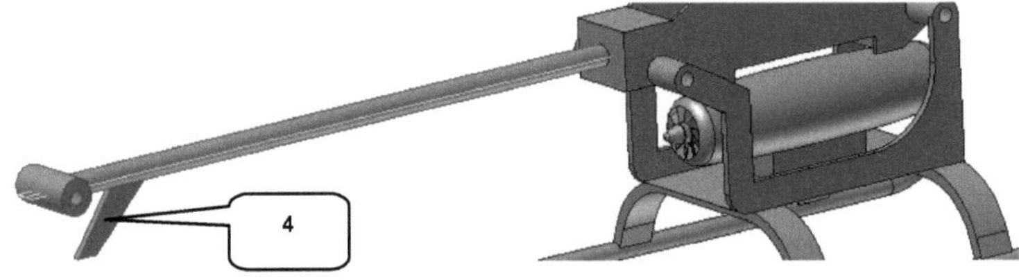

14.14 Zeichnen und Extrudieren einer waagrechten Geometrie

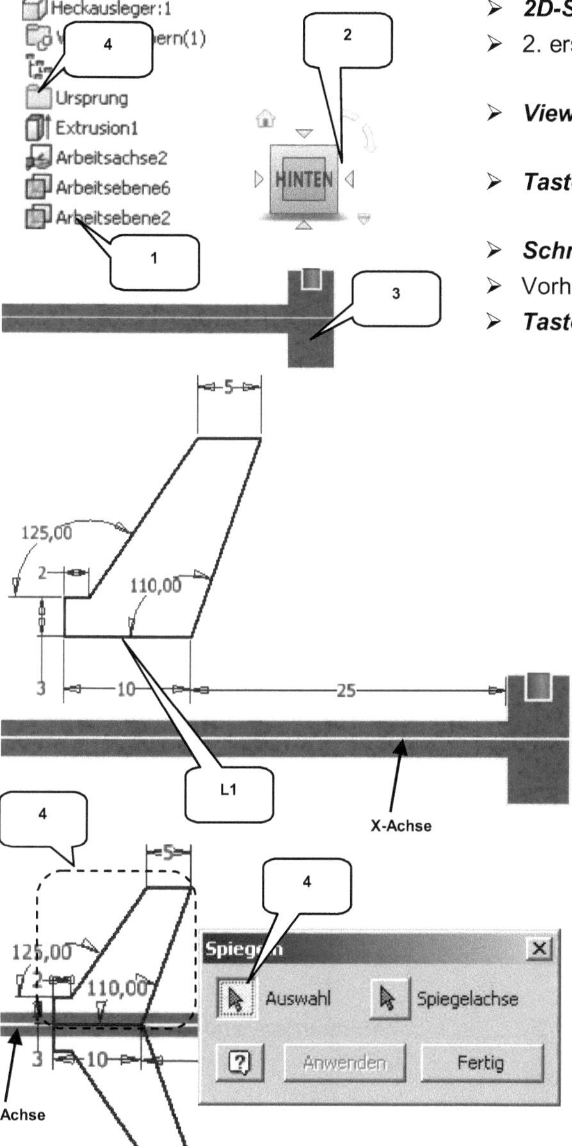

> **2D-Skizze starten**
> 2. erstellte Arbeitsebene wählen (1)

> **ViewCube-Ansicht: HINTEN** (2)

> **Taste: F7** (Skizze aufschneiden)

> **Schnittkanten projizieren**
> Vorhandenen Volumenkörper wählen (3)
> **Taste: ESC**

> **Geometrie projizieren**
> Ordner Urspr. aufklappen (4)
> 3 Hauptachsen wählen
> **Taste: ESC**

> **Linie**
> Linienkontur aus 6 Linien
> zeichnen wie dargestellt
> **Taste: ESC**

> **Bemaßung**
> Bemaßen wie dargestellt
> **Taste: ESC**

> **Abhängigkeit Kollinear**
> Linie (L1) wählen
> Projizierte X-Achse wählen
> **Taste: ESC**

> **Spiegeln**
> Auswahl: Nacheinander alle 6
> Linien wählen (4)
> Spiegelachse: X-Achse
> **ANWENDEN**
> **FERTIG**

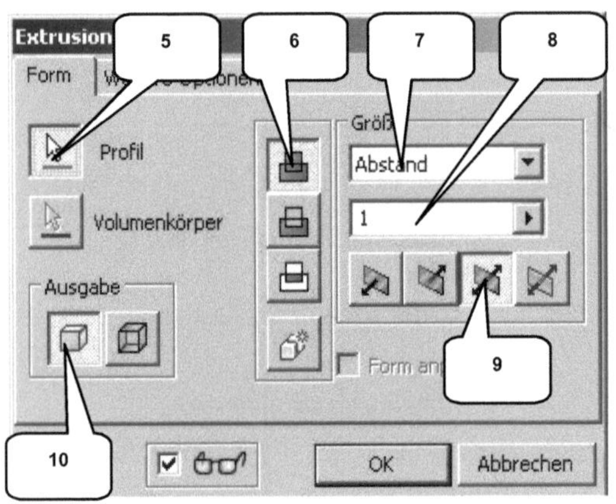

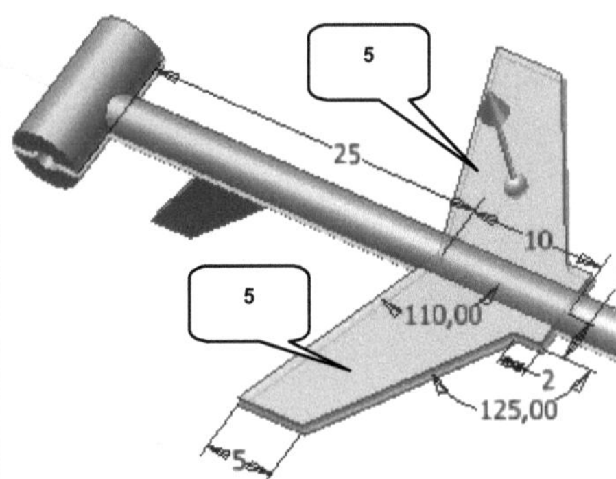

> **Skizze fertig stellen**

> **Extrusion**
> Profil: Beide Konturen wählen (5)
> Verfahren: Vereinigung (6)

> Größe: Abstand (7)
> Abstand: [1 mm] (8)
> Richtung: Symmetrisch (9)
> Ausgabe: Volumenkörper (10)
> **OK**

14.15 Zeichnen und Extrudieren der Anschlussgeometrie

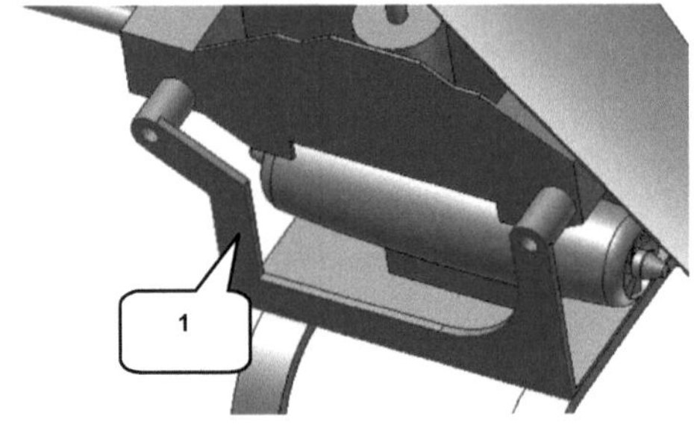

Auf der äußeren Fläche des Bauteils **Rumpf-Unterteil** soll eine neue 2D-Skizze erzeugt werden. Es ist darauf zu achten, dass noch immer das Bauteil **Heckausleger** bearbeitet wird.

> **2D-Skizze starten**
> Markierte Fläche wählen (1)

> **ViewCube-Ansicht: OBEN** (2)

> **Schnittkanten projizieren**
> Markierte Fläche wählen (1)
> **Taste: ESC**

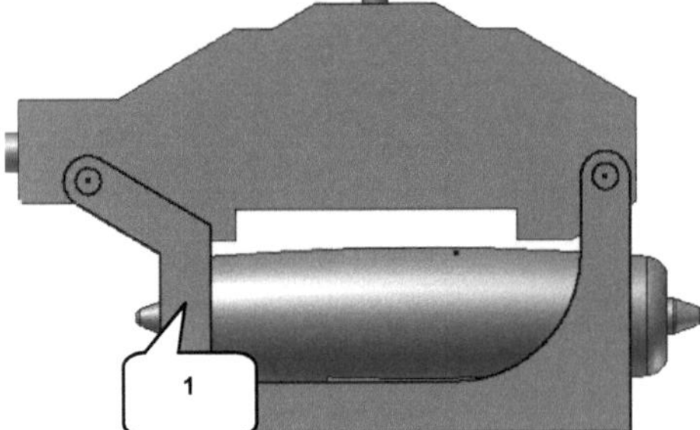

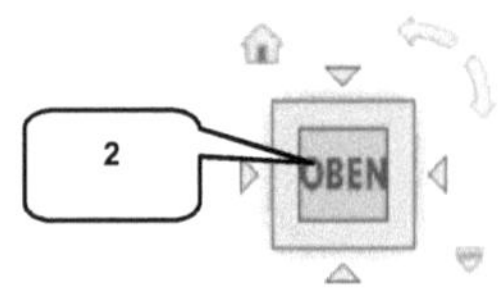

In der linken unteren Ecke der projizierten Kontur sollen jetzt ein *Kreis* und ein *Rechteck* gezeichnet werden. Der Kreismittelpunkt ist auf den Mittelpunkt des projizierten Bogens zu setzen. Das Rechteck wird vorerst außerhalb des Kreises gezeichnet und anschließend mit einer Abhängigkeit versehen. Anschließend wird der Kreis gestutzt.

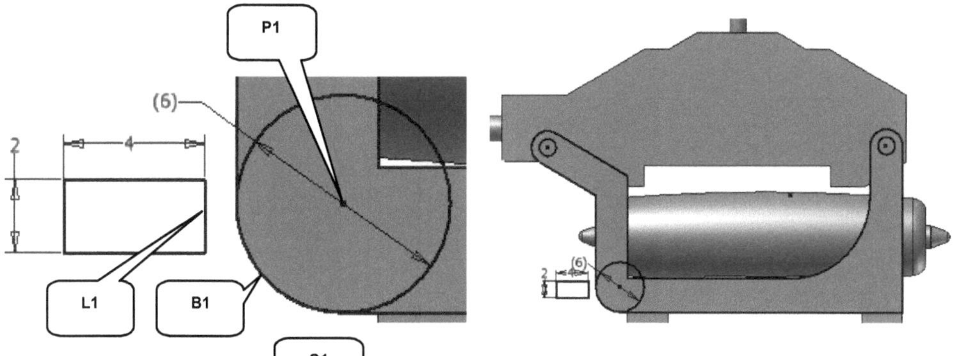

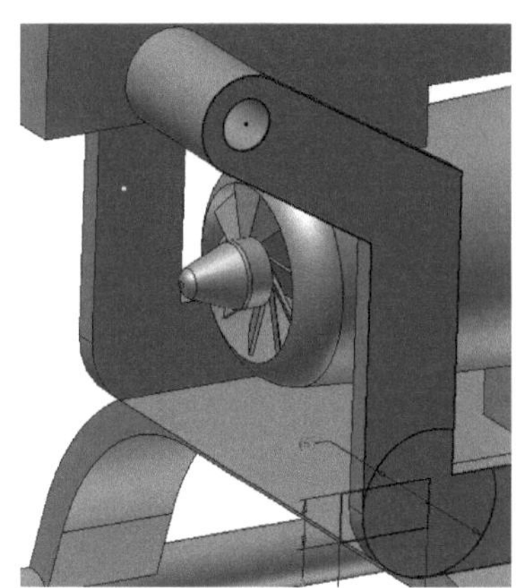

> ***Kreis durch Mittelpunkt***
> 1. Punkt: Projizierter Bogenmittelpunkt (P1)
> 2. Punkt: Projizierter Bogen (B1)
> *Taste: ESC*

> ***Rechteck durch zwei Punkte***
> Rechteck zeichnen wie dargestellt
> *Taste: ESC*

> ***Bemaßung***
> Rechteck bemaßen wie dargestellt
> *Taste: ESC*

> ***Abhängigkeit Koinzident***
> Linienmittelpunkt (L1) wählen
> Bogenmittelpunkt (P1) wählen
> *Taste: ESC*

> ***Stutzen***
> Bogensegment (S1) wählen (entfernen)
> *Taste: ESC*

> ***Skizze fertig stellen***

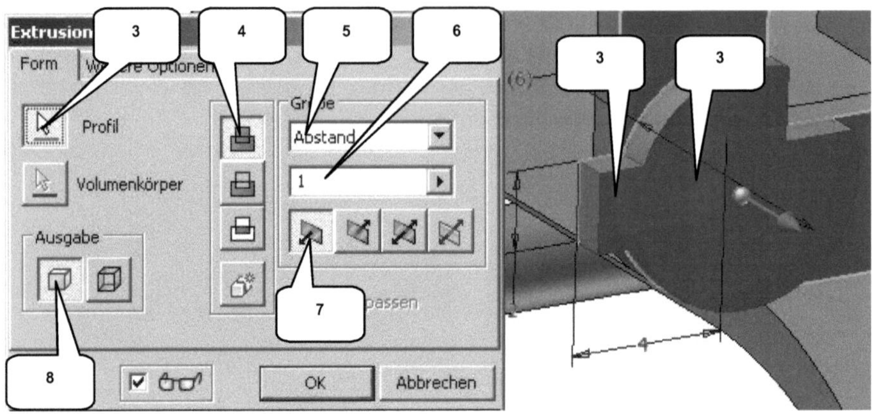

> **Extrusion**
> Profil: Kreis und Rechteck wählen (3)
> Verfahren: Vereinigung (4)
> Größe: Abstand (5)

> Abstand: [1 mm] (6)
> Richtung: Richtung 1 (7)
> Ausgabe: Volumenkörper (8)
> **OK**

HINWEIS: Die Extrusion muss vom vorhandenen Volumenkörper weg zeigen. Sollte das nicht der Fall sein, ist die Richtung 2 zu verwenden.

14.16 Erzeugen einer Erhebung

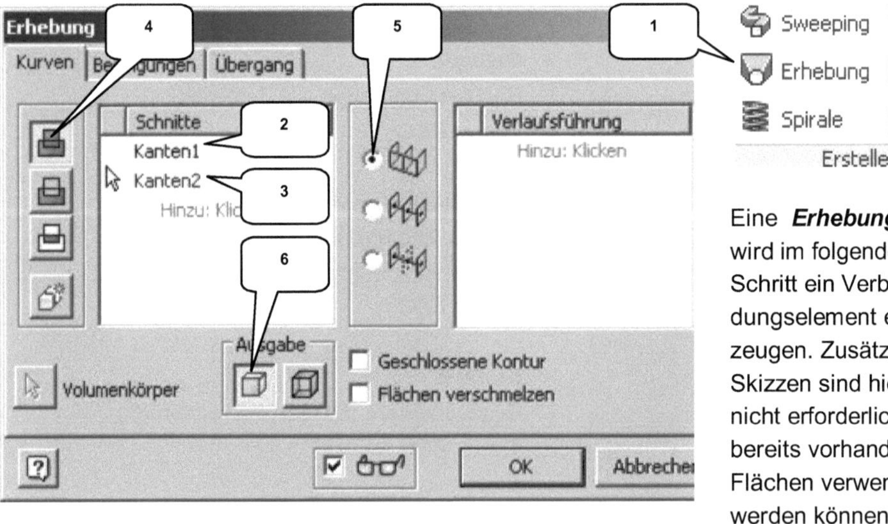

Eine **Erhebung** (1) wird im folgenden Schritt ein Verbindungselement erzeugen. Zusätzliche Skizzen sind hierfür nicht erforderlich, da bereits vorhandene Flächen verwendet werden können.

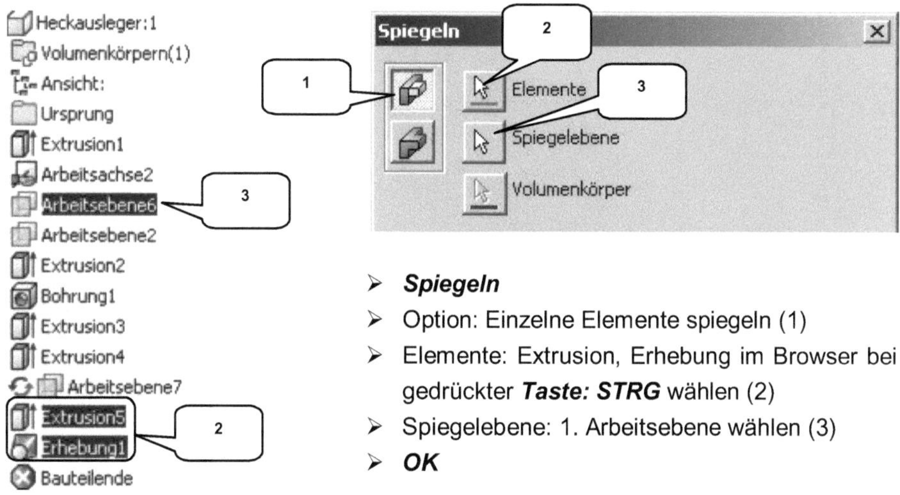

> ***Erhebung*** (1)
> Kante der markierten Fläche wählen (2)
> Kante der markierten Fläche wählen (3)
> Verfahren: Vereinigung (4)
> Typ: Verlaufsführung (5)
> Ausgabe: Volumenkörper (6)
> ***OK***

14.17 Spiegeln der letzten beiden geometrischen Elemente

> ***Spiegeln***
> Option: Einzelne Elemente spiegeln (1)
> Elemente: Extrusion, Erhebung im Browser bei gedrückter ***Taste: STRG*** wählen (2)
> Spiegelebene: 1. Arbeitsebene wählen (3)
> ***OK***

14.18 Runden der Kanten

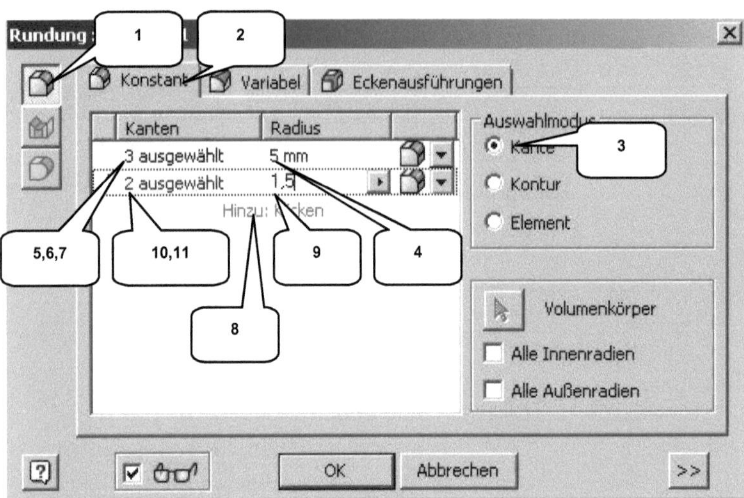

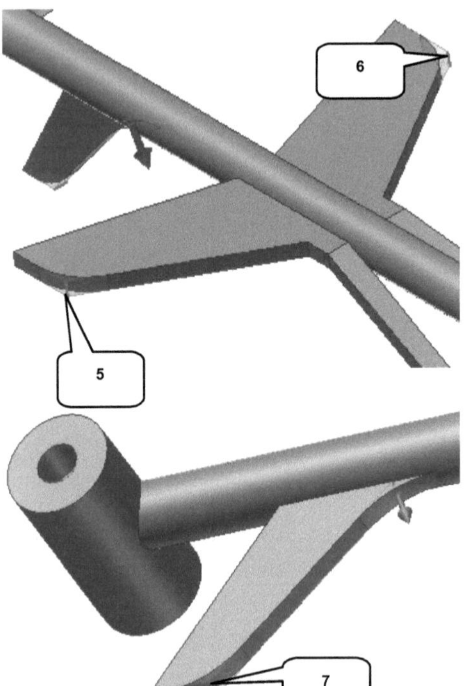

- ➤ **Rundung**
- ➤ Option: Kantenabrundung (1)
- ➤ Reiter: Konstant (2)
- ➤ Auswahlmodus: Kante (3)
- ➤ Radius: [5 mm] (4)
- ➤ Kanten: Kanten (5,6,7) wählen
- ➤ **HINZU: KLICKEN** (8)
- ➤ Radius: [1,5 mm] (9)
- ➤ Kanten: Kanten (10,11) wählen
- ➤ **OK**

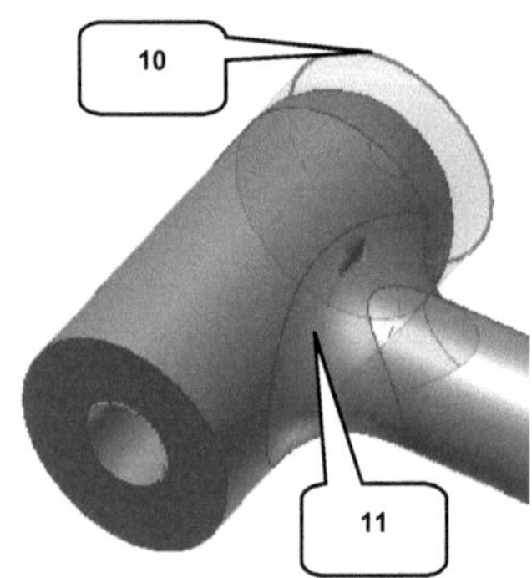

14.19 Arbeitselemente ausblenden und zur Baugruppe zurückkehren

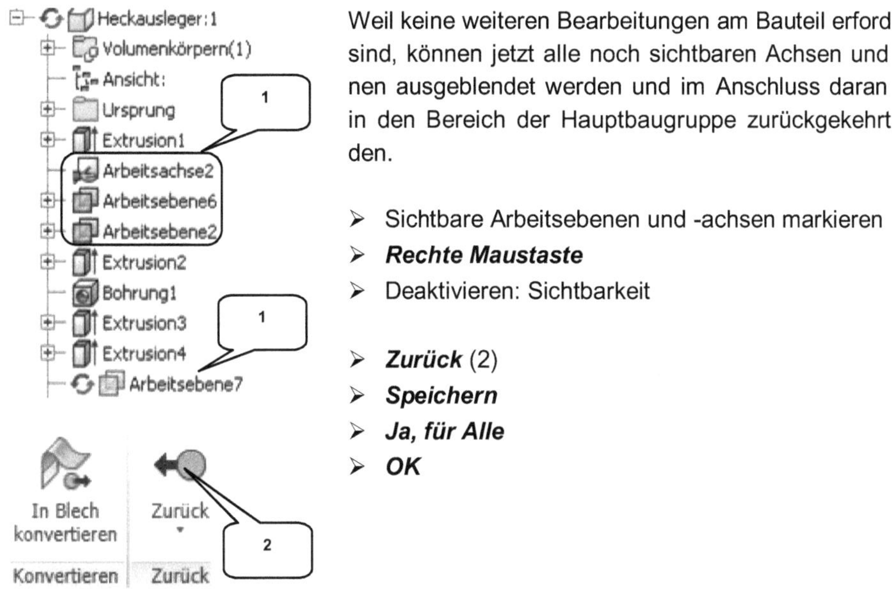

Weil keine weiteren Bearbeitungen am Bauteil erforderlich sind, können jetzt alle noch sichtbaren Achsen und Ebenen ausgeblendet werden und im Anschluss daran kann in den Bereich der Hauptbaugruppe zurückgekehrt werden.

- Sichtbare Arbeitsebenen und -achsen markieren
- *Rechte Maustaste*
- Deaktivieren: Sichtbarkeit

- *Zurück* (2)
- *Speichern*
- *Ja, für Alle*
- *OK*

HINWEIS: Mit dem Befehl *Zurück* (2) wechseln Sie von der Bearbeitung eines Bauteils in die übergeordnete Baugruppe zurück. Der Befehl sollte nicht mit dem Befehl *Rückgängig* verwechselt werden, welcher den letzten Arbeitsschritt rückgängig macht.

14.20 Bauteil: Heckrotor mit Abhängigkeiten versehen

Das Bauteil *Heckrotor* ist jetzt im hinteren Bereich des Heckauslegers zu platzieren.

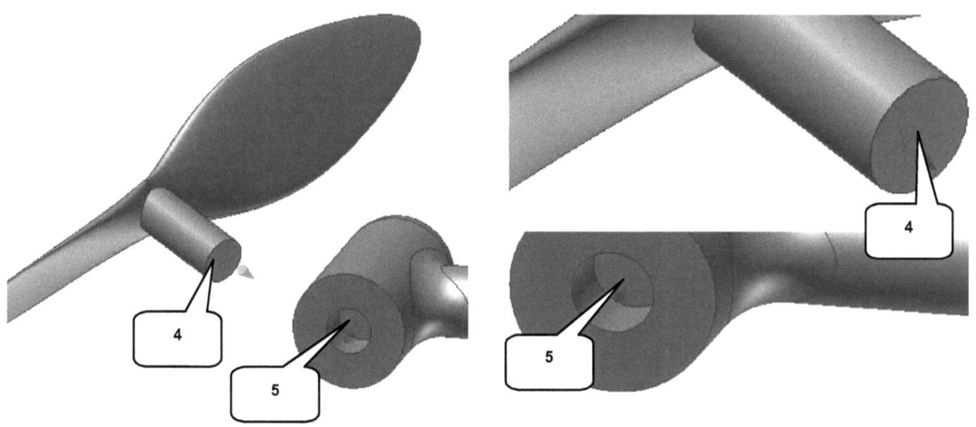

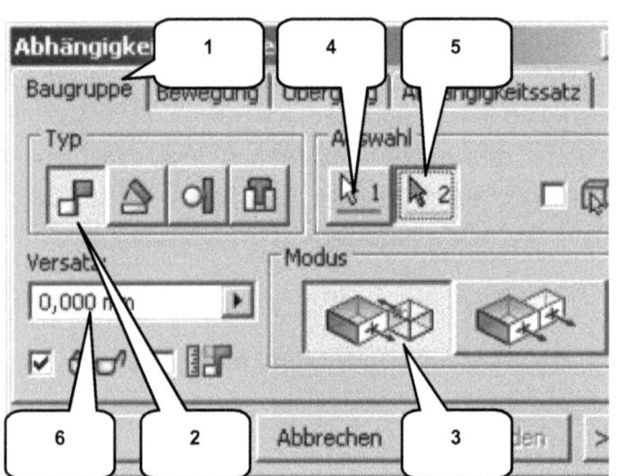

> **_Abhängig machen_**
> Reiter: Baugruppe (1)
> Typ: Passend (2)
> Modus: Passend (3)
> Auswahl 1: Markierte Fläche (Heckrotor) (4)
> Auswahl 2: Markierte Fläche der Bohrung (Heckausleger) (5)
> Versatz: [0 mm] (6)
> **_OK_**

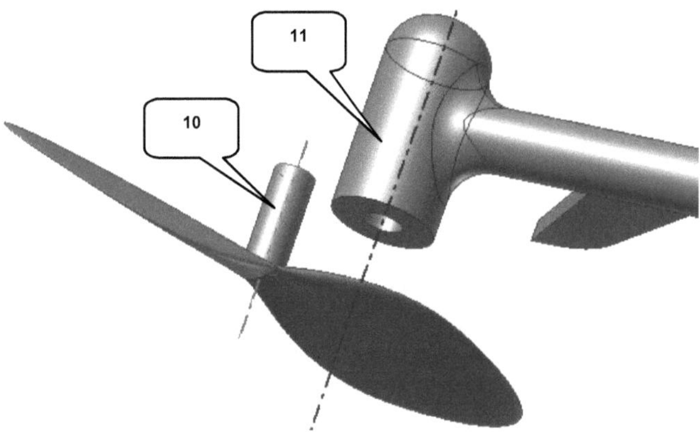

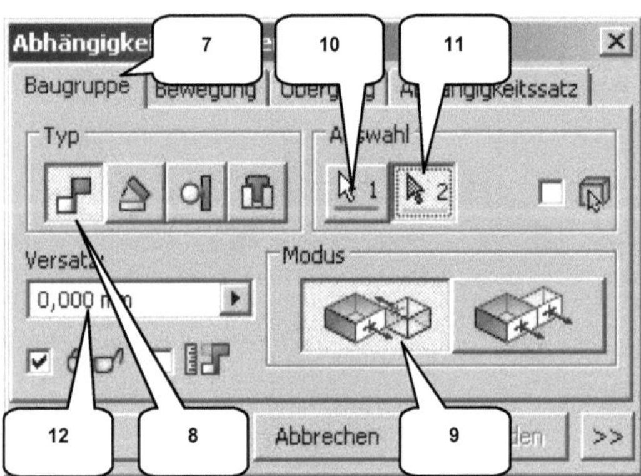

> **_Abhängig machen_**
> Reiter: Baugruppe (7)
> Typ: Passend (8)
> Modus: Passend (9)
> Auswahl 1: Markierte Zylinderfläche (Heckrotor) (10)
> Auswahl 2: Markierte Zylinderfläche (Heckausleger) (11)
> Versatz: [0 mm] (12)
> **_OK_**

14.21 Download des Bauteils: Kabine

Als letztes Bauteil soll die Kabine in die Baugruppe eingefügt werden. Die Kabine wurde bereits konstruiert und kann als fertige Datei von der folgenden Webseite heruntergeladen werden:

> *http://www.cad-trainings.de/html/Download.html*

Hier ist das *Autodesk Inventor 2017 Einsteiger-Tutorial Hubschrauber* zu suchen und auf den rechts daneben befindlichen Link zu klicken. Das Bauteil *Kabine.ipt* muss im Projektordner auf Ihrem PC gespeichert werden.

14.22 Platzieren und Positionieren der Kabine

Das zuvor von der Website heruntergeladene Bauteil soll jetzt in die Baugruppe eingefügt und dort positioniert werden.

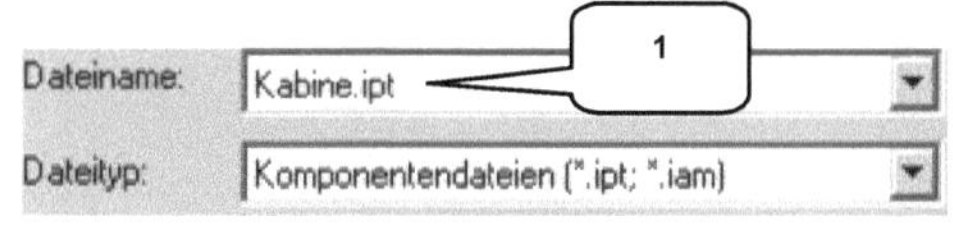

> *Komponente platzieren*
> Dateiname: *Kabine* wählen (1)
> *ÖFFNEN*

> Bauteil einmal im Zeichenbereich ablegen
> *Taste: ESC*

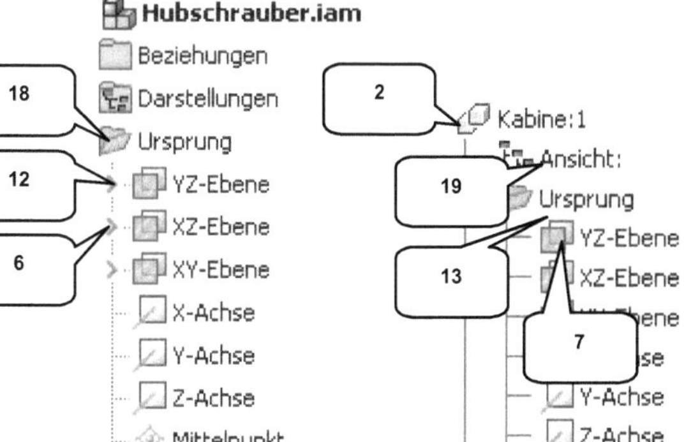

> Ordner *Ursprung* des Bauteils *Kabine* aufklappen (2)

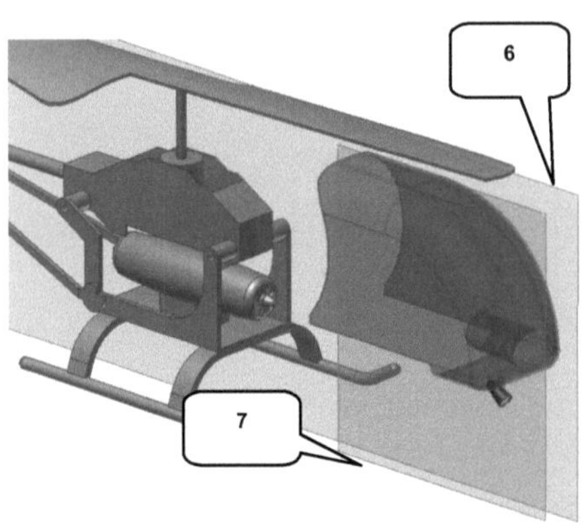

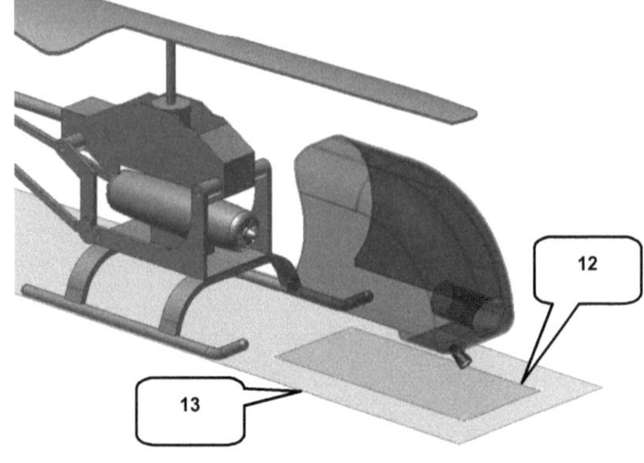

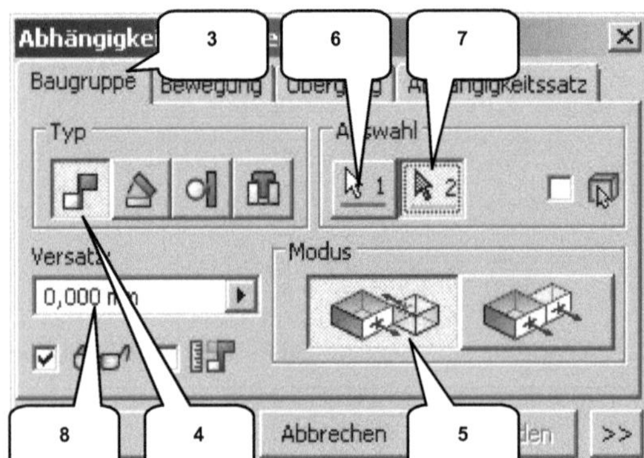

> *Abhängig machen*
> Reiter: Baugruppe (3)
> Typ: Passend (4)
> Modus: Passend (5)
> Auswahl 1: XY-Ebene (Baugruppe) (6)
> Auswahl 2: XY-Ebene (Kabine) (7)
> Versatz: [0 mm] (8)
> *OK*

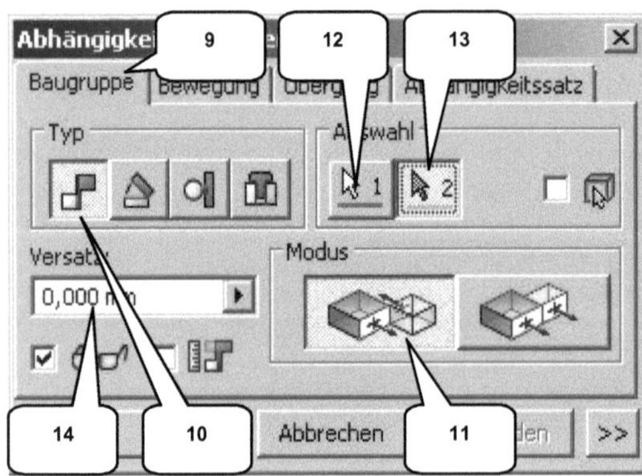

> *Abhängig machen*
> Reiter: Baugruppe (9)
> Typ: Passend (10)
> Modus: Passend (11)
> Auswahl 1: XZ-Ebene (Baugruppe) (12)
> Auswahl 2: XZ-Ebene (Kabine) (13)
> Versatz: [0 mm] (14)
> *OK*

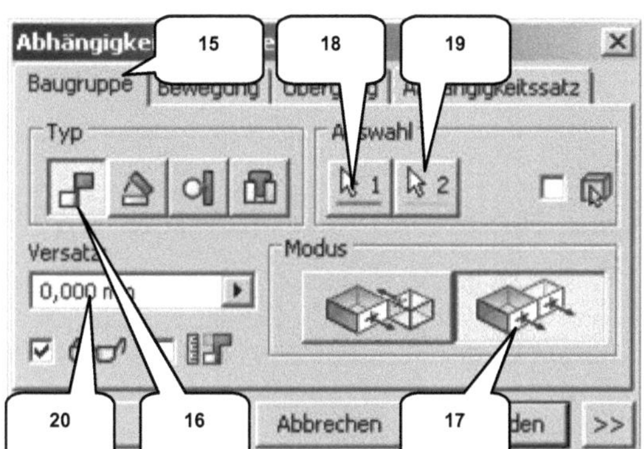

- ***Abhängig machen***
- Reiter: Baugruppe (15)
- Typ: Passend (16)
- Modus: Fluchtend (17)
- Auswahl 1: YZ-Ebene (Baugruppe) (18)
- Auswahl 2: YZ-Ebene (Kabine) (19)
- Versatz: [0 mm] (20)
- ***OK***

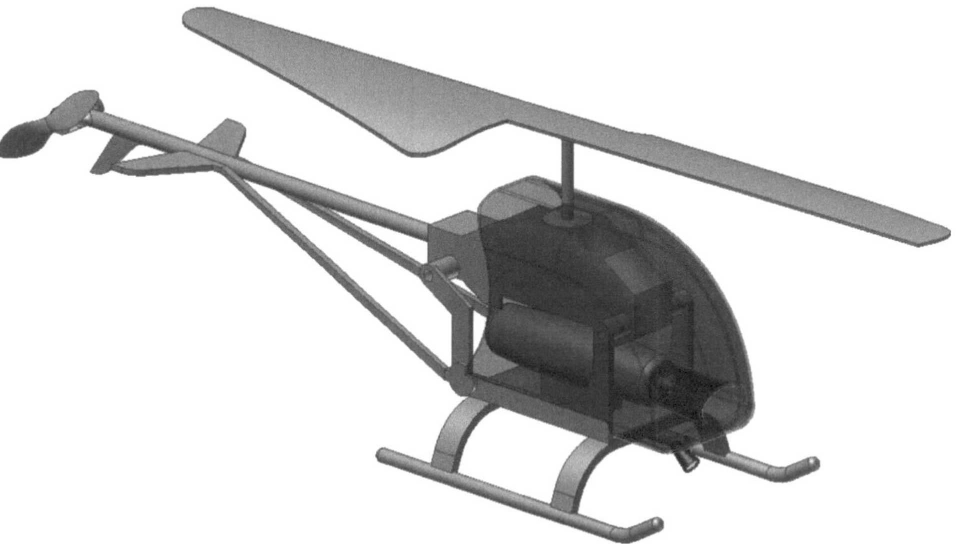

Die Kabine sollte wie im oberen Bild dargestellt positioniert worden sein. Alle Bauteile der Baugruppe sind damit vollständig konstruiert und in der Baugruppe platziert worden. Im folgenden Kapitel werden diese durch Schraubenverbindung miteinander verbunden.

15 Einfügen der Schraubenverbindungen

15.1 Schraubenverbindung zwischen Kabine und Rumpf

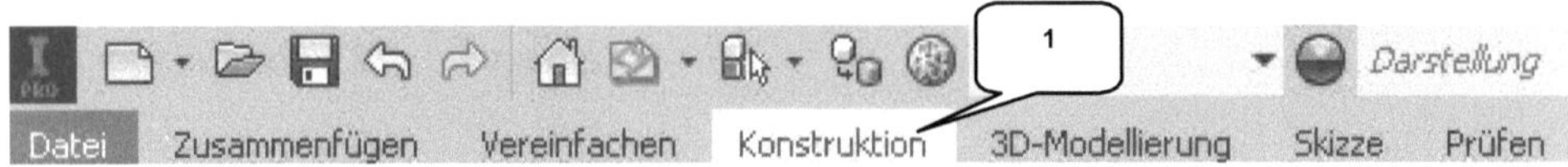

Vor dem nächsten Schritt sollte die Baugruppe noch einmal gespeichert werden. Anschließend ist in das Register **Konstruktion** (1) zu wechseln und dort der Befehl **Schraubenverbindung** (2) zu starten. Dieser Befehl kombiniert das Importieren von Normteilen (Schrauben, Scheiben, Muttern) aus dem Inhaltscenter in eine Baugruppe mit der zusätzlichen Bearbeitung der betroffenen Bauteile durch automatisches Setzen von Durchgangs- und Gewindebohrungen.

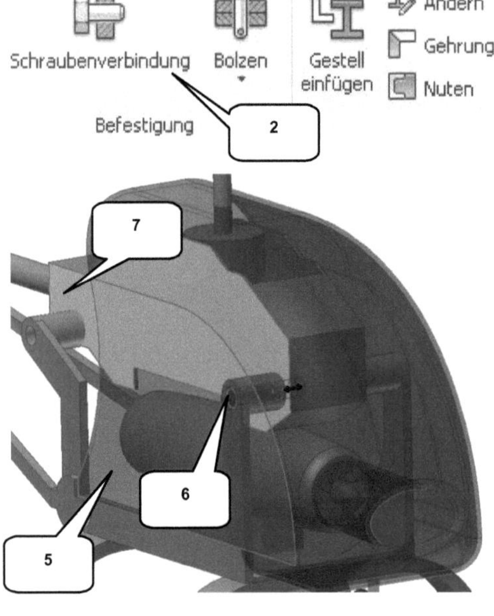

> **Speichern**

> Register: **Konstruktion** (1)

> **Schraubenverbindung** (2)
> Typ: Nicht durchgehend (3)
> Platzierung: Konzentrisch (4)
> Startebene: Markierte Seitenfläche (Kabine) (5)
> Runde Referenz: Markierte Bohrung (Rumpf-Unterteil) (6)
> Sackloch-Startebene: Markierte Seitenfläche (Rumpf-Oberteil) (7)
> Gewinde: ISO Metrisches Profil (8)
> Durchmesser: [2 mm] (9)

HINWEIS: Der Befehl darf jetzt noch <u>nicht</u> bestätigt werden, da noch eine Schraube hinzugefügt werden muss.

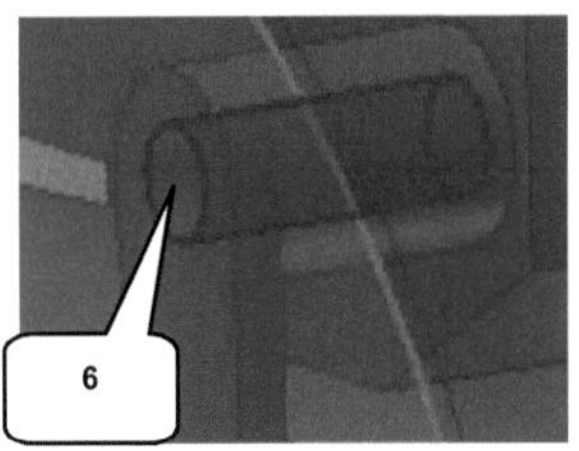

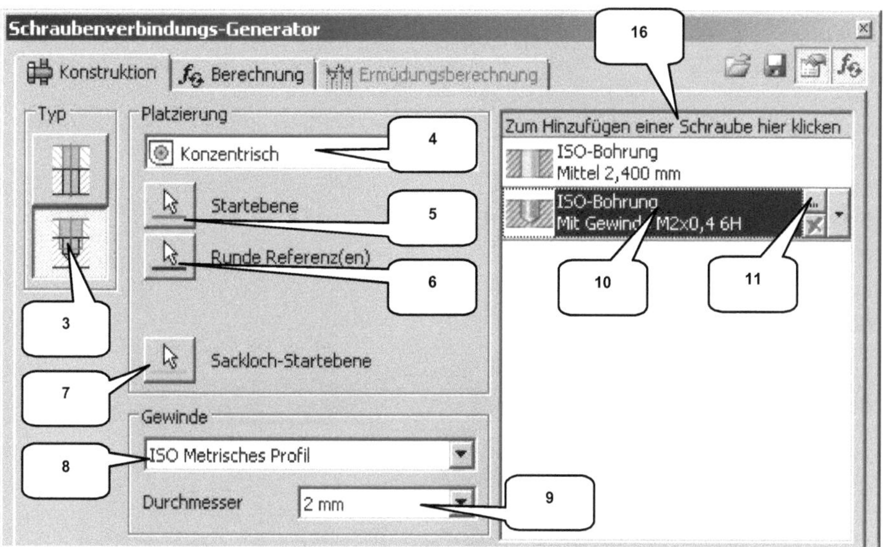

Das Programm hat die fehlenden Bohrungen in den betreffenden Bauteilen bereits berechnet. Die Tiefe der Gewindebohrung im Bauteil Rumpf-Oberteil muss allerdings noch definiert werden, was im rechten Bereich des Schraubenverbindungs-Generators erfolgt. Hier ist einmalig auf die untere Gewindebohrung (10) zu klicken, um anschließend die Bearbeitung (11) öffnen zu können.

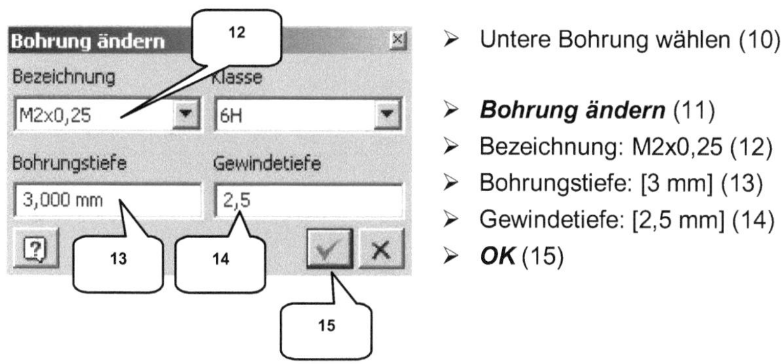

> Untere Bohrung wählen (10)

> ***Bohrung ändern*** (11)
> Bezeichnung: M2x0,25 (12)
> Bohrungstiefe: [3 mm] (13)
> Gewindetiefe: [2,5 mm] (14)
> ***OK*** (15)

Nachdem Größe, Tiefe und Position der Bohrung festgelegt wurden, kann mit der Auswahl der Schraube begonnen werden. Hierfür muss im Schraubenverbindungs-Generator die Option ***Zum Hinzufügen einer Schraube hier klicken*** (16) aktiviert werden.

HINWEIS: Oft bringt der erste Versuch, die Option ***Zum Hinzufügen einer Schraube hier klicken*** zu aktivieren keinen Erfolg. Dann muss einfach erneut darauf geklickt werden.

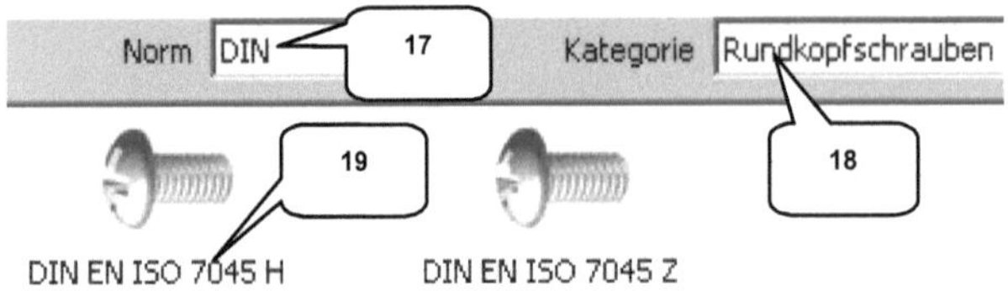

- ➤ **_Zum Hinzufügen einer Schraube hier klicken_** (16)
- ➤ Norm: DIN (17)
- ➤ Kategorie: Rundkopfschrauben (18)
- ➤ **_DIN EN ISO 7045 H_** wählen (19)

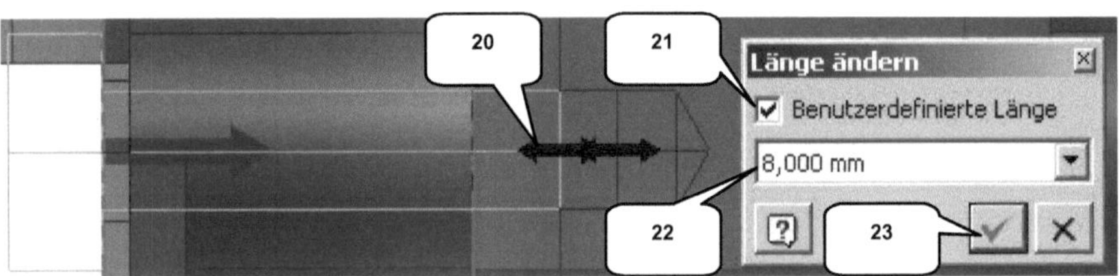

- ➤ Doppelklick auf den Doppelpfeil der Schraube (20)
- ➤ Aktivieren: Benutzerdefinierte Länge (21)
- ➤ Länge: [8 mm] (22)
- ➤ **_OK_** (23)
- ➤ **_OK_** (Schraubenverbindungs-Generator) (24)
- ➤ **_OK_** (Dateibenennung)

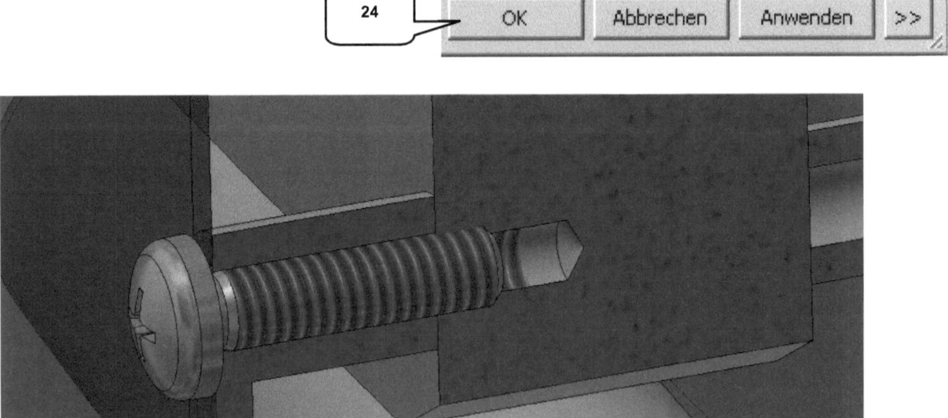

 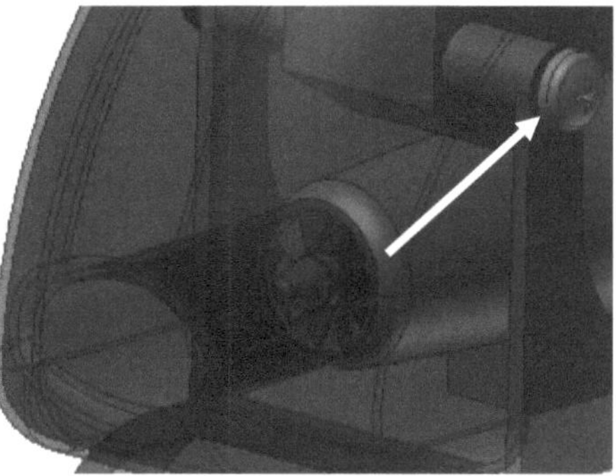

Eine identische **Schraubenverbindung** jetzt auch auf der gegenüberliegenden Seite des Hubschraubers einfügen.

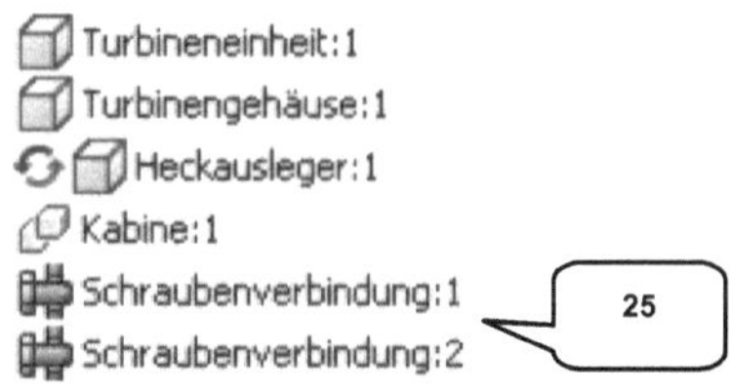

Im Browser wurden zwei Schraubenverbindungen erzeugt (25). Um eine Schraubenverbindung zu bearbeiten, ist im Browser mit der rechten Maustaste darauf zu klicken und die Option **Mit Konstruktions-Assistent bearbeiten** (26) zu wählen.

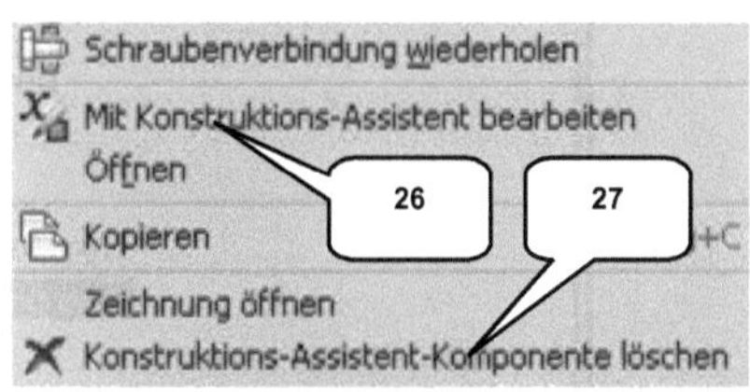

Um eine Schraubenverbindung aus einer Baugruppe zu löschen, ist im Browser mit der rechten Maustaste darauf zu klicken und die Option **Konstruktions-Assistent-Komponente löschen** (27) zu wählen.

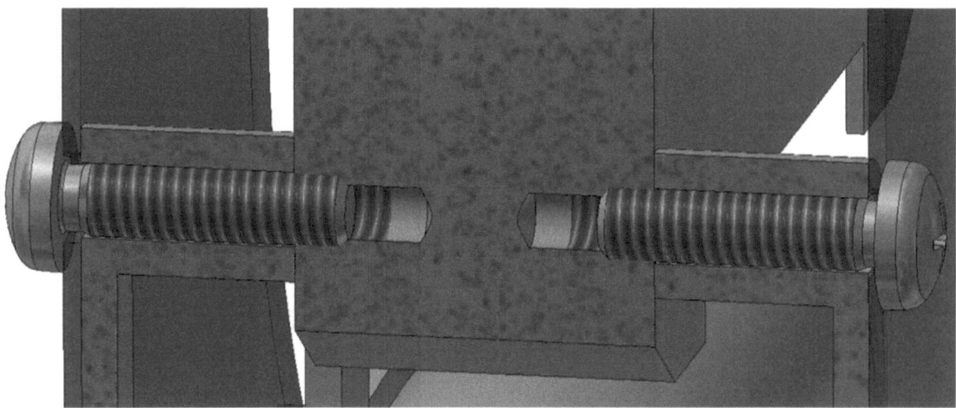

15.2 Schraubenverbindung zwischen Rumpf-Oberteil und -Unterteil

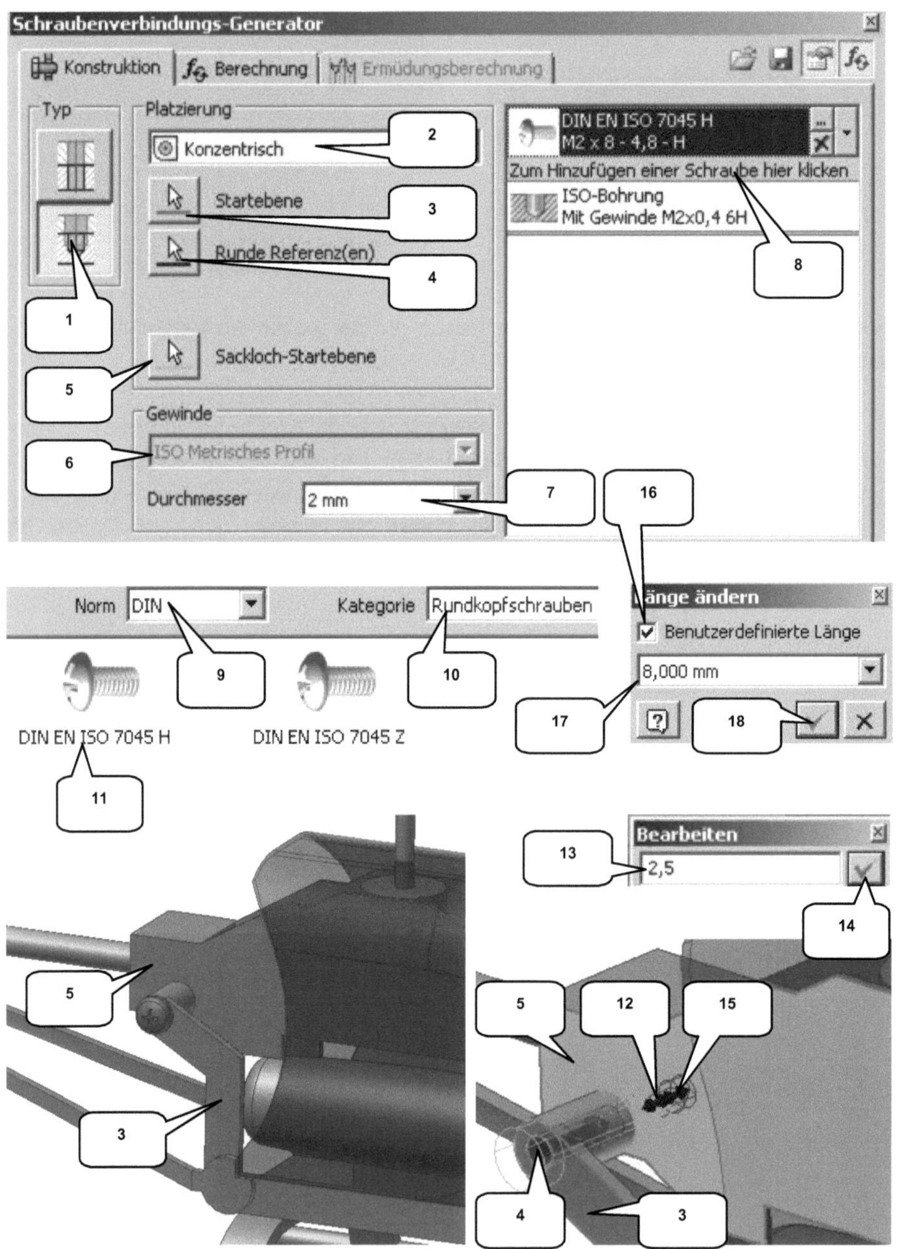

- ➤ *Schraubenverbindung*
- ➤ Typ: Nicht durchgehend (1)
- ➤ Platzierung: Konzentrisch (2)
- ➤ Startebene: Markierte Seitenfläche (Rumpf-Unterteil) (3)
- ➤ Runde Referenz: Markierte Bohrung (Rumpf-Unterteil) (4)
- ➤ Sackloch-Startebene: Markierte Seitenfläche (Rumpf-Oberteil) (5)
- ➤ Gewinde: ISO Metrisches Profil (6)
- ➤ Durchmesser: [2 mm] (7)

- ➤ *Zum Hinzufügen einer Schraube hier klicken* (8)
- ➤ Norm: DIN (9)
- ➤ Kategorie: Rundkopfschrauben (10)
- ➤ *DIN EN ISO 7045 H* wählen (11)

- ➤ Doppelklick auf Doppelpfeil der Gewindebohrung (12)
- ➤ Tiefe: [2,5 mm] (13)
- ➤ *OK* (14)

- ➤ Doppelklick auf Doppelpfeil der Schraube (15)
- ➤ Aktivieren: Benutzerdefinierte Länge (16)
- ➤ Länge: [8 mm] (17)
- ➤ *OK* (18)

- ➤ *OK* (Schraubenverbindungs-Generator)
- ➤ *OK* (Dateibenennung)

Eine identische Schraubenverbindung jetzt auch auf der gegenüberliegenden Seite des Hubschraubers einfügen.

15.3 Schraubenverbindung zw. Rumpf-Unterteil und Heckausleger

Die Schraubenverbindung zwischen den Bauteilen *Rumpf-Unterteil* und *Heckausleger* wird etwas anders konstruiert. Beide Bauteile werden mit einer Durchgangsbohrung versehen und durch eine Schraubenverbindung bestehend aus Schraube, Scheibe und Mutter miteinander verbunden. Bohrungstiefe und Schraubenlänge bestimmt das Programm hier selbst.

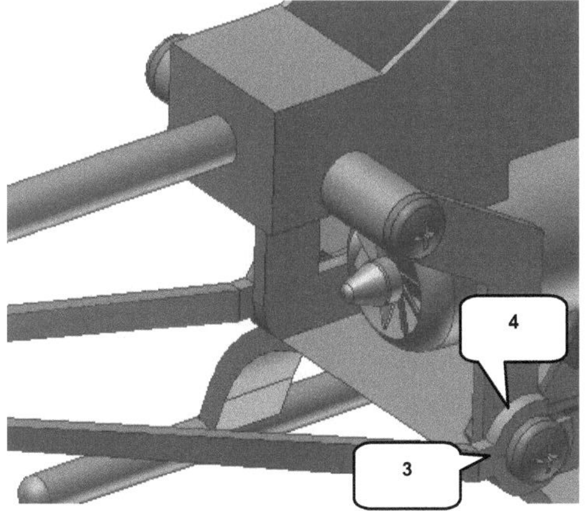

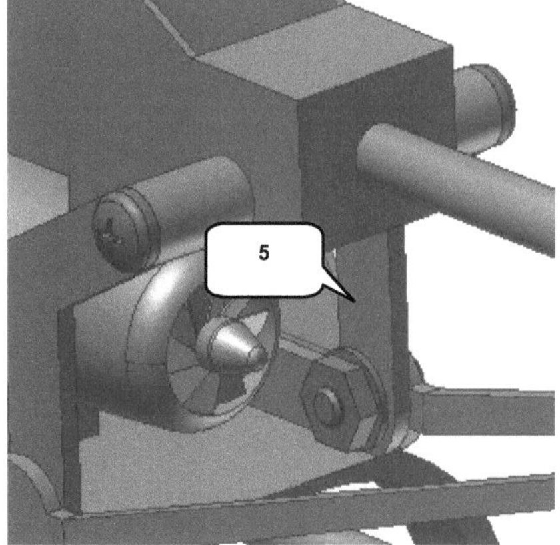

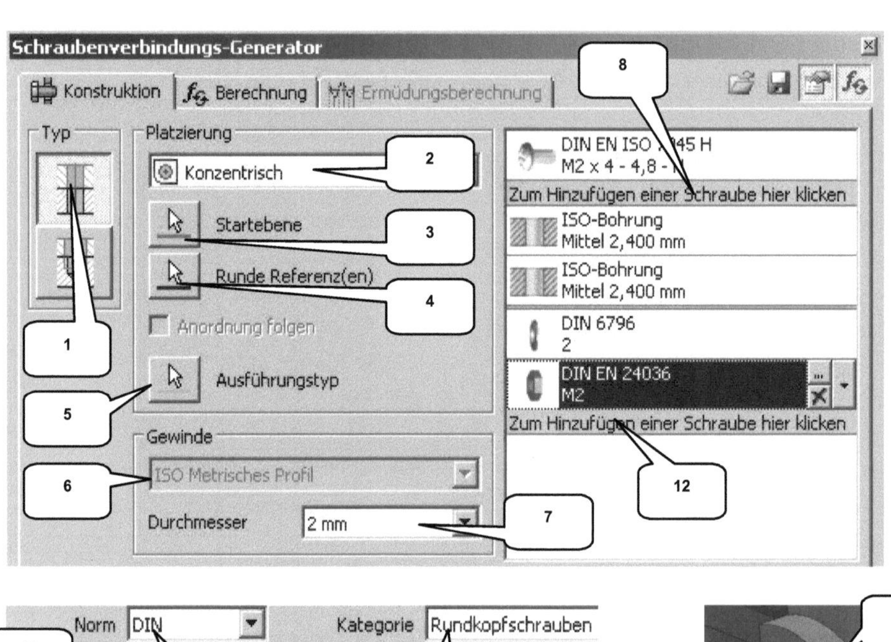

Schraubenverbindungs-Generator
Konstruktion
Berechnung
Ermüdungsberechnung
Typ
Platzierung
Konzentrisch
Startebene
Runde Referenz(en)
Anordnung folgen
Ausführungstyp
Gewinde
ISO Metrisches Profil
Durchmesser
2 mm
DIN EN ISO 7045 H
M2 x 4 - 4,8 - H
Zum Hinzufügen einer Schraube hier klicken
ISO-Bohrung
Mittel 2,400 mm
ISO-Bohrung
Mittel 2,400 mm
DIN 6796
2
DIN EN 24036
M2
Zum Hinzufügen einer Schraube hier klicken
8
2
3
4
1
5
6
7
12

Norm DIN
Kategorie Rundkopfschrauben
11
9
10
DIN EN ISO 7045 H
DIN EN ISO 7045 Z
Norm DIN
Kategorie Unterlegscheiben
13
14
15
DIN 6796
DIN 6797 A
DIN 6797 J
Norm DIN
Kategorie Muttern
16
17
139-2 - ersetzt durch
N EN 24035/28675
DIN 934 - ersetzt durch DIN
EN 24032/28673/28674
DIN EN 24032
DIN EN 24035
DIN EN 24036
18
DIN EN 24036
4
3
5

> ➢ **Schraubenverbindung**
> ➢ Typ: Durchgehend (1)
> ➢ Platzierung: Konzentrisch (2)
> ➢ Startebene: Markierte Seitenfläche
> (Heckausleger) (3)
> ➢ Runde Referenz: Markierte Kante
> (Heckausleger) (4)
> ➢ Ausführungstyp: Markierte Innenfläche
> (Rumpf-Unterteil) (5)
> ➢ Gewinde: ISO Metrisches Profil (6)
> ➢ Durchmesser: [2 mm] (7)
>
> ➢ **Zum Hinzufügen einer Schraube hier
> klicken** (8)
> ➢ Norm: DIN (9)
> ➢ Kategorie: Rundkopfschrauben (10)
> ➢ **DIN EN ISO 7045 H** wählen (11)

> ➢ **Zum Hinzufügen einer Schraube hier
> klicken** (12) (*im Befehlsfenster unten!*)
> ➢ Norm: DIN (13)
> ➢ Kategorie: Unterlegscheiben (14)
> ➢ **DIN 6796** wählen (15)
>
> ➢ **Zum Hinzufügen einer Schraube hier
> klicken** (12) (*im Befehlsfenster unten!*)
> ➢ Norm: DIN (16)
> ➢ Kategorie: Muttern (17)
> ➢ **DIN EN 24036** wählen (18)
>
> ➢ **OK** (Schraubenverbindungs-Generator)

Eine identische Schraubenverbindung jetzt auch auf der gegenüberliegenden Seite des Hubschraubers einfügen.

15.4 Schraubenverbindung zwischen Landegestell und Rumpf

Die Bauteile **Landegestell** und **Rumpf-Unterteil** werden ebenfalls durch eine Schraubenverbindung, bestehend aus Schraube, Scheibe und Mutter, miteinander verbunden. Die Platzierung muss hier allerdings linear erfolgen. Als lineare Referenzen sind zwei Körperkanten der beiden Bauteile zu verwenden.

HINWEIS: Sollten sich die Bearbeitungsfenster für die Abstände zu den beiden Referenzkanten (5,8) nach Auswahl der Referenzkanten (4,7) nicht automatisch öffnen, muss zuerst der Ausführungstyp gewählt und dann auf die Maßzahlen doppelgeklickt werden.

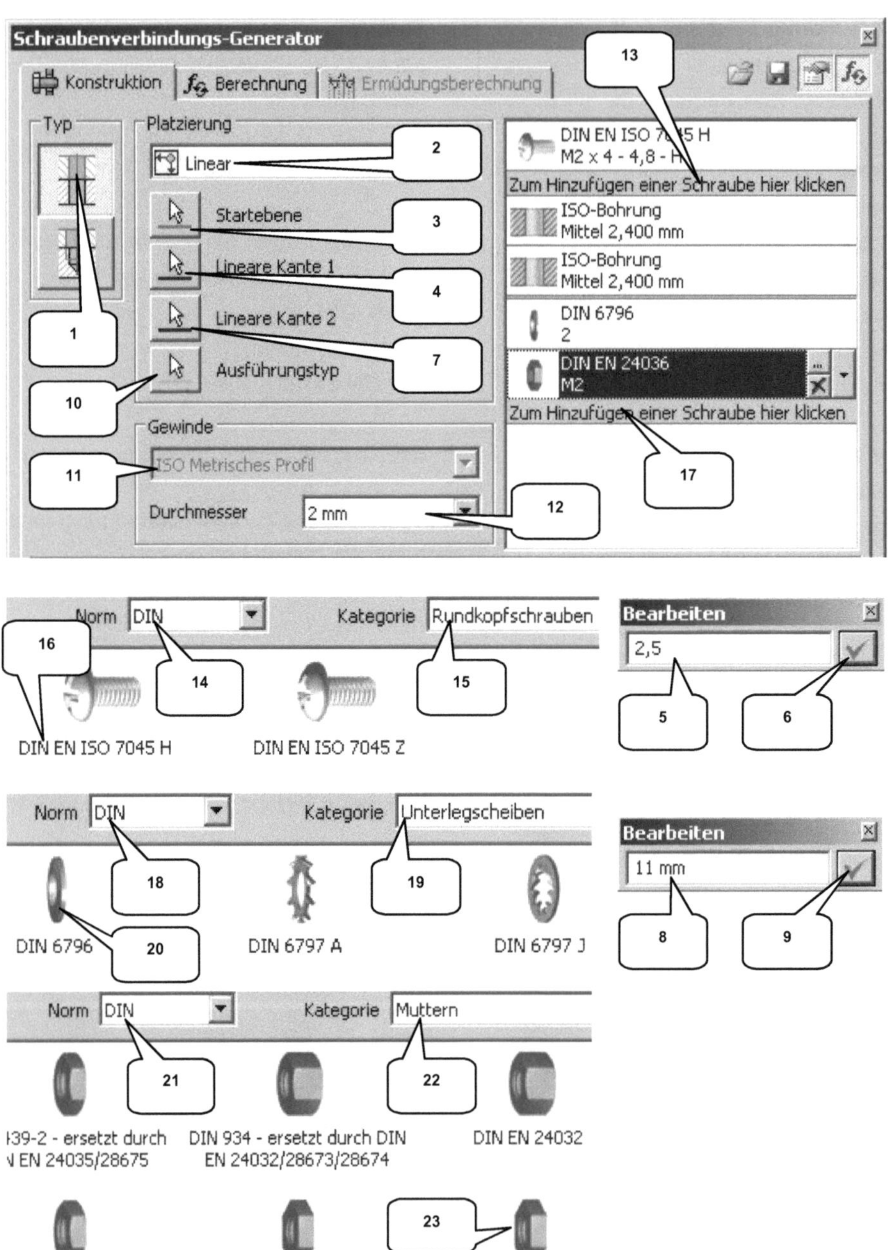
Schraubenverbindungs-Generator
Konstruktion
Berechnung
Ermüdungsberechnung
13
Typ
Platzierung
Linear
2
Startebene
3
Lineare Kante 1
4
Lineare Kante 2
7
Ausführungstyp
10
1
DIN EN ISO 7045 H
M2 x 4 - 4,8 - H
Zum Hinzufügen einer Schraube hier klicken
ISO-Bohrung
Mittel 2,400 mm
ISO-Bohrung
Mittel 2,400 mm
DIN 6796
2
DIN EN 24036
M2
Zum Hinzufügen einer Schraube hier klicken
17
Gewinde
ISO Metrisches Profil
11
Durchmesser
2 mm
12
Norm DIN
Kategorie Rundkopfschrauben
16
14
15
DIN EN ISO 7045 H
DIN EN ISO 7045 Z
Bearbeiten
2,5
5
6
Norm DIN
Kategorie Unterlegscheiben
18
19
DIN 6796
20
DIN 6797 A
DIN 6797 J
Bearbeiten
11 mm
8
9
Norm DIN
Kategorie Muttern
21
22
139-2 - ersetzt durch
N EN 24035/28675
DIN 934 - ersetzt durch DIN
EN 24032/28673/28674
DIN EN 24032
DIN EN 24035
DIN EN 24036
23
DIN EN 24036

> - ***Schraubenverbindung***
> - Typ: Durchgehend (1)
> - Platzierung: Linear (2)
> - Startebene: Untere Fläche (Landegestell) (3)
> - Lineare Kante 1: Markierte Kante (Landegestell) wählen (4)
> - Abstand: [2,5 mm] (5)
> - ***OK*** (6)
> - Lineare Kante 2: Markierte Kante (Rumpf-Oberteil) wählen (7)
> - Abstand: [11 mm] (8)
> - ***OK*** (9)
> - Ausführungstyp: Markierte Fläche (Rumpf-Oberteil) wählen (10)
> - Gewinde: ISO Metrisches Profil (11)
> - Durchmesser: [2 mm] (12)

> - ***Zum Hinzufügen einer Schraube hier klicken*** (13)
> - Norm: DIN (14)
> - Kategorie: Rundkopfschrauben (15)
> - ***DIN EN ISO 7045 H*** wählen (16)
>
> - ***Zum Hinzufügen einer Schraube hier klicken*** (17) (*im Befehlsfenster unten!*)
> - Norm: DIN (18)
> - Kategorie: Unterlegscheiben (19)
> - ***DIN 6796*** wählen (20)
>
> - ***Zum Hinzufügen einer Schraube hier klicken*** (17) (*im Befehlsfenster unten!*)
> - Norm: DIN (21)
> - Kategorie: Muttern (22)
> - ***DIN EN 24036*** wählen (23)
>
> - ***OK*** (Schraubenverbindungs-Generator)

Eine identische Schraubenverbindung jetzt auch auf der vorderen Seite des Landegestells erzeugen.

15.5 Schraubenverbindung zw. Rumpf-Unterteil und Turbingengeh.

Die letzte ***Schraubenverbindung*** soll zwischen den Bauteilen ***Rumpf-Unterteil*** und ***Turbinengehäuse*** erzeugt werden. Die Platzierung erfolgt auch hier linear.

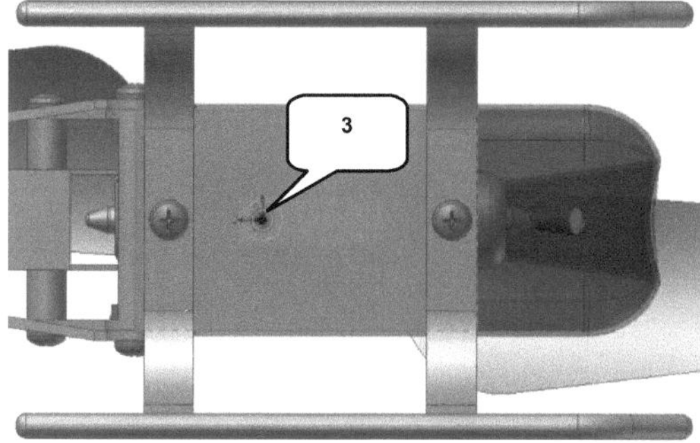

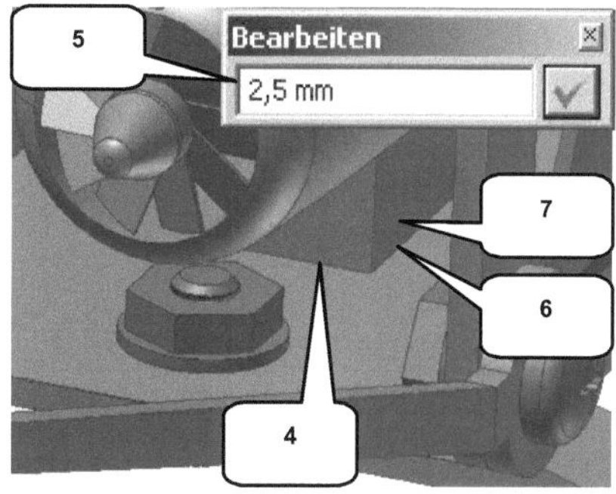

HINWEIS: Bei der Auswahl der Position für die *Startebene* ist darauf zu achten, dass möglichst mittig auf die untere Fläche des Bauteils *Rumpf-Unterteil* geklickt wird, da es ansonsten Probleme bei der Justierung der Bohrung geben könnte.

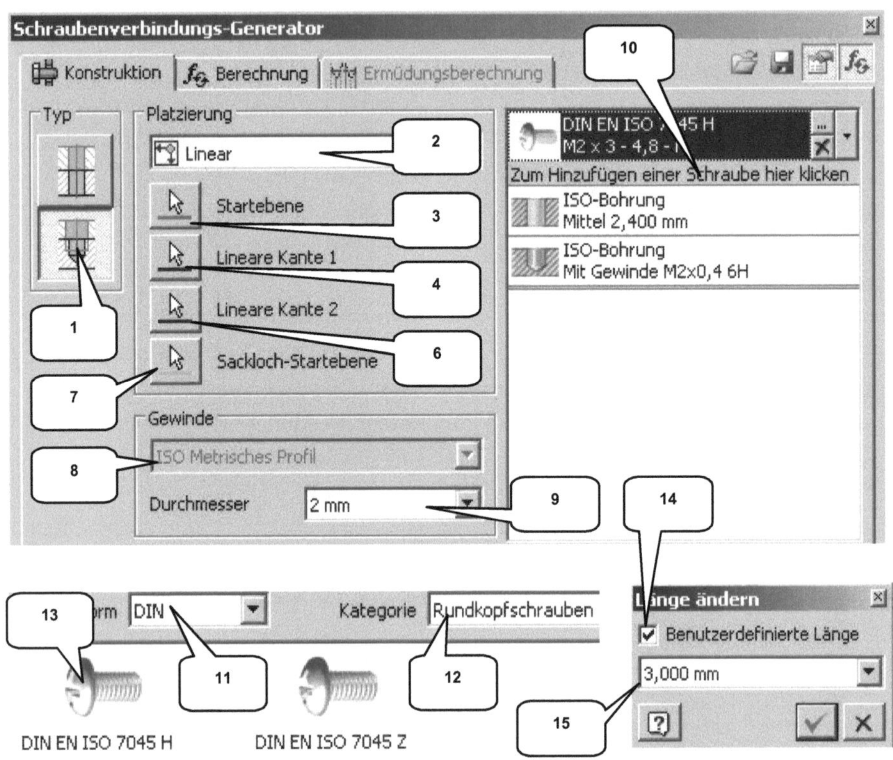

HINWEIS: Als Auswahl für die *Sackloch-Startebene* muss die untere Fläche des Bauteils *Turbinengehäuse* gewählt werden. Diese Fläche ist zwar durch das Bauteil *Rumpf-Unterteil* verdeckt, kann allerdings trotzdem beim Überfahren mit der Maus ausgewählt werden.

- ➤ *Schraubenverbindung*
- ➤ Typ: Nicht durchgehend (1)
- ➤ Platzierung: Linear (2)
- ➤ Startebene: Untere Fläche (Rumpf-Unterteil) (3)
- ➤ Lineare Kante 1: Markierte Kante (Turbinengehäuse) (4)
- ➤ Abstand: [2,5 mm] (5)
- ➤ *Taste: ENTER* (oder OK)

➢ Lineare Kante 2: Markierte Kante (Turbinengehäuse) wählen (6)
➢ Abstand: [2,5 mm] (5)
➢ **Taste: ENTER**
➢ Sackloch-Startebene: Untere Fläche (Turbinengehäuse) wählen (7)
➢ Gewinde: ISO Metrisches Profil (8)
➢ Durchmesser: [2 mm] (9)

➢ **Zum Hinzufügen einer Schraube hier klicken** (10)
➢ Norm: DIN (11)
➢ Kategorie: Rundkopfschrauben (12)
➢ **DIN EN ISO 7045 H** wählen (13)

➢ Doppelklick auf Doppelpfeil der Schraube
➢ Aktivieren: Benutzerdefinierte Länge (14)
➢ Länge: [3 mm] (15)
➢ **Taste: ENTER**

➢ Doppelklick auf Doppelpfeil der Gewindebohrung
➢ Tiefe: [3 mm] (16)
➢ **Taste: ENTER**

➢ **OK** (Schraubenverbindungs-Generator)
➢ **OK** (Dateibenennung)

Eine identische **Schraubenverbindung** jetzt auch auf der vorderen Seite des Turbinenge-
häuses erzeugen.

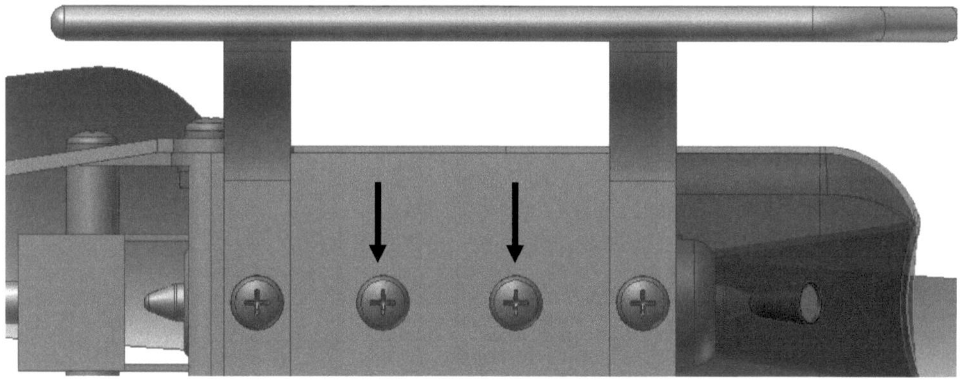

16 Farbzuweisung und Rendering

16.1 Bauteile mit Farben versehen

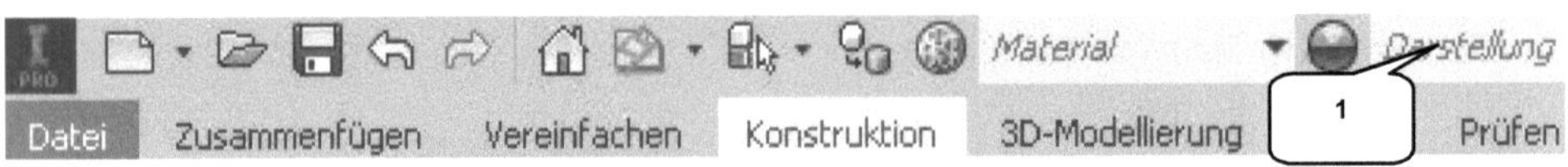

Vor dem Rendern der Baugruppe soll den einzelnen Bauteilen jeweils eine *Farbe* zugewiesen werden. Die folgende Farbauswahl ist nur ein Beispiel und kann beliebig geändert werden.

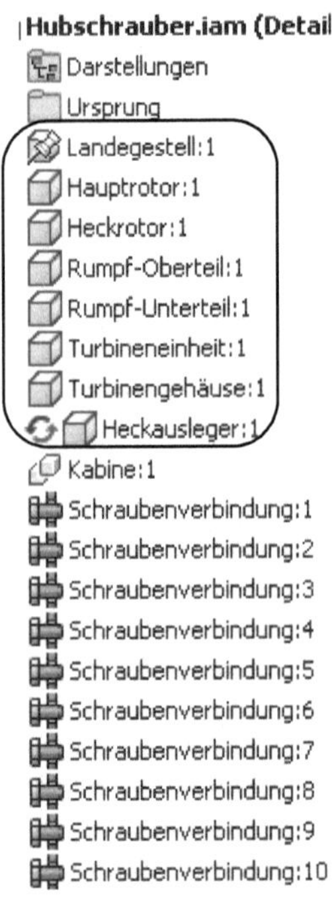

> Bei gedrückter *Taste: STRG* mit der linken Maustaste nacheinander die folgenden Bauteile markieren:

> Hauptrotor, Heckrotor, Turbineneinheit

> *Darstellung überscheiben* (1)
> Farbe: *Rot* wählen
> *Taste: ESC*

> Bei gedrückter *Taste: STRG* mit der linken Maustaste nacheinander die folgenden Bauteile markieren:

> Landegestell, Rumpf-Oberteil, Rumpf-Unterteil, Turbinengehäuse, Heckausleger

> *Darstellung überscheiben* (1)
> Farbe: *Gold - Metall* wählen
> *Taste: ESC*

16.2 Rendern der Baugruppe

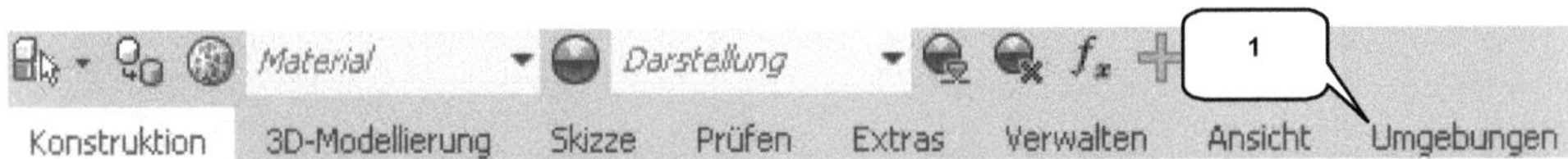

Im nächsten Schritt soll die Baugruppe gerendert werden. Hierfür ist in das Register *Umgebungen* (1) zu wechseln und dort der Befehl *Inventor Studio* (2) zu starten.

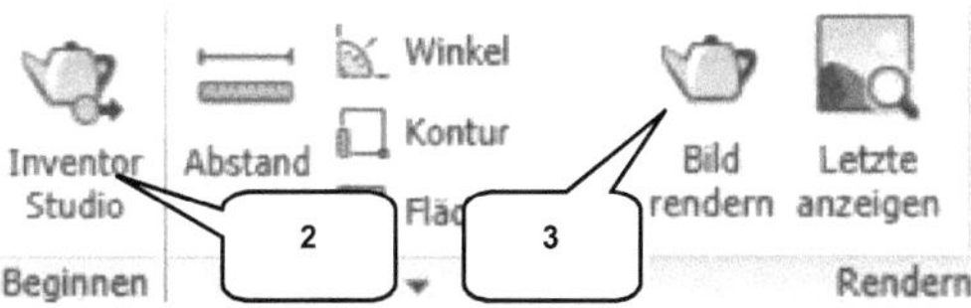

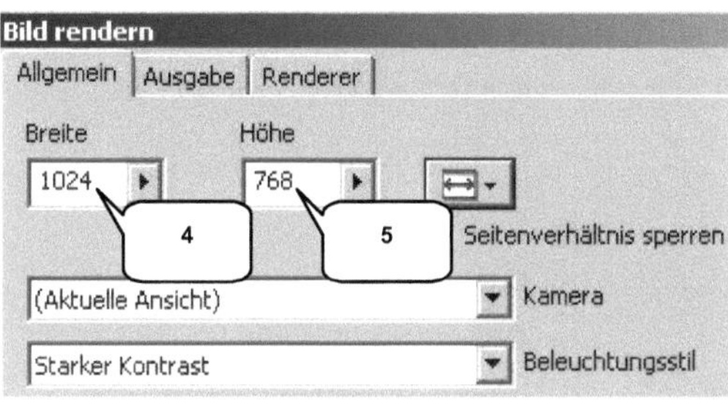

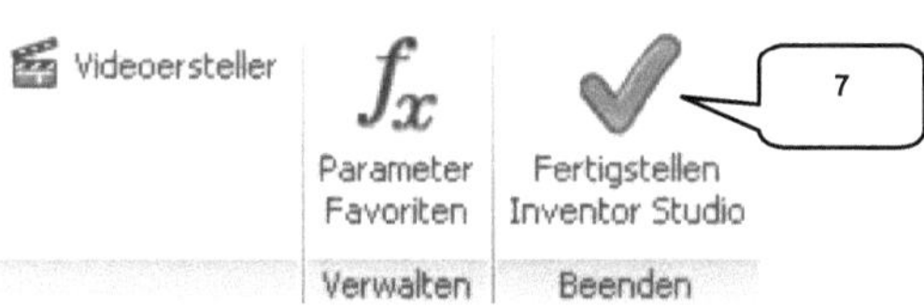

Im Register **Rendern** dann den Befehl **Bild rendern** (3) starten. Der Hubschrauber sollte jetzt solange im Zeichenbereich gedreht und gezoomt werden, bis eine zufriedenstellende Position erreicht ist. Anschließend kann gerendert werden.

- ➤ **Bild rendern** (3)
- ➤ Breite: [1024] (4)
- ➤ Höhe: [768] (5)
- ➤ **RENDERN**

- ➤ **Speichern** (6) (Renderausgabe)
- ➤ Projektordner wählen
- ➤ Dateiname: [Renderbild]
- ➤ Dateityp: (*.jpg)
- ➤ **Speichern**

- ➤ **Fertig stellen Inventor Studio** (6)

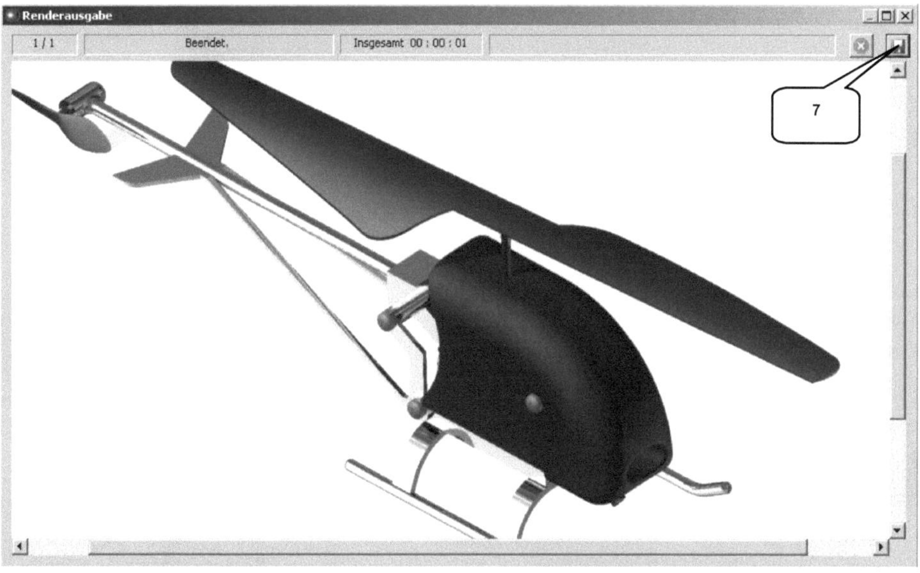

17 Animation der beweglichen Bauteile

17.1 Setzen der Bewegungsabhängigkeiten

Im letzten Kapitel dieses Buches sollen die drei Bauteile Hauptrotor, Heckrotor und Turbineneinheit mit einer **Bewegungsabhängigkeit** versehen werden. Alle drei Bauteile sind noch immer mit einem Freiheitsgrad versehen: sie können jeweils frei um ihre Rotorachse gedreht werden. Dieser letzte Freiheitsgrad soll jetzt eliminiert werden, um damit eine Bewegungsanimation erzeugen zu können.

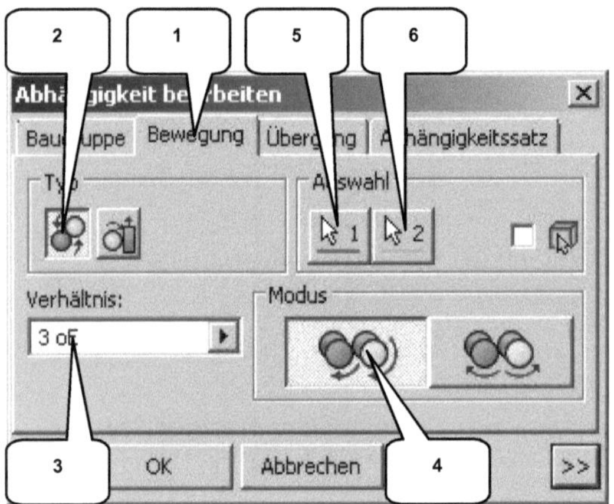

> ➢ **Register: Zusammenfügen**
> ➢ **Abhängig machen**
> ➢ Reiter: Bewegung (1)
> ➢ Typ: Drehung (2)
> ➢ Verhältnis: [3] (3)
> ➢ Modus: Vorwärts (4)
> ➢ Auswahl 1: Markierte Zylinderfläche (Hauptrotor) (5)
> ➢ Auswahl 2: Markierte Zylinderfläche (Heckrotor) (6)
> ➢ **OK**

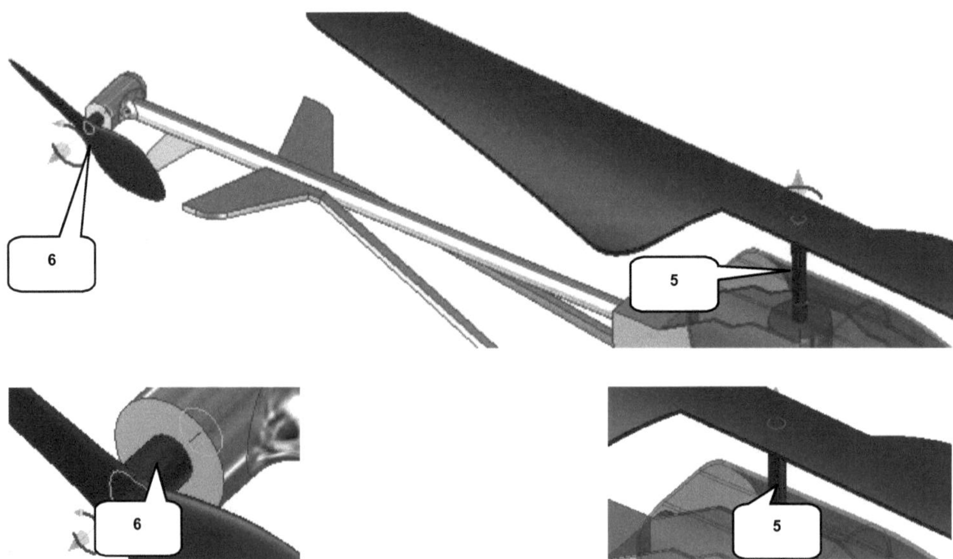

Wenn der Hauptrotor jetzt bei gedrückter linker Maustaste gedreht wird, sollte sich der Heckrotor mit dreifacher Geschwindigkeit drehen.

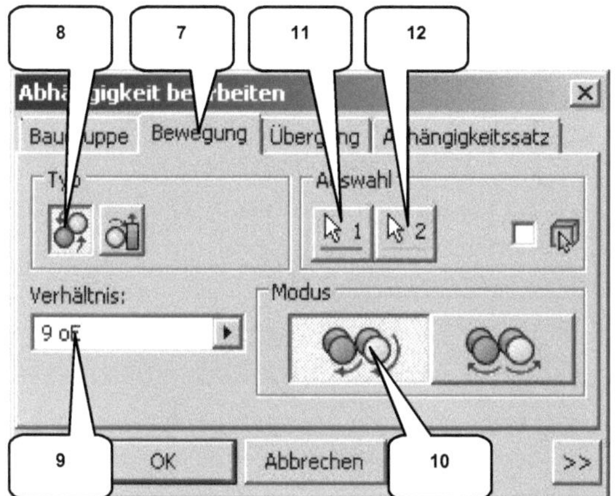

> ***Abhängig machen***
> Reiter: Bewegung (7)
> Typ: Drehung (8)
> Verhältnis: [9] (9)
> Modus: Vorwärts (10)
> Auswahl 1: Markierte Zylinderfläche (Hauptrotor) (11)
> Auswahl 2: Markierte (konische) Fläche (Turbineneinheit) (12)
> ***OK***

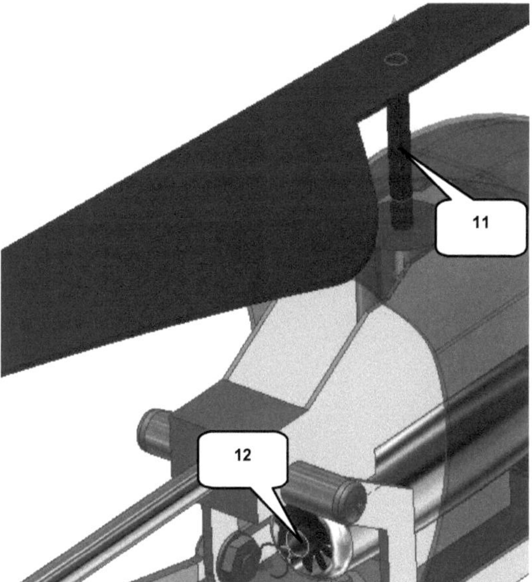

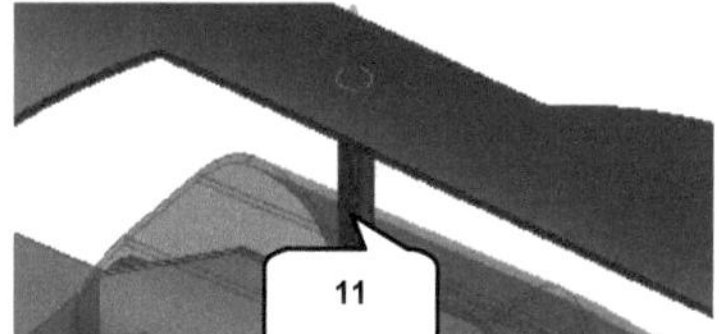

Bei sich drehendem Hauptrotor sollten sich der Heckrotor jetzt mit der dreifachen und die Turbineneinheit mit der neunfachen Geschwindigkeit drehen.

17.2 Setzen einer Winkelabhängigkeit

Im letzten Schritt soll der Hauptrotor mit einer **Winkelabhängigkeit** versehen werden, um diese anschließend zu animierten.

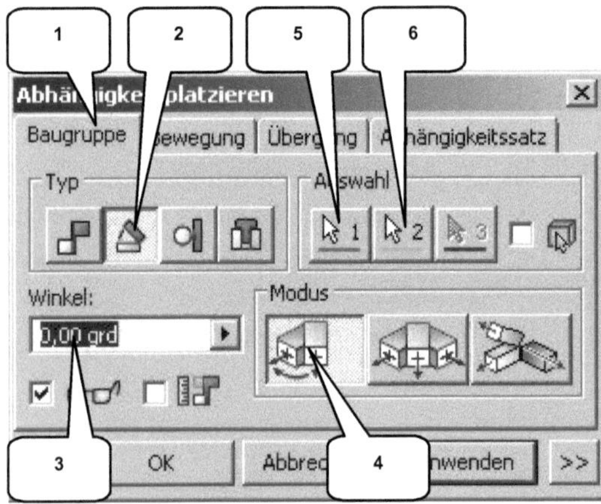

> *Abhängig machen*
> Reiter: Baugruppe (1)
> Typ: Winkel (2)
> Winkel: [0°] (3)
> Modus: Gerichteter Winkel (4)
> Auswahl 1: XY-Ebene (Baugruppe) (5)
> Auswahl 2: YZ-Ebene (Hauptrotor) (6)
> *OK*

17.3 Animation der Rotationsteile

Um die zuletzt erzeugte Abhängigkeit animieren zu können, muss darauf im Browser (Bauteil Hauptrotor) mit der rechten Maustaste geklickt und die Option ***Bauteil nach Abhängigkeiten bewegen*** gewählt werden.

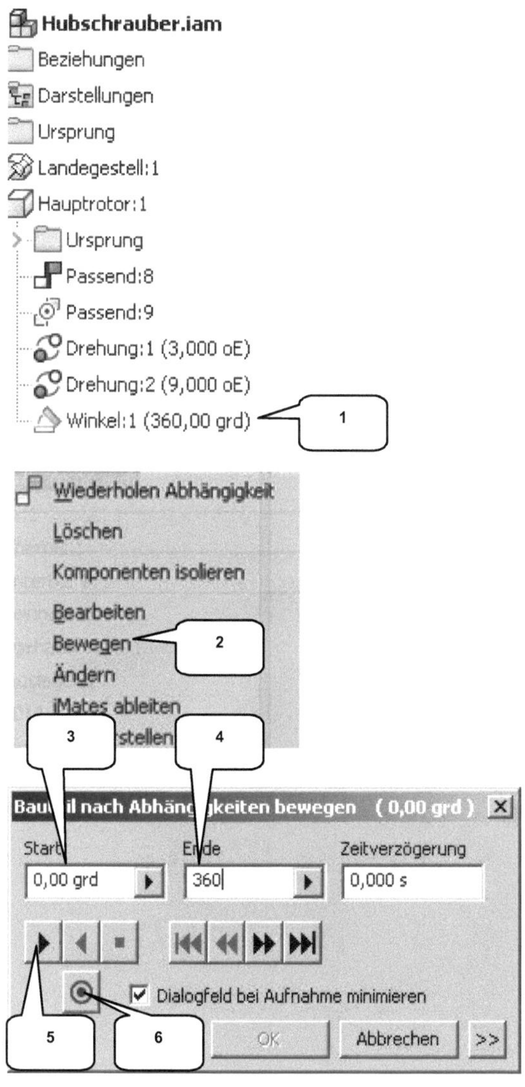

> ➤ Rechte Maustaste auf die Winkelabhängigkeit des Hauptrotors (1)

> ➤ Option: Bewegen (2)

Im gleichnamigen Befehlsfenster sind dann die folgenden Einstellungen vorzunehmen:

> ➤ Start: [0°] (3)

> ➤ Ende: [360°] (4)

Anschließend kann mit der Animation begonnen werden.

> ➤ Option: Vorwärts (5)

Mit der Taste ***Aufnahme*** (6) kann die Animation als Video gesichert werden. Das Programm wird diese Prozedur schrittweise begleiten.

Die Baugruppe kann jetzt abschließend ***gespeichert*** und geschlossen werden.

> ➤ ***OK***

> ➤ ***Speichern***

> ➤ ***Baugruppe schließen***

Der Autor des Buches hofft, dass Sie bei der Arbeit mit dem Programm und dem Übungsprojekt viel Spaß hatten.

Der Inhalt des Buches wurde sorgfältig geprüft. Leider können Fehler nicht ausgeschlossen werden.

Wenn Ihnen während der Arbeit mit dem Buch Fehler auffallen sollten, oder wenn Sie Ideen zur Verbesserung des Inhaltes haben, ist Ihnen der Autor für jeden Hinweis per E-Mail dankbar.

Konstruktive Anmerkungen können jederzeit an ***schlieder@cad-trainings.de*** gesendet werden.

Vielen Dank.

Auszug aus dem Inventor-Grundlagenbuch

Die folgenden Seiten zeigen Auszüge aus dem Buch:

> ## *Autodesk® Inventor® 2017 - Grundlagen in Theorie und Praxis*

Dieses Buch ist ein Grundlagenbuch für Autodesk® Inventor® 2017. Anhand eines komplexen Übungsbeispiels, lernt der Leser den Umgang mit dem Programm. In kleinen, nachvollziehbaren Schritten, werden Skizzen gezeichnet, Bauteile erzeugt, Baugruppen zusammengefügt und animiert, Zeichnungen abgeleitet, Präsentationen erstellt, Bleche bearbeitet und parametrische Konstruktionen erzeugt. Der Leser erfährt nützliche Hinweise zum Umgang mit dem Programm und kann die Theorie, parallel zum Buch, in kleinen praktischen Schritten umsetzen.

Die folgenden Bereiche werden in diesem Buch behandelt:

> *Projekte erstellen, verwalten und exportieren*
> *Skizzen erstellen und Konturen zeichnen*
> *Bauteile aus Skizzen erzeugen*
> *Baugruppen zusammenfügen und animieren*
> *Normteile aus dem Inhaltscenter generieren*
> *Bauteile und Baugruppen als Zeichnung ableiten*
> *Bilder rendern*
> *Baugruppen präsentieren*
> *Bleche erzeugen und bearbeiten*
> *Schweißbaugruppen erstellen*
> *Parametrisches Konstruieren*

Weitere Informationen zu diesem und anderen Büchern erhalten Sie auf der Website:

> *http://www.cad-trainings.de/*

Christian Schlieder

LEICHT VERSTÄNDLICH - KOMPLEXES ÜBUNGSBEISPIEL

Autodesk®
Inventor® 2017

Grundlagen in Theorie und Praxis

7. Auflage

Viele praktische Übungen am
Konstruktionsobjekt
4-TAKT-MOTOR

Leicht verständlich, mit
zahlreichen Abbildungen!

Projekte
Bauteile
Parameter
Baugruppen
Zeichnungen
Präsentationen
Inventor Studio
Blechbearbeitung
Schweißbaugruppen

INHALTSVERZEICHNIS

1   Grundlegendes zum Buch

1.1   Zielgruppe und Aufbau des Buches

Dieses Übungsbuch für **Autodesk® Inventor® 2017** richtet sich an alle interessierten Perso-
nen, die den Umgang mit dieser Software von Grund auf erlernen möchten. Die Bereiche
2D-Skizze, 3D-Modell, Baugruppe (Zusammenfügen), Zeichnungserstellung (Ansichten
platzieren, Mit Anmerkung versehen) und Präsentation werden ausführlich behandelt.

Viele wichtige Befehle des Programms werden erläutert und in kleinen Schritten praktisch
gefestigt. Als Übungsbeispiel dient ein Viertaktmotor, dessen   Bauteile schrittweise erzeugt
und später in einer Hauptbaugruppe miteinander verbunden werden.

1.2   Erzeugen des Projektordners/ Herunterladen der Übungsdateien

Bevor Sie mit der Umsetzung des Projekts beginnen, sollten die folgenden Arbeiten erledigt
werden:

Erzeugen eines neuen Projektordners

Erstellen Sie auf Ihrem PC an geeigneter Stelle einen neuen Ordner:

➢ *Inventor-2017-Übung-4-Takt-Motor*

Herunterladen der Übungsdateien

Besuchen Sie im Internet die folgende Website:

➢ *http://www.cad-trainings.de/html/Download.html*

Suchen Sie das passende Buch und klicken Sie auf den nebenstehenden Link, um die zum
Buch gehörende Übungsdatei (ZIP-Format) auf Ihrem PC zu speichern. Speichern Sie die
Datei in dem vorher erzeugten Projektordner **Inventor-2017-Übung-4-Takt-Motor** und
entpacken Sie die Datei dort hinein. Die darin enthaltenen Dateien werden später benötigt.

5   Erstellen eines Einzelbenutzerprojekts

In Inventor® sollte möglichst in Projekten gearbeitet werden, um die Koordination zusammenhängender Dateien und Einstellungen zu vereinfachen. Hierfür bietet das Programm im Register **Erste Schritte** (Befehlsgruppe **Starten**) den Befehl Projekte (1).

Zu jedem Projekt wird eine eigene Projektdatei (*.ipj) erzeugt. Sie sichert alle Informationen und Querverweise eines Projekts. Das ist wichtig, wenn später komplexe Projekte archiviert oder von einem PC auf einen anderen übertragen werden sollen.

Erzeugen Sie im folgenden Arbeitsschritt ein neues Einzelbenutzer-Projekt mit der Bezeichnung **Inventor-2017-4-Takt-Motor**. Das Projekt sollte im gleichnamigen Projektordner **gespeichert** werden.

> Projekte (1)
> Neu **Neu** (2)
> Option: **Einzelbenutzer-Projekt**
> Weiter **Weiter**
> Name: **Inventor-2017-4-Takt-Motor** (3)

> Projektordner: Ordner **Inventor-2017-Übung-4-Takt-Motor** wählen (4)
> Fertig stellen **Fertigstellen** (5)
> Fertig **Fertig** (6)

Das neue Projekt wird automatisch aktiviert, was durch einen kleinen Haken in der Zeile des aktiven Projekts signalisiert wird. Bei der späteren Arbeit mit dem Programm sollte das jeweils aktive Projekt nach Programmstart stets kontrolliert werden.

So kann vermieden werden, dass Dateien unbeabsichtigt an einem falschen Speicherort gesichert und damit einem anderen Projekt zugeordnet werden.

- Erstellen eines Einzelbenutzerprojekts -

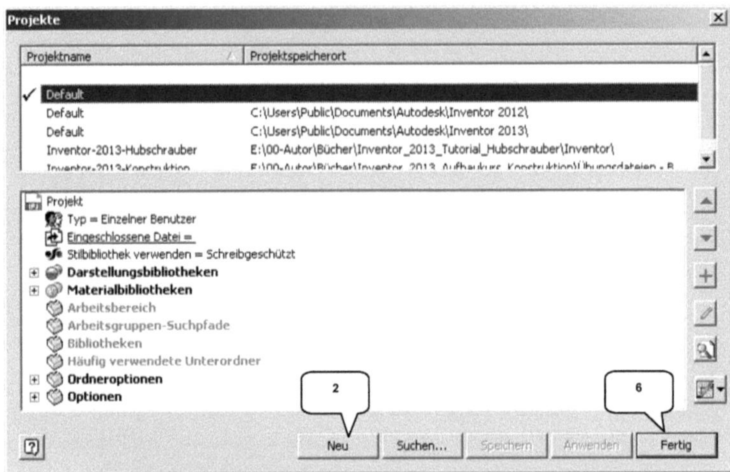

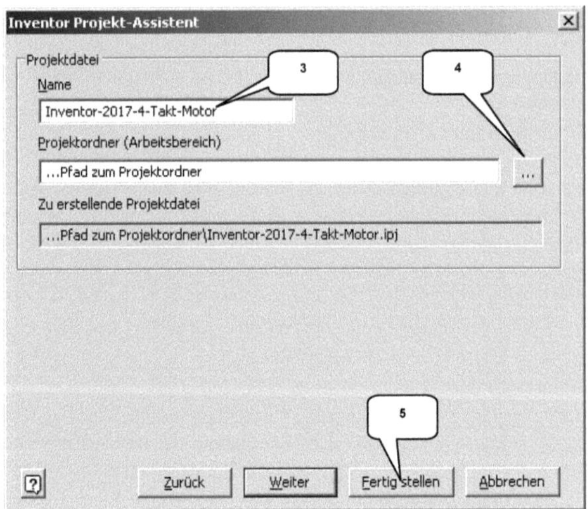

- 33 -

6 SKIZZEN und BAUTEILE

6.1 Bauteil: Ventil

6.1.1 Erstellen einer neuen Datei

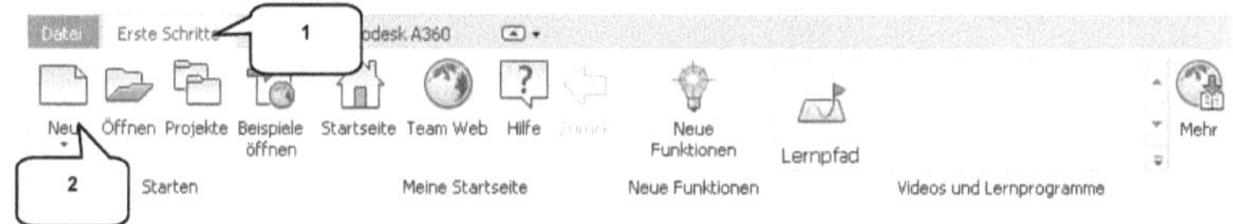

Um eine neue Datei zu erstellen, ist im Register **Erste Schritte** (1) der Befehl ☐ **Neu** (2) zu starten. Im Fenster **Neue Datei erstellen** (3) kann dann aus den vorhandenen Vorlagen ausgewählt werden, welche in Ordner eingeteilt sind (Englisch, Metrisch, Mold Design). Wurden die **Templates** (4) aktiviert, erscheinen auf der rechten Seite des Fensters die Bereiche **Bauteil**, **Baugruppe**, **Zeichnung** und **Präsentation**.

Darin befinden sich die folgenden Optionen:

> **Blech.ipt**   erzeugt ein neues Blechbauteil
> **Norm.ipt**   erzeugt ein neues Bauteil
> **Norm.iam**   erzeugt eine neue Baugruppe
> **Schweißkonstruktion.iam**   erzeugt eine neue Schweißbaugruppe
> **Norm.dwg**   erzeugt eine neue AutoCAD-Zeichnung (*.dwg)
> **Norm.idw**   erzeugt eine neue Inventor®-Zeichnung (*.idw)
> **Norm.ipn**   erzeugt eine neue Präsentation (Sprengbild)

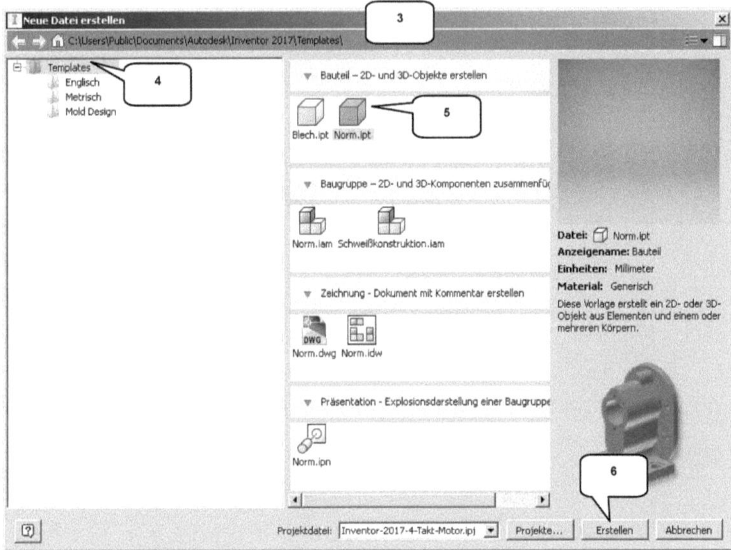

Wählen Sie die Vorlage *Norm.ipt* (5) und erzeugen Sie damit ein neues Bauteil.

➢ ☐ Neu (2)	➢ *Norm.ipt* (5)
➢ Templates (4)	➢ Erstellen *Erstellen* (6)

Durch die angepassten Voreinstellungen in den Anwendungsoptionen (vorangegangenes Kapitel), erzeugt das Programm automatisch eine neue 2D-Skizze auf der XY-Ebene und wechselt danach in den Skizzenbereich.

6.1.2   Projizieren der drei Hauptachsen

Bauteile und Baugruppen verfügen grundsätzlich über die **Hauptachsen** (X, Y, Z) und die **Hauptebenen** (XY, XZ, YZ). Auf den Ebenen können neue Skizzen erzeugt werden, die Achsen dienen u. a. zur Ausrichtung geometrischer Zeichenelemente im Skizzenbereich. Grundlegend sollten alle Objekte im Skizzenbereich am Koordinatensystem ausgerichtet und auch möglichst symmetrisch dazu gezeichnet werden. Das vereinfacht die Konstruktion eines Bauteils und eröffnet dem Anwender in späteren Konstruktionsschritten viele neue Möglichkeiten.

- SKIZZEN und BAUTEILE -

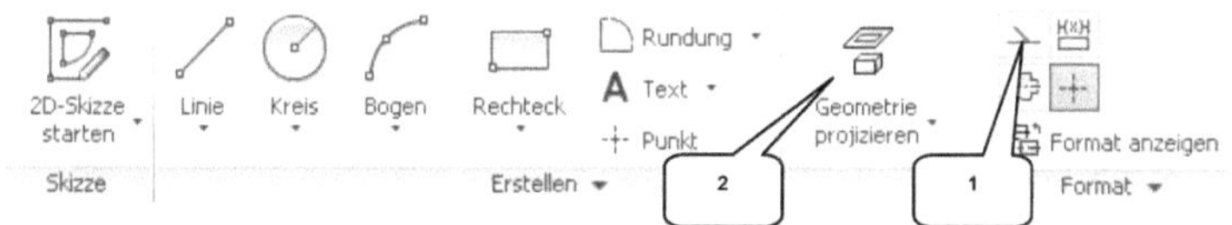

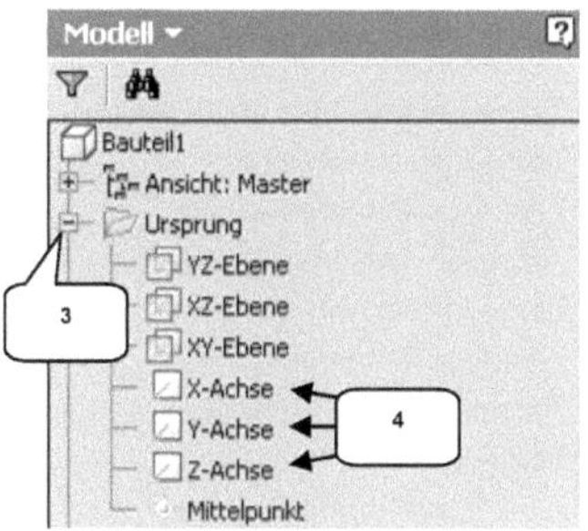

Bauteile/ Baugruppen verfügen über ein Koordinatensystem, das allerdings nicht sofort im Skizzenbereich verwendet werden kann: es muss zuerst dorthin übertragen werden. Es sollte als Hilfslinie (Konstruktionslinie) in die Skizze übernommen werden, um spätere Probleme im 3D-Modellbereich zu vermeiden. Folgen Sie jetzt Schritt für Schritt der nachfolgenden Befehlskette, um das Koordinatensystem in den Skizzenbereich zu übernehmen und die entstandenen Linien als Hilfslinien (Konstruktionslinien) zu definieren.

> ⅃ **Konstruktion** aktivieren (1)
> 🖩 **Geometrie projizieren** (2)
> Ordner *Ursprung* aufklappen (3)
> 3 Achsen nacheinander anklicken (4)

> Taste: **ESC** drücken (Beendet den Befehl 🖩 **Geometrie projizieren**)
> ⅃ **Konstruktion** deaktivieren (1)

HINWEIS: Dieser erste Schritt (Projizieren des Koordinatensystems in den Skizzenbereich eines Bauteils - 🖩 **Geometrie projizieren**) sollte in jeder neuen Skizze angewandt werden. Anschließend ist dringend darauf zu achten, die Option ⅃ **Konstruktion** wieder zu deaktivieren, da ansonsten alle weiteren Zeichenobjekte fehlerhaft erzeugt werden könnten.

6.1.3   Das Register SKIZZE im Überblick

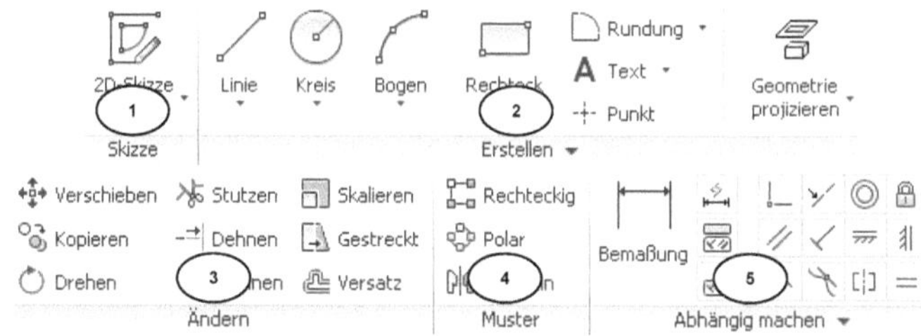

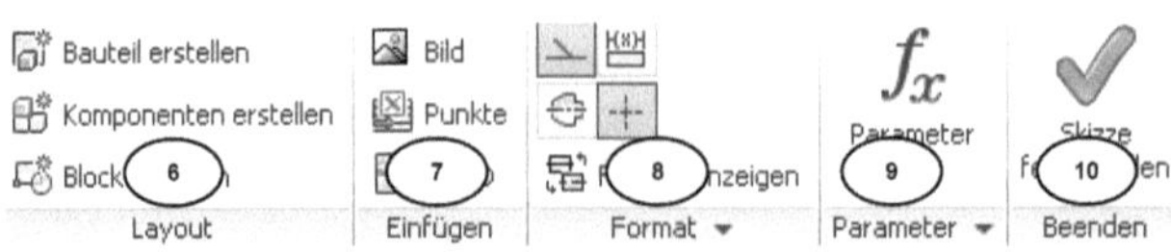

1) Erzeugen einer neuen Skizze (2D/3D)
2) Erstellen neuer Zeichenobjekte
3) Bearbeiten von Zeichenobjekten
4) Rechteckige, polare oder gespiegelte Kopien erzeugen
5) Bemaßungen und Abhängigkeiten einfügen

6) Objekte als Bauteile oder Baugruppen exportieren, Gruppieren
7) Bilder, Tabellenpunkte oder AutoCAD-Zeichnungen importieren
8) Eigenschaften von Linien, Punkten und Bemaßungen ändern
9) Parametermanager starten
10) Skizze beenden

6.1.4 Zeichnen der ersten Linien

Nachdem das Koordinatensystem in den Skizzenbereich übernommen wurde, kann mit dem Zeichnen der ersten Linien begonnen werden. Hierfür ist der Befehl ∕ **Linie** (1) zu starten. Es sollte jetzt noch einmal kontrolliert werden, ob die Option ∠ **Konstruktion** (2) wirklich wieder deaktiviert wurde, also nicht blau sondern <u>grau</u> hinterlegt ist.

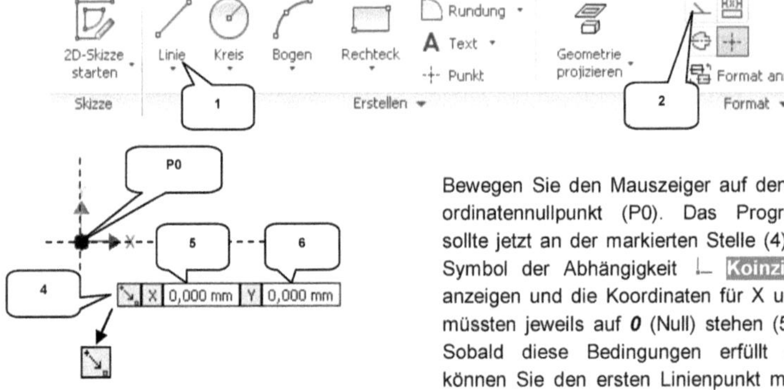

Bewegen Sie den Mauszeiger auf den Koordinatennullpunkt (P0). Das Programm sollte jetzt an der markierten Stelle (4) das Symbol der Abhängigkeit ∟ **Koinzident** anzeigen und die Koordinaten für X und Y müssten jeweils auf *0* (Null) stehen (5, 6). Sobald diese Bedingungen erfüllt sind, können Sie den ersten Linienpunkt mit einem Klick (linke Maustaste) bestätigen.

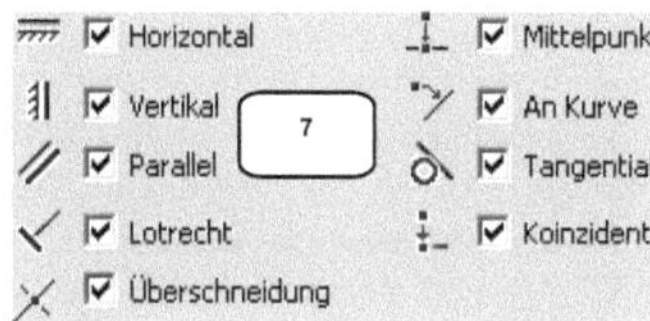

An dieser Stelle folgt ein kurzer Hinweis zu den Abhängigkeiten: Inventor® wird (so wie in den Anwendungsoptionen vorgegeben) alle Abhängigkeiten (7) in den Skizzenbereich übernehmen, wenn diese während des Zeichnens vom Programm erkannt und angezeigt werden. Folgende Abhängigkeiten stehen hierbei zur Verfügung:

> **Horizontal**   eine Linie wird parallel zur X-Achse ausgerichtet
> **Vertikal**   eine Linie wird parallel zur Y-Achse ausgerichtet
> **Parallel**   zwei Linien werden parallel zueinander ausgerichtet
> **Lotrecht**   zwei Linien werden in einem Winkel von 90° zueinander angeordnet
> **Überschneidung**   ein Punkt wird am Schnittpunkt zweier Objekte befestigt
> **Mittelpunkt**   ein Punkt wird am Mittelpunkt eines Objektes (Linie/ Bogen) befestigt
> **An Kurve**   ein Punkt wird auf einen Strahl gelegt
> **Tangential**   zwei Objekte werden tangential aneinander befestigt
> **Koinzident**   zwei Punkte werden aufeinandergelegt

HINWEIS: Beim Zeichnen sollte stets darauf geachtet werden, ob das Programm eine dieser Abhängigkeiten anzeigt. Wird an dieser Stelle dann mit der linken Maustaste geklickt, wird die Abhängigkeit automatisch in den Skizzenbereich übernommen. Beim späteren Bemaßen der Zeichenobjekte kann es dann ggf. zu Problemen kommen, weil unbeabsichtigt gesetzte Abhängigkeiten in Widerspruch zu den gewollt erzeugten Maßen stehen könnten.

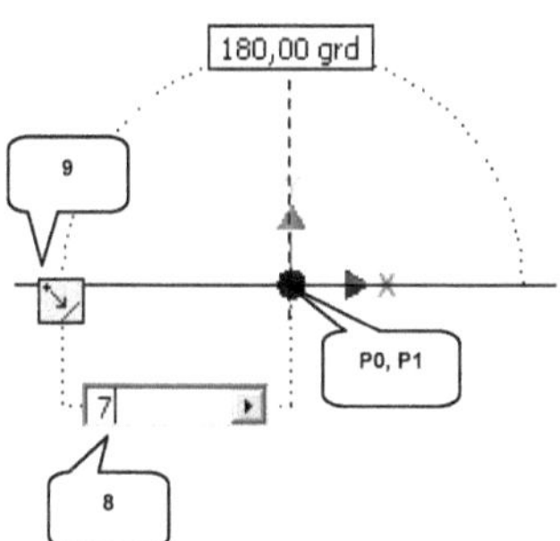

Der erste Punkt der Linie (P1) wurde bereits im Koordinatenursprung abgelegt, und das Programm erwartet jetzt weitere Punkte, um ein Linienobjekt erzeugen zu können. Ziehen Sie die Maus entlang der projizierten X-Achse nach links (die Abhängigkeit Koinzident (9) sollte angezeigt werden) und tragen Sie in das Eingabefeld für die Linienlänge (8) den Wert **7 mm** ein. Bestätigen Sie mit der Taste: **ENTER**. Wenn es in den Anwendungsoptionen so festgelegt wurde, wird die Bemaßung anschließend automatisch erzeugt.

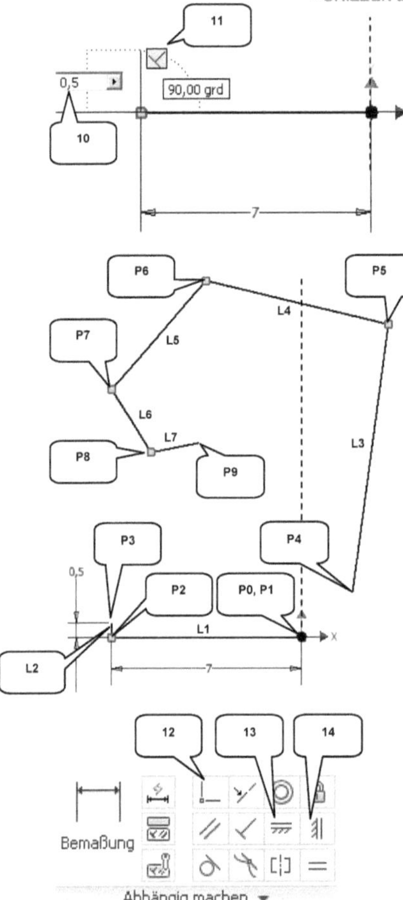

Ziehen Sie die Maus in gerader Linie nach oben und tragen Sie in das Eingabefeld der Linienlänge den Wert **0,5 mm** ein (10). Achten Sie darauf, dass während des Zeichnens die Abhängigkeit ✓ **Lotrecht** (11) angezeigt wird. Bestätigen Sie die Eingabe mit der Taste: **ENTER** und beenden Sie den Zeichenbefehl mit der Taste: **ESC**.

Starten Sie den Linienbefehl erneut und zeichnen Sie fünf zusammenhängende Linien durch Setzen der einzelnen Linienpunkte (P4...P9). Alle Linien sind leicht schräg zu zeichnen, so wie in der linken Abbildung dargestellt. Achten Sie darauf, dass beim Ablegen der Punkte <u>keine</u> Abhängigkeiten angezeigt werden.

- ➢ ／ **Linie**
- ➢ (P4) frei ablegen (linke Maustaste)
- ➢ (P5) frei ablegen (linke Maustaste)
- ➢ (P6) frei ablegen (linke Maustaste)
- ➢ (P7) frei ablegen (linke Maustaste)
- ➢ (P8) frei ablegen (linke Maustaste)
- ➢ (P9) frei ablegen (linke Maustaste)
- ➢ Taste: **ESC**

Abhängigkeiten können bereits während des Zeichnens gesetzt (wie bei den ersten beiden Linien L1, L2) oder nachträglich platziert werden. Um die Linien (L3...L7) nachträglich in Form zu bringen, soll die zuletzt erwähnte Option verwendet werden.

Starten Sie die Abhängigkeit └ **Koinzident** (12), um den Punkt (P4) auf den Koordinatenursprung (P0) zu platzieren.

- SKIZZEN und BAUTEILE -

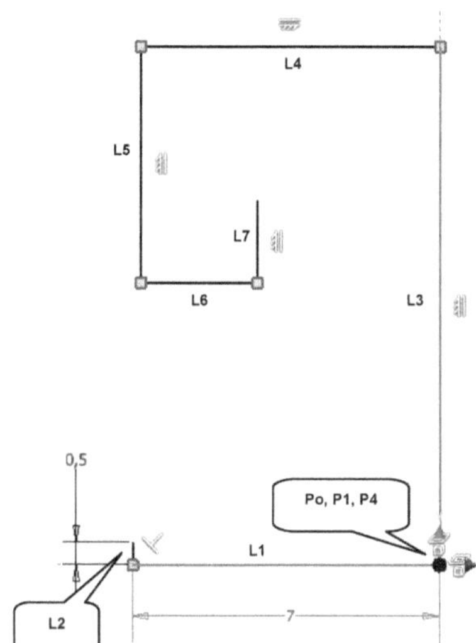

- ⌐ **Koinzident** (12)
- (P0) wählen (linke Maustaste)
- (P4) wählen (linke Maustaste)
- Taste: ESC

Mit den Abhängigkeiten ═ **Horizontal** (13) und ⫼ **Vertikal** (14) sind die restlichen Linien zu bearbeiten.

- ═ **Horizontal** (13)
- Linien (L4) und (L6) wählen
- Taste: ESC

- ⫼ **Vertikal** (14)
- Linien (L3), (L5) und (L7) wählen
- Taste: ESC

HINWEIS: Alle in einer Skizze existierenden Abhängigkeiten können mit der Taste: F8 ein- und mit der Taste: F9 wieder ausgeblendet werden. Kleine Symbole deuten die jeweiligen Abhängigkeiten an. Um eine falsch gesetzte Abhängigkeit zu löschen, klicken Sie auf das entsprechende Abhängigkeitssymbol (es wird dann rot dargestellt) und drücken die Taste: ENTF (Alternativ: *Rechte Maustaste > Löschen*).

6.1.5 Bemaßung und Bearbeitung von Zeichenelementen

Die ersten beiden Linien (L1, L2), die mit dynamischer Werteeingabe gezeichnet wurden, sind bereits bemaßt. Bei den restlichen Linien (L3...L7) muss das noch nachgeholt werden. Hierfür ist der Befehl ⟞⟝ **Bemaßung** (1) zu verwenden.

Dieser Befehl kann verschiedene Objekte anhand ihrer Eigenschaften bemaßen (Längen, Winkel, Abstände, Radien, Durchmesser, Bogenlängen u. v. m.). Nach der Auswahl des zu bemaßenden Objektes wird in der Regel das Maß selbst abgelegt. Der Klick mit der rechten Maustaste <u>vor</u> dem Ablegen eines Maßes eröffnet weitere Optionen.

- 40 -

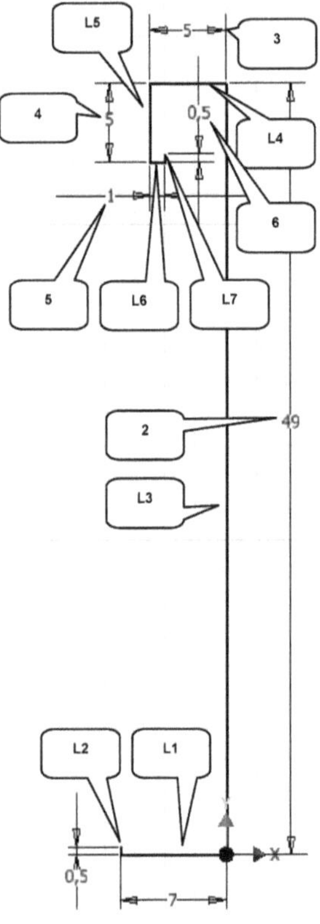

Eine Linie z. B. kann horizontal, vertikal oder ausgerichtet bemaßt werden (*rechte Maustaste* vor dem Ablegen des Maßes, um die Optionen zu wählen).

Bemaßen Sie die Linien jetzt wie folgt:

- ➢ ⌐ Bemaßung (1)
- ➢ Linie (L1) wählen, dann Linie (L4) wählen und Maß an Pos. (2) ablegen
- ➢ Wert eingeben: [49 mm] > Taste: ENTER
- ➢ Linie (L4) wählen und Maß an Pos. (3) ablegen
- ➢ Wert eingeben: [5 mm] > Taste: ENTER
- ➢ Linie (L5) wählen und Maß an Pos. (4) ablegen
- ➢ Wert eingeben: [5 mm] > Taste: ENTER
- ➢ Linie (L6) wählen und Maß an Pos. (5) ablegen
- ➢ Wert eingeben: [1 mm] > Taste: ENTER
- ➢ Linie (L7) wählen und Maß an Pos. (6) ablegen
- ➢ Wert eingeben: [0,5 mm] > Taste: ENTER
- ➢ Taste: ESC

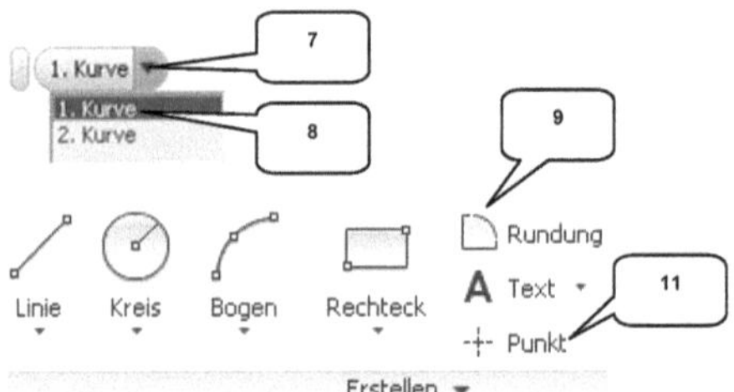

: Liegen mehrere Objekte sehr dicht aneinander (oder übereinander), kann das gesuchte Objekt möglicherweise nicht ausgewählt werden. Hier bietet das Programm die Möglichkeit, die Auswahl zu differenzieren. Halten Sie in diesem Fall den Mauszeiger eine Weile auf das gewünschte Objekt und warten Sie, bis das Fenster (7) erscheint. Im Popup-Menü (8) kann das gesuchte Objekt dann ohne Probleme ausgewählt werden.

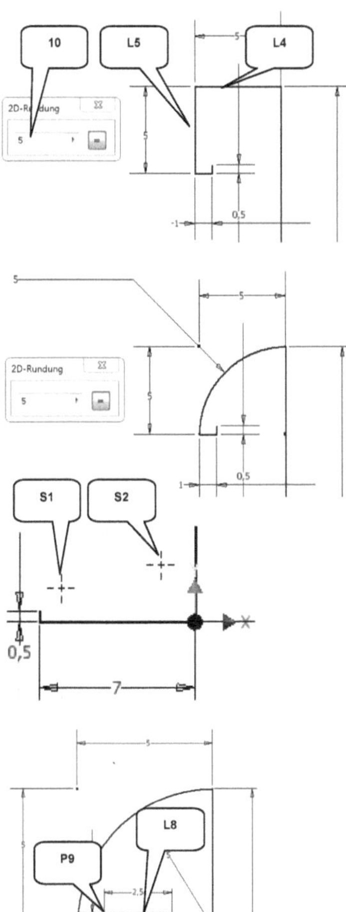

In der folgenden Übung soll die Ecke im oberen Bereich mit einem Radius von **5 mm** abgerundet werden.

- ➢ ☐ **Rundung** (9)
- ➢ Radius: [5 mm] eingeben (10)
- ➢ Linie (L4), dann Linie (L5) wählen
- ➢ Taste: **ESC**

Im unteren Bereich der Skizze sollen zwei Punkte erzeugt werden. Sie sind mittels Koordinateneingabe per Tastatur zu positionieren.

- ➢ ┼ **Punkt** (11)
- ➢ Taste: **TAB** > X-Koordinate: [-6 mm]
- ➢ Taste: **TAB** > Y-Koordinate: [1,5 mm]
- ➢ Taste: **ENTER**
- ➢ Taste: **TAB** > X-Koordinate: [-1,5 mm]
- ➢ Taste: **TAB** > Y-Koordinate: [2,5 mm]
- ➢ Taste: **ENTER**
- ➢ Taste: **ESC**

Erzeugen Sie, beginnend im Punkt (P9) im oberen Teil der Skizzenkontur, zwei weitere Linien (L8) und (L9).

- ➢ ╱ **Linie**
- ➢ Startpunkt (P9) wählen
- ➢ Linie gerade nach rechts ziehen
- ➢ Länge eingeben: [2,5 mm]
- ➢ Taste: **ENTER**
- ➢ Linie gerade nach unten ziehen und auf den Punkt (S2) klicken
- ➢ Taste: **ESC**

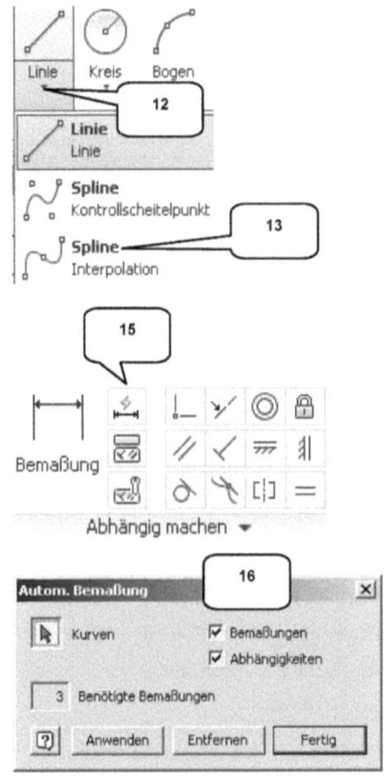

Der untere Teil der Skizzengeometrie muss noch geschlossen werden. Erweitern Sie den Befehl **Linie** durch einen Klick auf das kleine Dreieck (12) und starten Sie den Befehl Spline Interpolation (13).

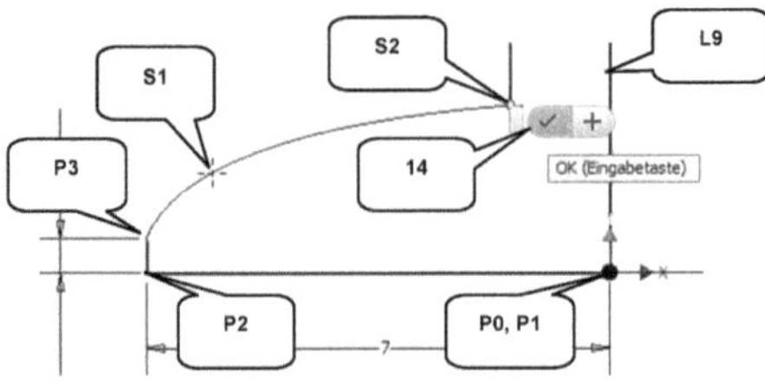

> Spline Interpolation (13)
> Punkt (P3) wählen
> Punkt (S1) wählen
> Punkt (S2) wählen
> OK (14)

Fehlende Bemaßungen sollen jetzt automatisch ergänzt werden.

> Automatisches Bemaßen (15)
> Einstellungen übernehmen (16)
> Anwenden **Anwenden**
> Fertig **Fertig**

Die Basisskizze wurde um die letzten fehlenden Maße ergänzt und der Skizzenbereich kann geschlossen werden. Mit dem Befehl Skizze fertigstellen (17) wird der Skizzenbereich verlassen und das Programm wechselt in den Modellbereich.

- 43 -

- SKIZZEN und BAUTEILE -

6.1.6 Das Register 3D-MODELL im Überblick

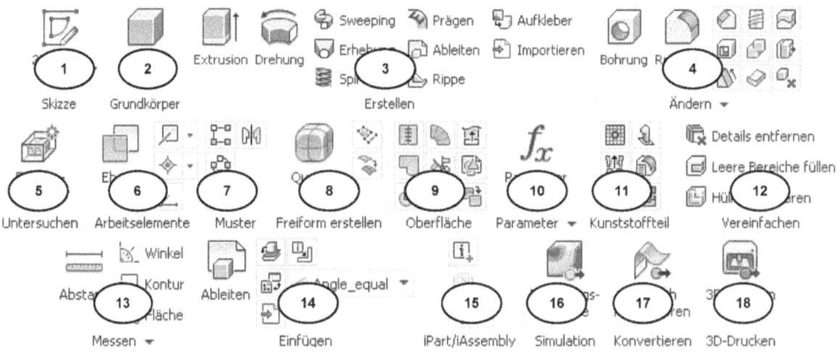

OPTIONEN

1) Neue 2D/ 3D-Skizzen erzeugen
2) Volumenkörper-Basiselemente erzeugen (Quader, Kugel, Zylinder…)
3) Volumen- oder Flächenkörper aus Skizzen erzeugen
4) Bearbeiten vorhandener Volumen- oder Flächenkörper
5) Formen-Generator
6) Arbeitsebenen, -achsen, -punkte
7) Rechteck/ polar anordnen, Spiegel
8) Freiformflächen erstellen/ bearbeiten

9) Flächen erstellen/ bearbeiten
10) Parametermanager
11) Kunststoffteile erzeugen
12) Konturen vereinfachen
13) Messwerkzeuge
14) Bauteile importieren/ exportieren
15) iPart/ iAssembly
16) Belastungsanalyse
17) Volumen in Blechkörper konvertieren
18) 3D-Drucken

6.1.7 Volumenkörper erzeugen

Nach dem Verlassen des Skizzenbereiches wechselt das Programm ins Register **3D-Modell**. Die soeben erzeugte Skizze (Skizze1) befindet sich links im Browser (1) und kann dort jederzeit geöffnet und bearbeitet werden (**rechte Maustaste > Skizze bearbeiten**). Die geschlossene 2D-Kontur aus dem Skizzenbereich soll jetzt in einen Volumenkörper konvertiert werden.

Starten Sie den Befehl 🖰 **Drehung** (2) und erweitern Sie das Befehlsfenster (3).

- 44 -

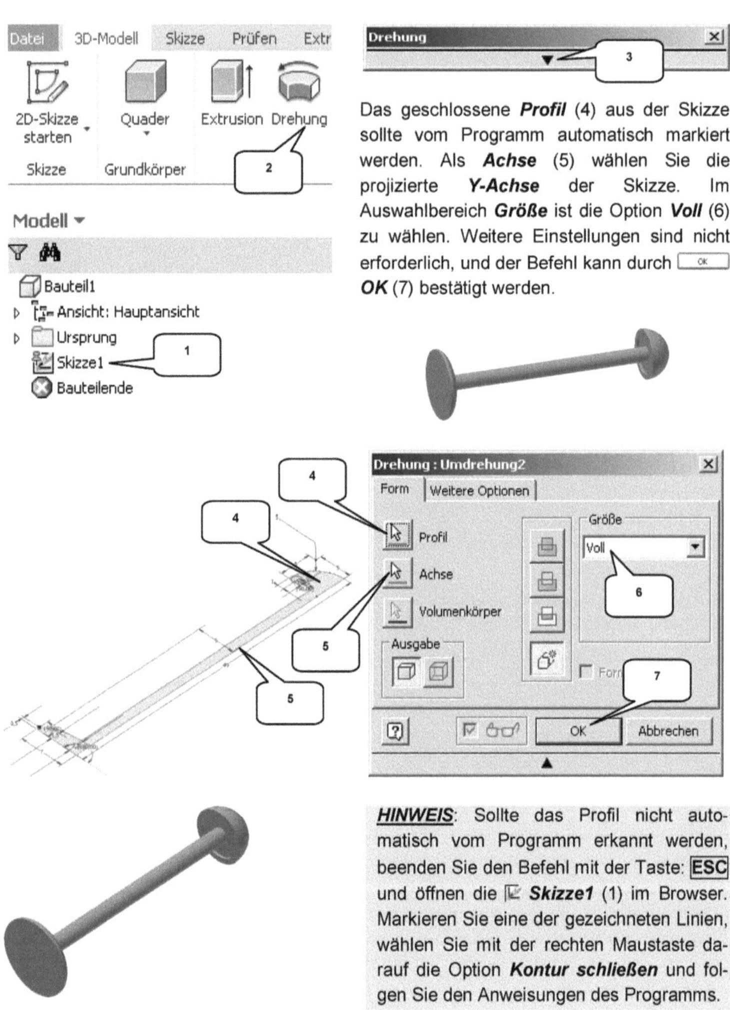

Das geschlossene **Profil** (4) aus der Skizze sollte vom Programm automatisch markiert werden. Als **Achse** (5) wählen Sie die projizierte **Y-Achse** der Skizze. Im Auswahlbereich **Größe** ist die Option **Voll** (6) zu wählen. Weitere Einstellungen sind nicht erforderlich, und der Befehl kann durch **OK** (7) bestätigt werden.

HINWEIS: Sollte das Profil nicht automatisch vom Programm erkannt werden, beenden Sie den Befehl mit der Taste: **ESC** und öffnen die **Skizze1** (1) im Browser. Markieren Sie eine der gezeichneten Linien, wählen Sie mit der rechten Maustaste darauf die Option **Kontur schließen** und folgen Sie den Anweisungen des Programms.

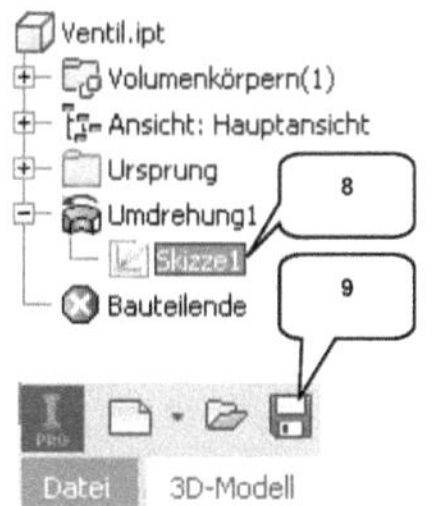

Die Skizze mit der Basisgeometrie wurde in den Befehl **Umdrehung** integriert (8). Um diesen Befehl bearbeiten zu können, muss mit der **rechten Maustaste** darauf geklickt und die Option **Element bearbeiten** gewählt werden. Zur Bearbeitung der Skizze1 ist die Option **Skizze bearbeiten** zu verwenden.

Das Bauteil kann jetzt **gespeichert** werden. Starten Sie den Befehl 🖫 Speichern (9) und verwenden Sie die Bezeichnung **Ventil**. Achten Sie auf den korrekten Speicherort (Ordner **Übung-4-Takt-Motor-2017**).

6.2 Bauteil: Kurbelwelle-Riemenrad

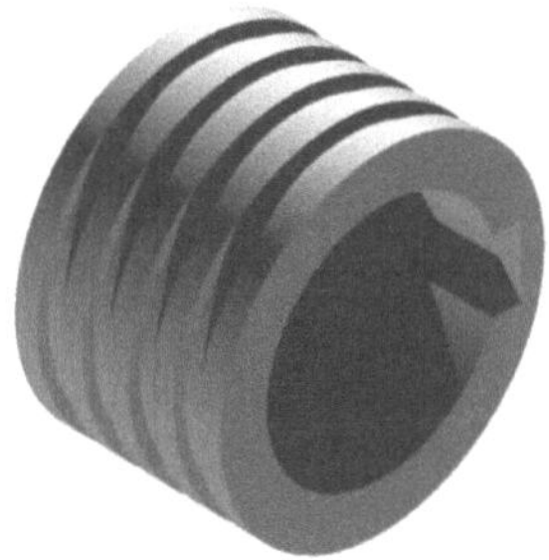

6.2.1 Erzeugen der Basisskizze

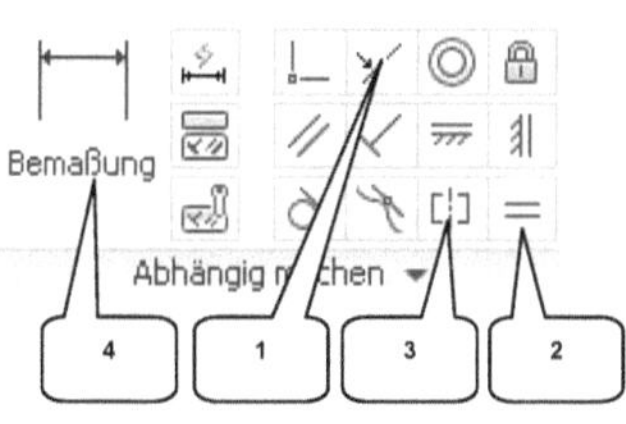

Die Vorgehensweise bei der Konstruktion dieses Bauteils ist der der Konstruktion des vorherigen Bauteils ähnlich. Erzeugen Sie eine neue Bauteildatei (Norm.ipt) und folgen Sie der Befehlskette:

> ☐ Neu
> ⬚ Norm.ipt
>  Erstellen **Erstellen**

- Unterbaugruppe: BG_Kolben -

7 BAUGRUPPEN

7.1 Unterbaugruppe: BG_Kolben

7.1.1 Erzeugen der ersten Baugruppe

▼ Baugruppe – 2D- und 3D-Komponenten

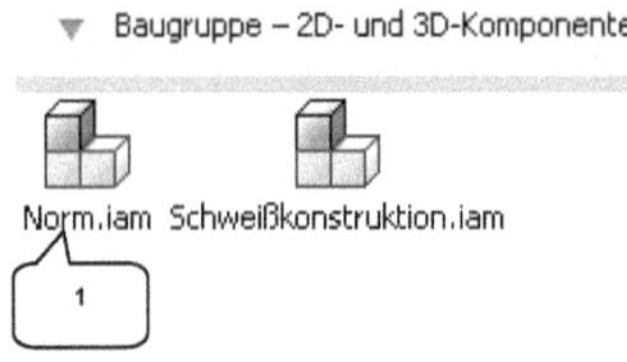

Erstellen Sie eine neue Baugruppe (Norm.iam) und *speichern* Sie sie unter der Bezeichnung **BG_Kolben**.

➢ ☐ Neu
➢ 📇 **Norm.iam** (1)
➢ Erstellen **Erstellen**
➢ 💾 Speichern [BG_Kolben]

7.1.2 Das Register ZUSAMMENFÜGEN im Überblick

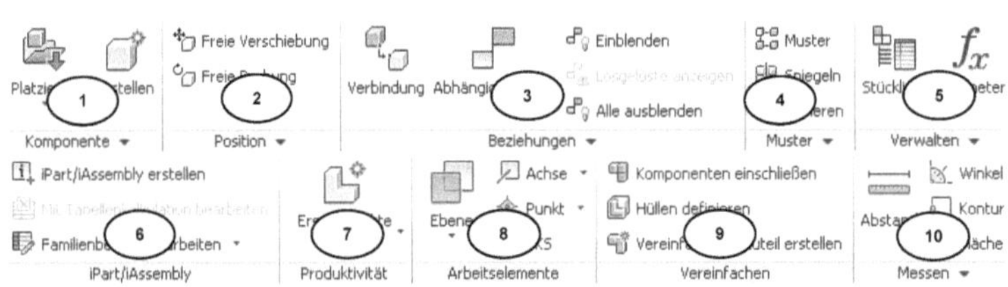

- Unterbaugruppe: BG_Kolben -

1) Bauteile, Baugruppen oder Normteile aus dem Inhaltscenter einfügen; neue Bauteile erstellen; vorhandene Bauteile kopieren/ anordnen oder ersetzen	4) Elemente anordnen, kopieren oder spiegel
	5) Parametermanager
	6) Teilefamilien (iParts/ iAssemblys)
	7) Bauteilstrukturen organisieren
2) Komponenten in Position/ Lage ändern	8) Ebenen, Achsen, Punkte erzeugen
	9) Bauteile vereinfachen
3) Abhängigkeiten/ Verbindungen setzen	10) Abstände, Winkel, Konturen, Flächeninhalte berechnen

7.1.3 Komponenten platzieren

Der Befehl **Platzieren** (1) fügt Bauteile oder (Unter-)Baugruppen in eine Baugruppe ein. Das erste Objekt, das in eine Baugruppe eingefügt wird, sollte möglichst eine statische Komponente ohne Freiheitsgrade sein, woran die folgenden Komponenten befestigt werden können. Und es sollte einzeln platziert werden. In den Anwendungsoptionen wurde das bereits so festgelegt, und das Programm übernimmt diese Vorgaben automatisch.

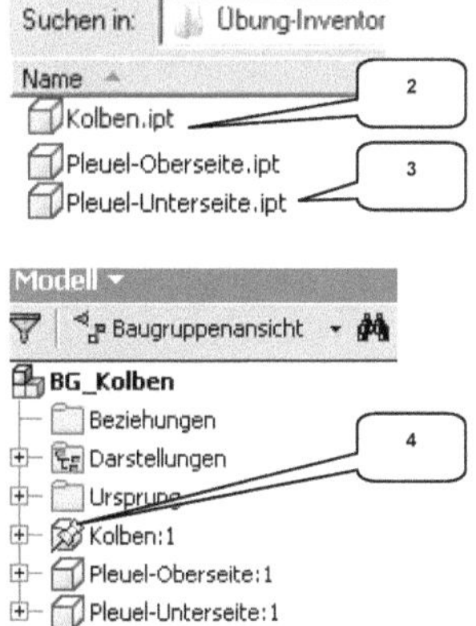

> **Platzieren** (1)
> Auswahl: Kolben (2)
> Öffnen **Öffnen**
> Taste: **ESC**

Der Kolben wurde vom Programm automatisch am Koordinatensystem der Baugruppe ausgerichtet und auch fixiert. Die Fixierung wird durch ein kleines *Pin-Symbol* (4) im Browser symbolisiert. Fügen Sie jetzt weitere Bauteile ein.

> **Platzieren** (1)
> Auswahl: Pleuel-Oberseite, Pleuel-Unterseite (3)
> Öffnen **Öffnen**
> Die Bauteile einmal mit der linken Maustaste frei ablegen
> Taste: **ESC**

- Unterbaugruppe: BG_Kolben -

7.1.4 Kolben und Pleueloberseite voneinander abhängig machen

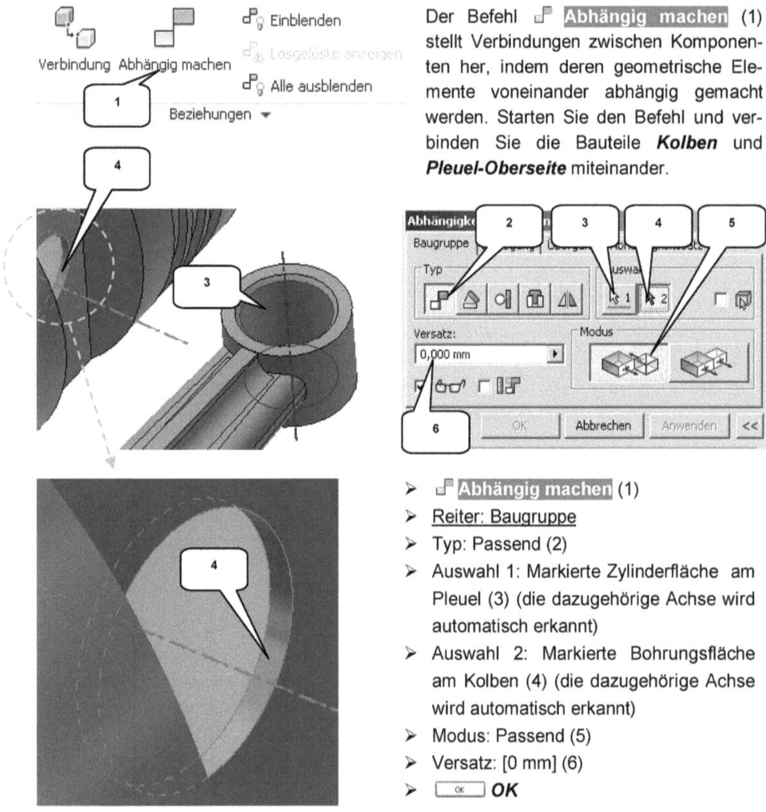

Der Befehl ⬚ **Abhängig machen** (1) stellt Verbindungen zwischen Komponenten her, indem deren geometrische Elemente voneinander abhängig gemacht werden. Starten Sie den Befehl und verbinden Sie die Bauteile **Kolben** und **Pleuel-Oberseite** miteinander.

➢ ⬚ **Abhängig machen** (1)
➢ <u>Reiter: Baugruppe</u>
➢ Typ: Passend (2)
➢ Auswahl 1: Markierte Zylinderfläche am Pleuel (3) (die dazugehörige Achse wird automatisch erkannt)
➢ Auswahl 2: Markierte Bohrungsfläche am Kolben (4) (die dazugehörige Achse wird automatisch erkannt)
➢ Modus: Passend (5)
➢ Versatz: [0 mm] (6)
➢ [OK] **OK**

HINWEIS: Die Achse einer Bohrung/ eines zylindrischen Elements können Sie wählen, indem Sie mit der linken Maustaste auf die dazugehörige zylindrische Fläche klicken. Bei manchen Elementen sind die zylindrischen Flächen sehr schmal (in unserem Fall die Querbohrung des Kolbens (4)). Dann ist es erforderlich, sehr nah an diesen Bereich heranzuzoomen, um die korrekte Fläche greifen zu können.

- Unterbaugruppe: BG_Kolben -

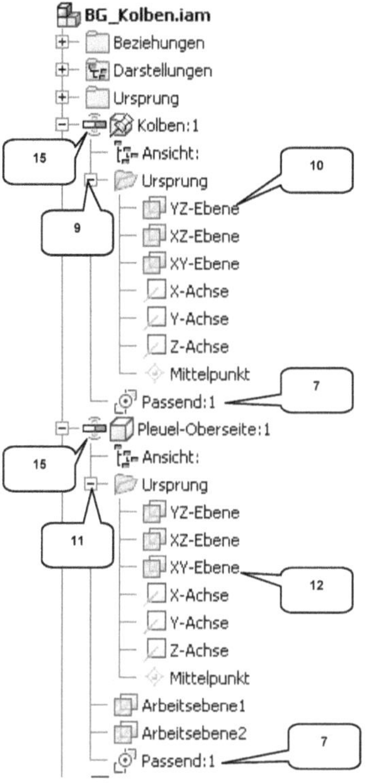

Die axiale Abhängigkeit wird jetzt den zugehörigen Komponenten im Browser zugeordnet. Werden im Browser die Bauteil **Kolben** oder **Pleuel-Oberseite** erweitert, findet man darin die soeben erzeugte Abhängigkeit **Passend** (7).

HINWEIS: Um eine Abhängigkeit zu bearbeiten, klicken Sie mit der **rechten Maustaste** darauf und wählen die Option **Bearbeiten**. Um sie zu löschen, wählen Sie die Option **Löschen**.

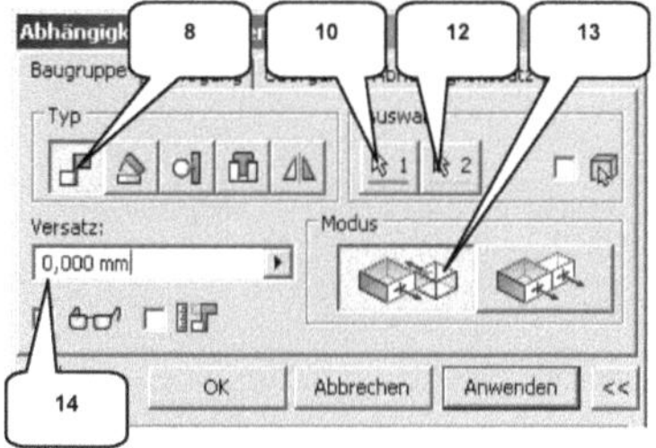

> Abhängig machen
> Reiter: Baugruppe
> Typ: Passend (8)
> Ordner **Ursprung** (Kolben) aufklappen (9)
> Auswahl 1: YZ-Ebene (Kolben) (10)
> Ordner **Ursprung** (Pleuel-Oberseite) aufklappen (11)
> Auswahl 2: XY-Ebene (Pleuel-Oberseite) (12)
> Modus: Passend (13)
> Versatz: 0 mm (14)
> OK

Das Programm kann Kollisionen zwischen Komponenten ohne weitere Vorgaben nicht automatisch erkennen. Das Pleuel kann im derzeitigen Zustand also problemlos durch den Kolben hindurchbewegt werden. Um diesen Fehler zu beheben, drehen Sie das Pleuel so, dass es nicht mit dem Kolben kollidiert. Klicken Sie dann mit der **rechten Maustaste** auf das Bauteil **Pleuel-Oberseite** und aktivieren Sie den **Kontaktsatz**. Übernehmen Sie diese Einstellung auch für den **Kolben**.

- Unterbaugruppe: BG_Kolben -

Bei beiden Komponenten wird jetzt im Browser das Symbol ⊕ **Kontaktsatz** (15) angezeigt. Wechseln Sie ins Register **Prüfen** (16) und aktivieren Sie dort die Option ⊕ Kontaktlöser aktivieren (17). Wenn Sie das Bauteil **Pleuel-Oberteil** jetzt bei gedrückter linker Maustaste bewegen, sollte die Bewegung begrenzt und eine Kollision verhindert werden.

7.1.5 Pleuelober- und -unterseite miteinander verbinden

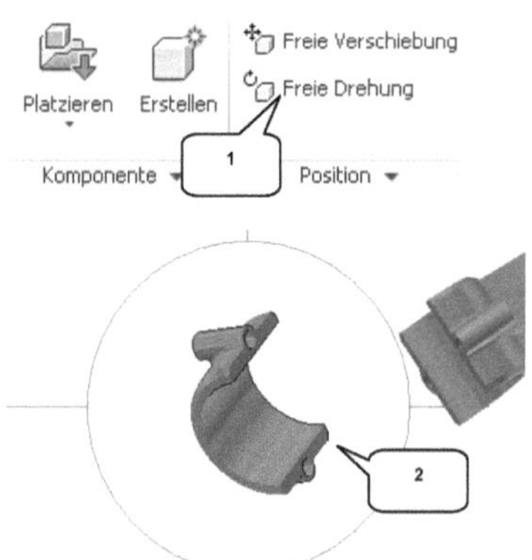

Im nächsten Schritt sollen Ober- und Unterseite des Pleuels miteinander verbunden werden. Um dies zu erleichtern, kann die Unterseite vorher etwas ausgerichtet werden. Der Befehl Freie Drehung (1) ermöglicht ein freies Drehen einzelner Komponenten einer Baugruppe (alternativ: Taste: G).

Markieren Sie die Unterseite des Pleuels (2), starten Sie den Befehl und drehen Sie die Pleuelunterseite bei gedrückter linker Maustaste, bis ihre Lage zur Pleueloberseite wie nebenstehend dargestellt erreicht wurde. Die Taste: ESC beendet den Befehl.

HINWEIS: Um das Setzen von Abhängigkeiten zu erleichtern, können die betreffenden Komponenten vorher mit dem Befehl Freie Drehung etwas aneinander ausgerichtet werden. Das verhindert oftmals eine fehlerhafte Positionierung durch das Programm.

Nachdem die Unterseite des Pleuels ausgerichtet wurde, kann mit dem Setzen der Abhängigkeiten begonnen werden. Folgen Sie der Befehlskette und verbinden Sie beide Bauteile miteinander.

- Unterbaugruppe: BG_Kolben -

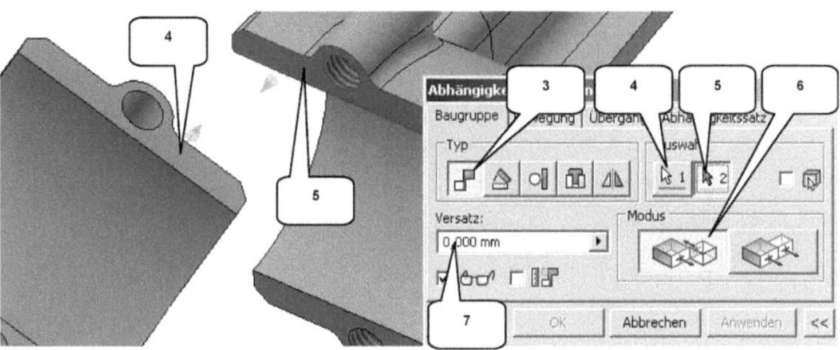

- ➢ ⬚ **Abhängig machen**
- ➢ Reiter: Baugruppe
- ➢ Typ: Passend (3)
- ➢ Auswahl 1: Markierte Fläche (4)

- ➢ Auswahl 2: Markierte Fläche (5)
- ➢ Modus: Passend (6)
- ➢ Versatz: [0 mm] (7)
- ➢ ⬚ OK

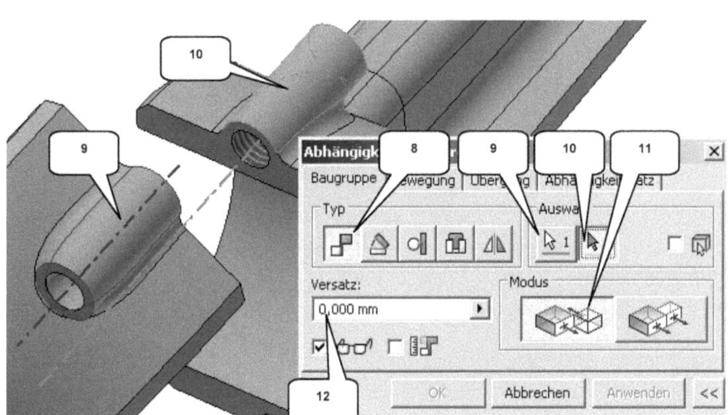

- ➢ ⬚ **Abhängig machen**
- ➢ Reiter: Baugruppe
- ➢ Typ: Passend (8)
- ➢ Auswahl 1: Mark. Zylinderfläche (9)

- ➢ Auswahl 2: Mark. Zylinderfläche (10)
- ➢ Modus: Passend (11)
- ➢ Versatz: [0 mm] (12)
- ➢ ⬚ OK

- 121 -

- Unterbaugruppe: BG_Kolben -

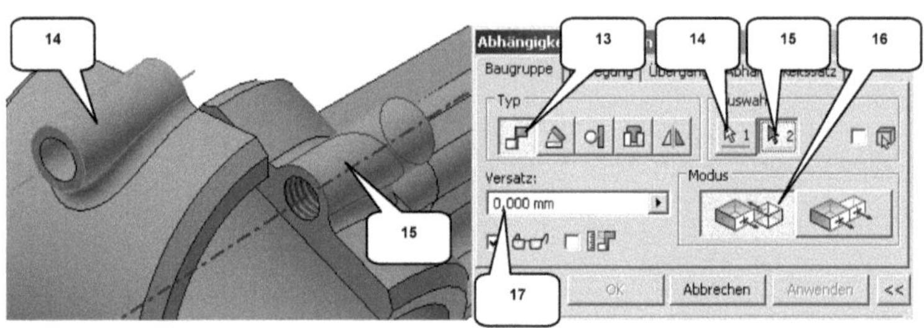

> ⬛ **Abhängig machen**
> Reiter: Baugruppe
> Typ: Passend (13)
> Auswahl 1: Mark. Zylinderfläche (14)

> Auswahl 2: Mark. Zylinderfläche (15)
> Modus: Passend (16)
> Versatz: [0 mm] (17)
> ⬛ *OK*

7.1.6 Schrauben aus dem Inhaltscenter platzieren

Nachdem alle zur Baugruppe gehörenden Bauteile platziert und ausgerichtet wurden, sollen zwei Schrauben aus dem Inhaltscenter die Baugruppe komplettieren.

> Befehl ⬛ **Platzieren** erweitern (1)
> ⬛ **Aus Inhaltscenter platzieren** (2)

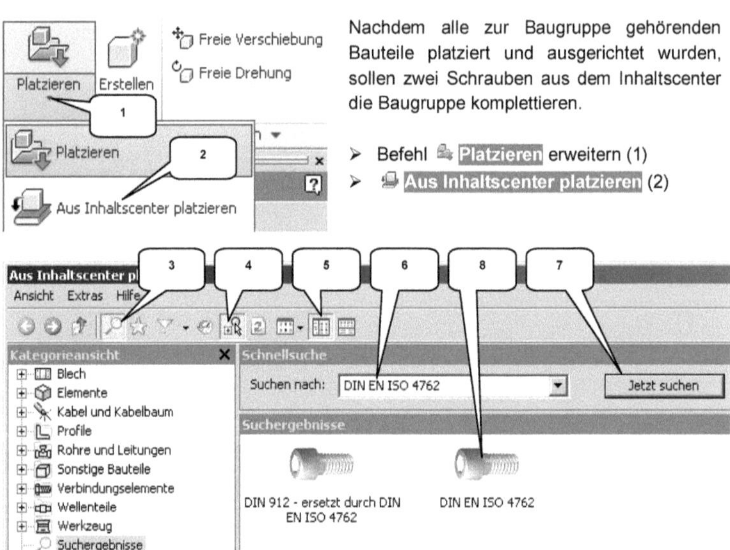

- Unterbaugruppe: BG_Kolben -

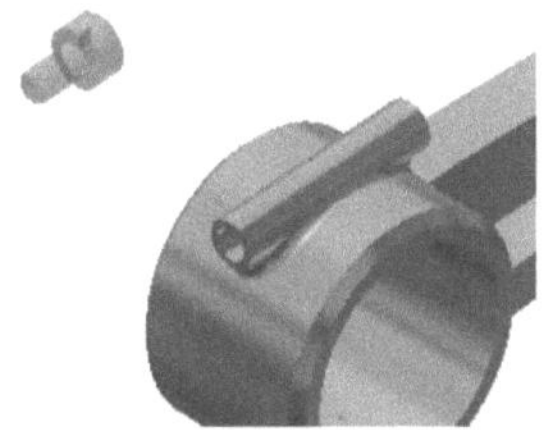

> Option: 🔍 **Suchen** aktivieren (3)
> Option: 📇 **AutoDrop** aktivieren (4)
> Option: ▦ **Baumstrukturansicht** aktivieren (5)
> Suchen nach: [DIN EN ISO 4762] eingeben (6)
> ⌊ Jetzt suchen ⌋ **Jetzt suchen** (7)
> Markierte Schraube doppelklicken (8)

Die Schraube muss jetzt platziert werden.

HINWEIS: Sollte Ihr Inhaltscenter nicht verfügbar sein, platzieren Sie die Normteile aus dem Order **Normteile** (Projektordner) manuell. Die Schrauben müssen dann allerdings einzeln mit Abhängigkeiten platziert werden.

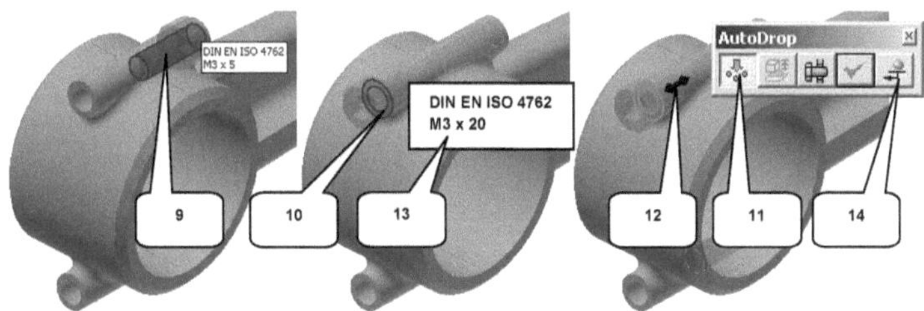

> Markierte Zylinderfläche anklicken, um die darin enthaltene Gewindebohrung zu wählen (9)
> Markierte Ringfläche wählen (10)

> ⚙ **Mehrere einfügen** aktivieren (11)
> Am Doppelpfeil ziehen (12), bis die Länge (M3 x 20) angezeigt wird (13)
> ➥ **Anwenden** (14)

HINWEIS: 📇 **AutoDrop** ermöglicht eine teilautomatisierte Konfiguration von Komponenten aus dem Inhaltscenter. Geometrische Eigenschaften der Komponenten werden dabei anhand bereits vorhandener geometrischer Elemente ermittelt. Diese Option ist sehr praktikabel, funktioniert allerdings nur bei wenigen Normteilen aus dem Inhaltscenter.

7.1.7 Erstellen einer Komponente aus der Baugruppe heraus

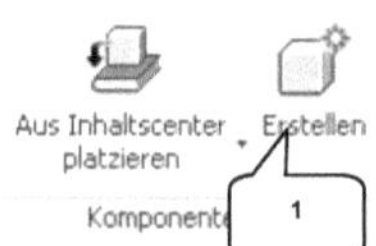

Bauteile und Baugruppen können auch direkt aus einer Baugruppe heraus erzeugt werden, wobei zusätzlich Adaptivitäten (geometrische Abhängigkeiten) zu anderen Komponenten der Baugruppe generiert werden.

- 123 -

8   ZEICHNUNGSABLEITUNGEN

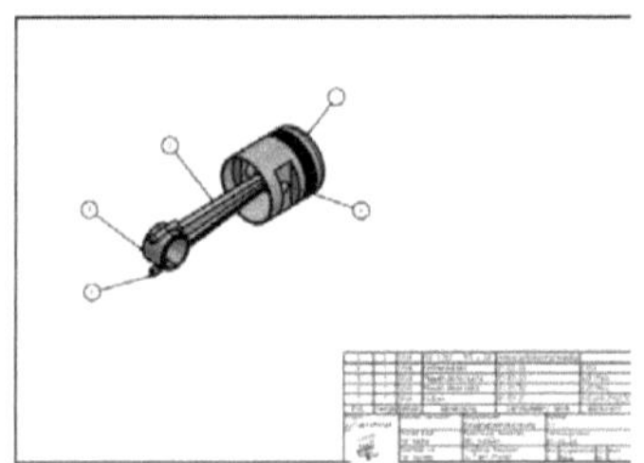

Bauteile werden im Skizzenbereich gezeichnet, im Modellbereich in Volumen- oder Flächenelemente konvertiert, dann in Baugruppen eingefügt und zum Schluss als Zeichnung abgeleitet. Ein vollständiger *Zeichnungssatz* besteht in der Regel aus der Baugruppenzeichnung samt Positionsnummern, der Stückliste und den Bauteilzeichnungen.

8.1   Öffnen der vorhandenen Zeichnungsvorlage

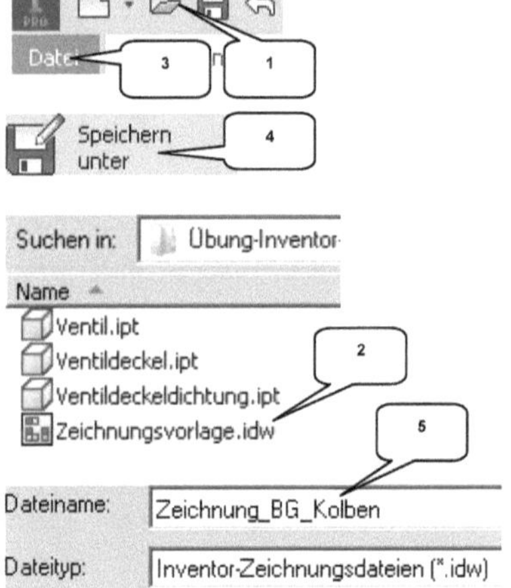

Inventor® verfügt über Zeichenvorlagen, die über den Pfad: ⬜ Neu > *Zeichnung* > ⬛ *Norm.idw* geöffnet werden können. Da Schriftfeld und Rahmen hier erst eingerichtet werden müssten, verwenden wir in unseren Übungen eine vorgefertigte und bereits angepasste Dateivorlage. Sie kann im Downloadordner geöffnet werden.

> ▸ Öffnen (1)
> ▸ Auswahl: Zeichnungsvorlage.idw (2)
> ▸ Öffnen *Öffnen*

> ▸ Register: *Datei* (3)
> ▸ Speichern unter (4)
> ▸ Name: [Zeichnung_BG_Kolben] (5)
> ▸ Speichern *Speichern*

HINWEIS: Das *Speichern* der Zeichnung *unter* einer anderen Bezeichnung soll verhindern, dass die Zeichnungsvorlage ungewollt überschieben wird. Alternativ kann ein eigenes Template in Inventor erzeugt werden. Bei geöffneter Datei *Zeichnungsvorlage.idw* muss dafür der Pfad: Hauptmenü > Kopie als Vorlage speichern gewählt werden.

8.2 Das Register ANSICHTEN PLATZIEREN im Überblick

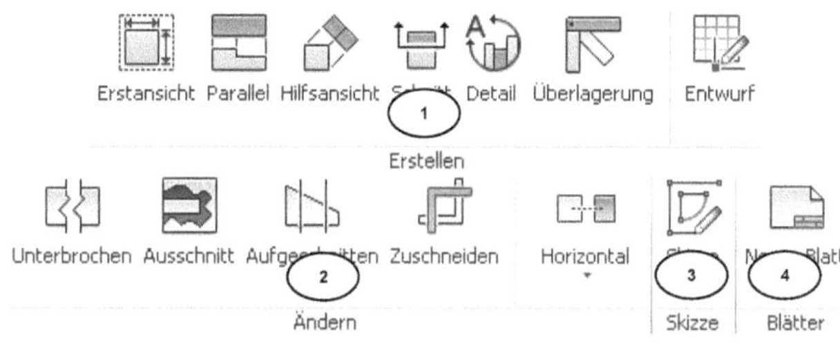

OPTIONEN

1) Erstellen neuer Ansichten	3) Erstellen einer 2D-Skizze
2) Bearbeiten vorhandener Ansichten	4) Erstellen weiterer Blätter

8.3 Das Register MIT ANMERKUNG VERSEHEN im Überblick

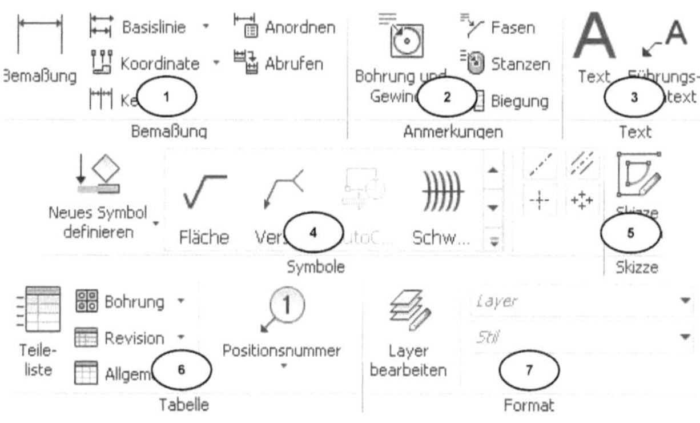

OPTIONEN

1) Bemaßungen erzeugen	4) Symbole und Markierungen einfügen
2) Informationen von Bohrungen, Fasen, Biegungen abrufen	5) 2D-Skizze erstellen
	6) Tabellen und Positionsnummern
3) Textfelder einfügen	7) Linien, Texte, Layer einstellen

8.4 Zeichnungsableitung der Baugruppe: BG_Kolben
8.4.1 Blattformat und Schriftfeld bearbeiten

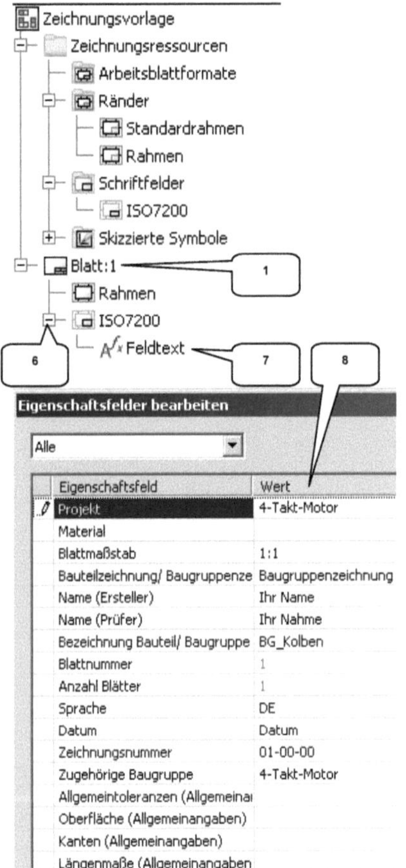

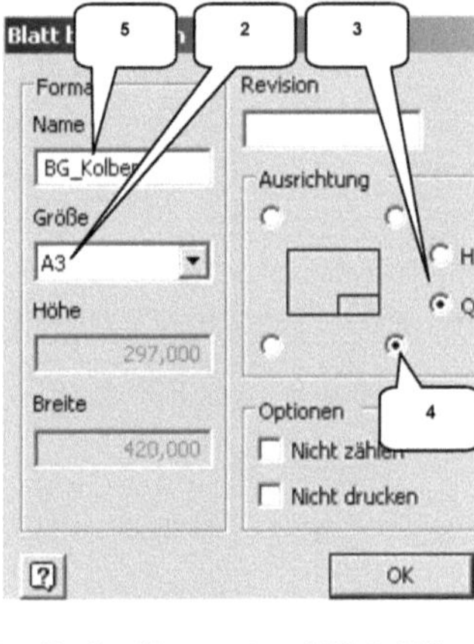

Das **Blattformat** DIN A4 soll auf das Blattformat DIN A3 vergrößert werden, um die Baugruppe **BG_Kolben** besser darstellen zu können.

➤ **Rechte Maustaste** auf **Blatt:1** (1)
➤ Option: **Blatt bearbeiten** wählen
➤ Größe: A3 (2)
➤ Ausrichtung: Querformat (3)
➤ Position Schriftfeld: Unten rechts (4)
➤ Name: [BG_Kolben] (5)
➤ ⌑ OK

Bearbeiten Sie jetzt das Schriftfeld:

➤ **ISO7200** erweitern (6)
➤ Doppelklick auf **Feldtext** (7)
➤ Eingaben der Spalte **Wert** über-
nehmen wie dargestellt (8)
➤ ⌑ OK

- Zeichnungsableitung der Baugruppe: BG_Kolben -

8.4.2 Platzieren einer schattierten Ansicht

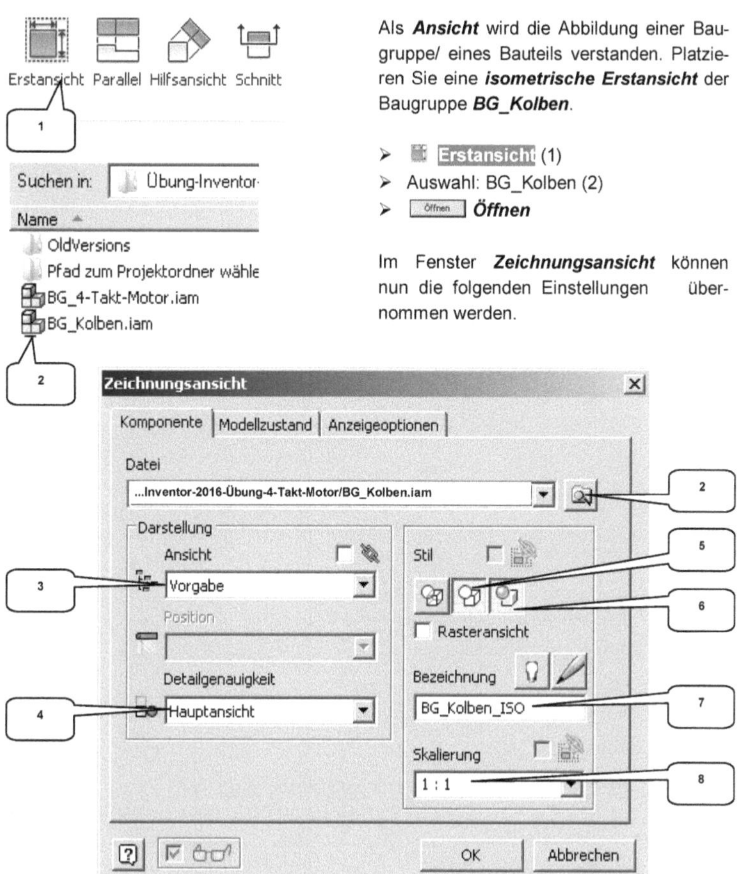

Als **Ansicht** wird die Abbildung einer Baugruppe/ eines Bauteils verstanden. Platzieren Sie eine **isometrische Erstansicht** der Baugruppe **BG_Kolben**.

> **Erstansicht** (1)
> Auswahl: BG_Kolben (2)
> Öffnen **Öffnen**

Im Fenster **Zeichnungsansicht** können nun die folgenden Einstellungen übernommen werden.

HINWEIS: Im Zeichenbereich sollte die Baugruppe **BG_Kolben** bereits zu sehen sein. Wenn nicht, sind die Anwendungsoptionen zu kontrollieren: **Register: Extras** > **Anwendungsoptionen** > **Reiter: Zeichnung** > **Vorschau anzeigen als: Alle Komponenten**.

- 187 -

- Zeichnungsableitung der Baugruppe: BG_Kolben -

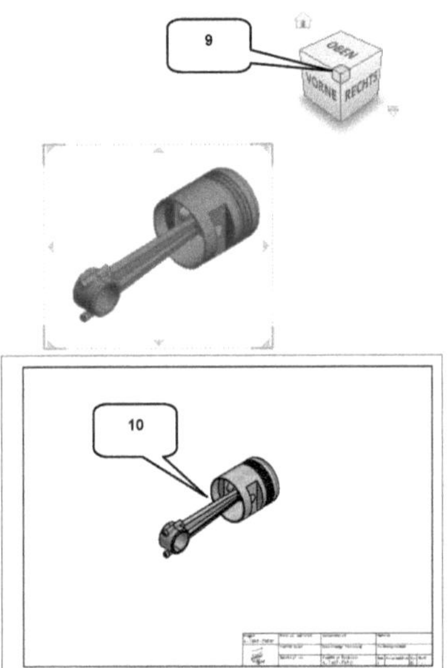

> Ansicht: Vorgabe (3)
> Detailgenauigkeit: Hauptansicht (4)
> Stil: Ohne verdeckte Linien (5) und Schattiert (6)
> Bezeichnung: [BG_Kolben_ISO] (7)
> Skalierung: 1:1 wählen (8)
> **ViewCube**-Ansicht: **ECKE** zwischen den Seiten VORNE, OBEN und RECHTS wählen (9)
> ___OK___ **OK**

Die Maus ist jetzt über die Ansicht zu schieben, bis eine rote Umrandung erscheint. Bei gedrückter linker Maustaste darauf kann diese Ansicht jetzt in die Mitte der Zeichnung geschoben werden (10).

HINWEIS: Eine Ansicht kann auch nachträglich bearbeitet werden: **Rechte Maustaste** im Browser auf die Ansicht > **Ansicht bearbeiten**.

8.4.3 Einfügen einer Teileliste (Stückliste)

> Register: **Mit Anmerkungen versehen** (1)

> Teileliste (2)
> Quelle: BG_Kolben anklicken (3)
> Stücklistenansicht: Strukturiert (4)
> Ebene: Erste (wenn verfügbar) (5)
> Min. Stellen: 1 (wenn verfügbar) (6)
> Umbruchrichtung: Links (7)
> ___OK___ **OK**

- 188 -

- Zeichnungsableitung der Baugruppe: BG_Kolben -

HINWEIS: Die Quelle kann alternativ auch über das Ordnersymbol (8) gewählt werden.

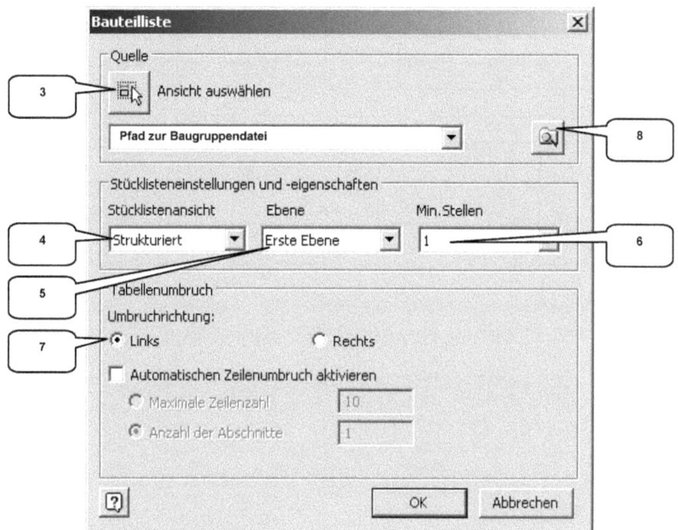

Legen Sie die Tabelle oberhalb des Schriftfeldes ab. Das eventuell erscheinende Hinweis-fenster ***Stücklistenansicht deaktiviert*** kann mit `OK` ***OK*** (9) bestätigt werden. Legen Sie die Teileliste danach so im Zeichenbereich ab, dass diese auf dem Schriftfeld oben aufliegt und an ihrer rechten Seite an den Zeichnungsrahmen anschließt.

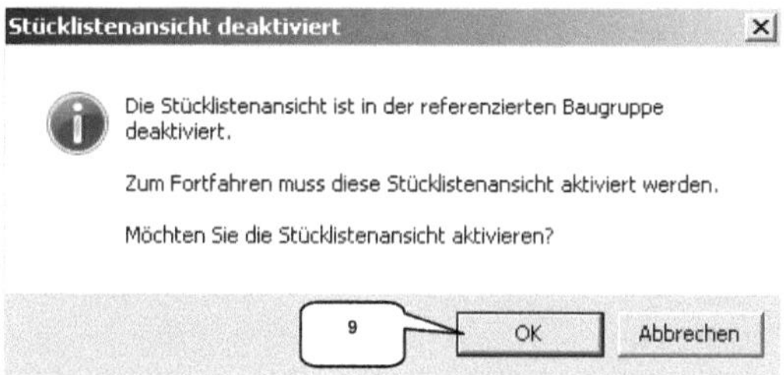

Die Teileliste ist jetzt in der Zeichnung hinterlegt, muss aber noch überarbeitet werden.

- Zeichnungsableitung der Baugruppe: BG_Kolben -

TEILELISTE			
OBJEKT	ANZAHL	BAUTEILNUMMER	BESCHREIBUNG
1	1	Kolben	
2	1	Pleuel-Oberseite	
3	1	Pleuel-Unterseite	
4	2	ISO 4762 - M3 x 20	Innensechskantschraube
5	1	Kolbenbolzen	

Projekt 4-Takt-Motor	Material/ Werkstoff	Dokumentenart Baugruppenzeichnung	Maßstab 1:1		
	Erstellt durch Ihr Name	Bezeichnung/ Benennung BG_Kolben	Zeichnungsnummer 01-00-00		
	Genehmigt von Ihr Nahme	Zugehörige Baugruppe 4-Takt-Motor	Änd. A	Ausgabedatum Datum	Spr. DE / Blatt 1 / 1

Mit einem ***Doppelklick*** auf einen beliebigen Text der Teileliste gelangt man in ihren ***Bearbeitungsbereich***. Nehmen Sie darin die folgenden Änderungen vor:

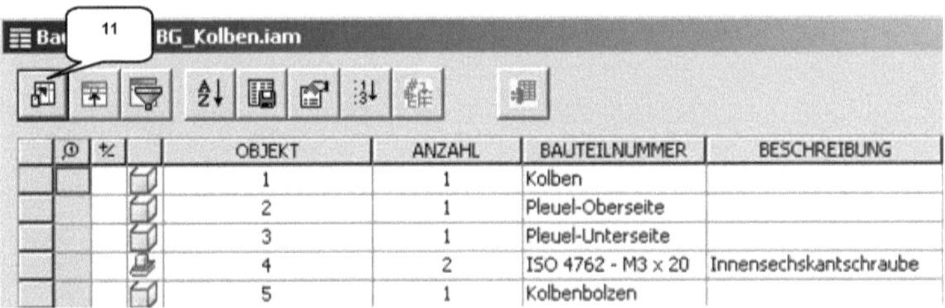

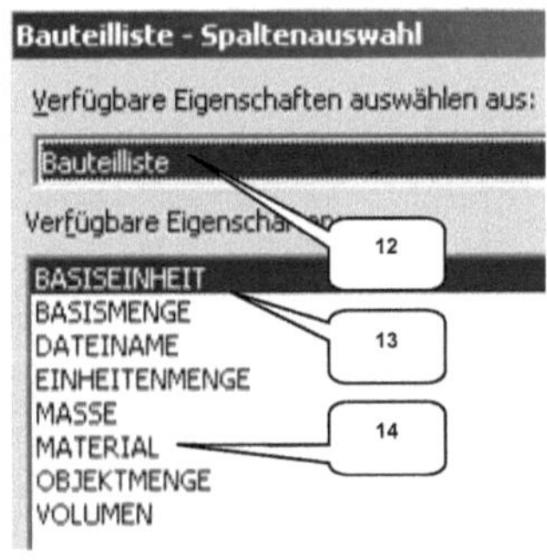

❯ Doppelklick auf den Text (10)

❯ Spaltenauswahl (11)

❯ Auswahl: Bauteilliste (12)

❯ Doppelklicken: Basiseinheit (13)

❯ Doppelklicken: Material (14)

Mit den beiden Optionen ***Nach unten*** und ***Nach oben*** kann die Reihenfolge im rechten Fenster (Ausgewählte Eigenschaften) bearbeitet werden.

- Zeichnungsableitung der Baugruppe: BG_Kolben -

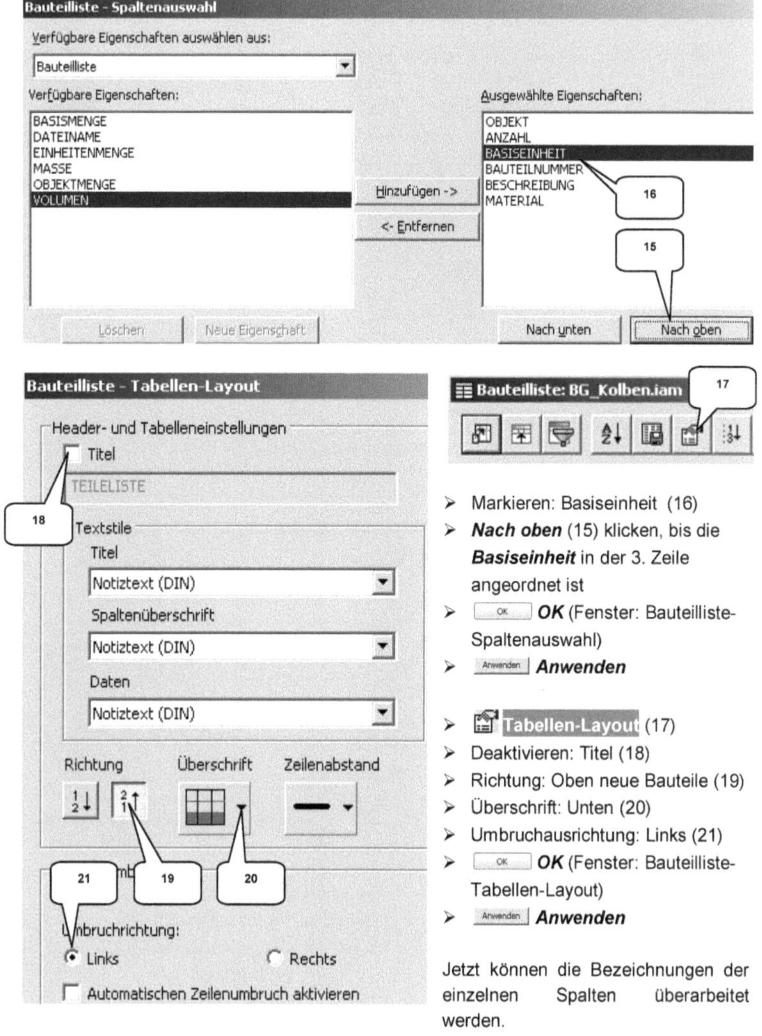

> Markieren: Basiseinheit (16)
> *Nach oben* (15) klicken, bis die *Basiseinheit* in der 3. Zeile angeordnet ist
> ___OK___ *OK* (Fenster: Bauteilliste-Spaltenauswahl)
> ___Anwenden___ *Anwenden*

> Tabellen-Layout (17)
> Deaktivieren: Titel (18)
> Richtung: Oben neue Bauteile (19)
> Überschrift: Unten (20)
> Umbruchausrichtung: Links (21)
> ___OK___ *OK* (Fenster: Bauteilliste-Tabellen-Layout)
> ___Anwenden___ *Anwenden*

Jetzt können die Bezeichnungen der einzelnen Spalten überarbeitet werden.

- 191 -

- Zeichnungsableitung der Baugruppe: BG_Kolben -

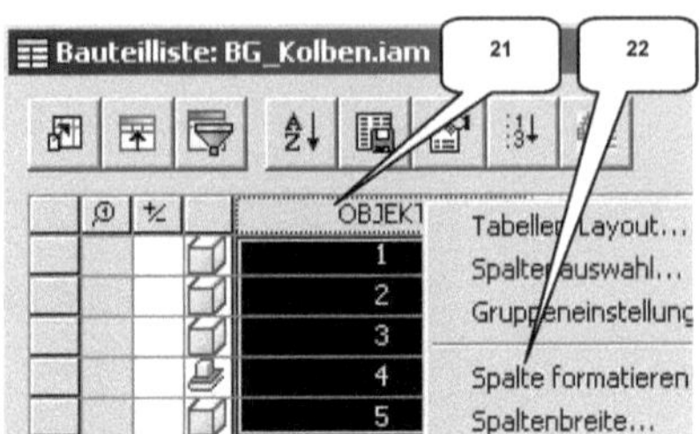

> Spaltenbezeichnung *Objekt* mit der linken Maustaste markieren (21)
> *Rechte Maustaste* auf *Objekt* (21)
> Option: *Spalte formatieren* (22)
> Überschrift: [Pos.] eintragen (23)
> OK *OK* (Fenster: Spalte formatieren)
> Anwenden *Anwenden*

Ändern Sie auch die Bezeichnungen der restlichen fünf Spalten. Achten Sie darauf, jede Änderung durch Anwenden *Anwenden* zu bestätigen.

Alte Bezeichnung	Neue Bezeichnung
Anzahl	Menge (24)
Basiseinheit	Einheit (25)
Bauteilnummer	Benennung (26)
Beschreibung	Sachnummer / Norm (27)
Material	Werkstoff (28)

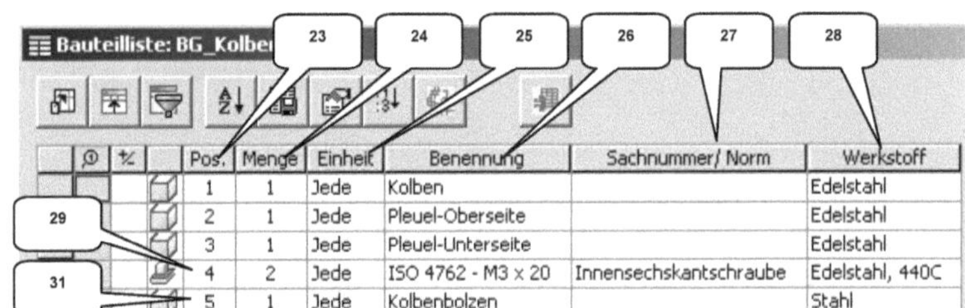

> Feld (29) doppelklicken
> Wert: [5] eintragen (30)
> Feld (31) doppelklicken
> Wert: [4] eintragen (32)

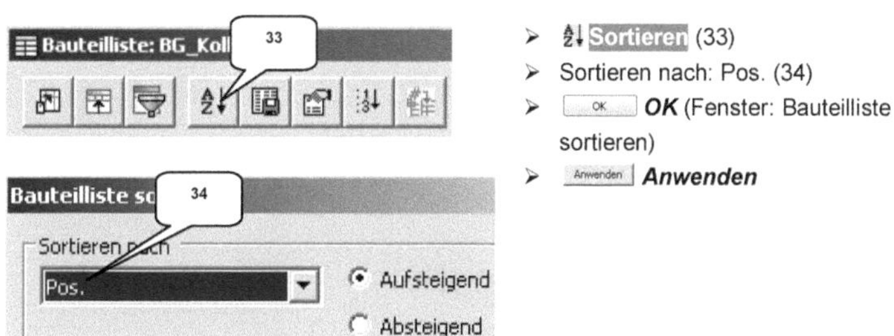

> $^A_Z\downarrow$ **Sortieren** (33)
> Sortieren nach: Pos. (34)
> ☐ OK ☐ *OK* (Fenster: Bauteilliste sortieren)
> Anwenden *Anwenden*

Überarbeiten Sie die Teileliste jetzt wie folgt: Per Doppelklick gelangen Sie in die jeweiligen Felder, und mit den Pfeiltasten wechseln Sie zwischen diesen.

			Pos.	Menge	Einheit	Benennung	Sachnummer/ Norm	Werkstoff
			1	1	**Stck**	Kolben	**01-01-01**	**AlCu4Ni2Mg1,5**
			2	1	**Stck**	Pleuel-Oberseite	**01-01-02**	**42CrMo4**
			3	1	**Stck**	Pleuel-Unterseite	**01-01-03**	**42CrMo4**
			4	1	**Stck**	Kolbenbolzen	**01-01-04**	**E355**
			5	2	**Stck**	ISO 4762 - M3 x 20	Innensechskantschraube	

Sobald alle Änderungen übernommen wurden, bestätigen Sie mit Anwenden *Anwenden* und beenden die Bearbeitung der Teileliste abschließend mit OK *OK*.

Pos.	Menge	Einheit	Benennung	Sachnummer/ Norm	Werkstoff
5	2	Stck	ISO 4762 - M3 x 20	Innensechskantschraube	
4	1	Stck	Kolbenbolzen	01-01-04	E355
3	1	Stck	Pleuel-Unterseite	01-01-03	42CrMo4
2	1	Stck	Pleuel-Oberseite	01-01-02	42CrMo4
1	1	Stck	Kolben	01-01-01	AlCu4Ni2Mg1,5

35

Projekt 4-Takt-Motor	Material/ Werkstoff	Dokumentenart Baugruppenzeichnung	Maßstab 1:1		
	Erstellt durch Ihr Name	Bezeichnung/ Benennung BG_Kolben	Zeichnungsnummer 01-00-00		
	Genehmigt von Ihr Nahme	Zugehörige Baugruppe 4-Takt-Motor	Änd. A	Ausgabedatum Datum	Spr. DE	Blatt 1 / 1

Verschieben Sie die Teileliste bei <u>gedrückter linker Maustaste</u> so, dass diese passend oberhalb des Schriftfeldes angeordnet ist. Die Spaltenbreiten können geändert werden, indem die Trennlinien (z. B. 35) bei gedrückter linker Maustaste verschoben werden. *Speichern* Sie die Zeichnung, und lassen Sie sie noch geöffnet.

- 193 -

A - D